U0344092

大学数学
概率论与数理统计

——基于案例分析

上海交通大学数学科学学院
概率统计课程组
卫淑芝 熊德文 皮玲 编

高等教育出版社·北京

内容提要

　　本书是一本集理论、方法和案例为一体的概率论与数理统计教材，全书采用案例导入—案例分析—问题导向—引入概念、定义、定理—思考并提出解决方案—扩展应用的脉络编写而成。

　　本书包括了概率论与数理统计最基本的理论，脉络清晰、体系完整、内容丰富、结构新颖，书中大多数案例紧密联系实际，对于一些初学者不容易理解的理论、概念，充分利用了图表及数据的优势来阐释。全书不仅在每章后精心选取了习题，在部分章后还附加了开放式案例分析题。此外，书中通过二维码链接了一些综合性题目的讲解微视频及拓展阅读材料，帮助读者理解概率论与数理统计的基本方法。

　　本书适合高等学校非数学类专业学生使用，也可供工程技术人员参考。

图书在版编目（CIP）数据

　　大学数学概率论与数理统计：基于案例分析／卫淑芝，熊德文，皮玲编.--北京：高等教育出版社，2020.8（2021.12重印）

　　ISBN 978－7－04－054440－4

　　Ⅰ.①大… Ⅱ.①卫… ②熊… ③皮… Ⅲ.①概率论-高等学校-教材②数理统计-高等学校-教材 Ⅳ.①O21

　　中国版本图书馆 CIP 数据核字（2020）第 115609 号

大学数学　概率论与数理统计——基于案例分析

Daxue Shuxue Gailülun yu Shuli Tongji——Jiyu Anli Fenxi

策划编辑	张彦云	责任编辑	张彦云	封面设计	张 楠	版式设计	王艳红
插图绘制	黄云燕	责任校对	张 薇	责任印制	存 怡		

出版发行	高等教育出版社	网　　址	http://www.hep.edu.cn
社　　址	北京市西城区德外大街 4 号		http://www.hep.com.cn
邮政编码	100120	网上订购	http://www.hepmall.com.cn
印　　刷	大厂益利印刷有限公司		http://www.hepmall.com
开　　本	787mm×960mm　1/16		http://www.hepmall.cn
印　　张	19		
字　　数	350 千字	版　　次	2020 年 8 月第 1 版
购书热线	010－58581118	印　　次	2021 年 12 月第 3 次印刷
咨询电话	400－810－0598	定　　价	37.00 元

本书如有缺页、倒页、脱页等质量问题，请到所购图书销售部门联系调换

前　言

概率论与数理统计是一门集理论与方法为一体的基础性数学课程,具备其独有特性,有较强的应用背景与应用前景,同时也为大数据、云计算、机器学习、人工智能等新科技提供了必要的理论基础。

随着高科技的迅速发展,大学生对学习知识与技能的需求迅速增加,一本合适的教材对理解一门课程的精髓能起到事半功倍的效果。本书采用案例导入—案例分析—问题导向—引入概念、定义、定理—思考并提出解决方案—扩展应用的脉络编写而成,可以使得学生的学习过程变被动接受为主动探索。书中大多数案例都是我们根据多年教学经验,从实际问题和数据出发,与知识点相对应精心设计而成的,不少案例来自当下的社会问题。将知识点融入案例,可以大大提升学生的学习兴趣与热情,不仅能帮助学生掌握该课程的理论和方法,更重要的是激发其创新能力,提升科学素养,学习如何架构数学与应用科学的桥梁。

本书具有如下特色:

第一,书中几乎所有的概念和理论都通过案例的形式引入,多数举例有的放矢,将抽象的理论与方法融入来自实际生活的案例中,使学生深切体会相关知识源于实践,用于实践,有利于学生理解该课程的知识体系。例如,本书对 Poisson(泊松)定理的讲述,选用某高校教育超市一个小时牛奶的需求量案例,不仅清楚地说明了 Poisson 定理的结论,而且给出了解决实际问题的数学方法和过程。

第二,书中的例题尽量赋予其应用背景,使其与现实生活中的情景密切相关,使概率论与数理统计的应用性得以自然呈现。例如,讲述二维离散型随机变量的条件分布没有选用通常的摸球问题举例,而是根据读者熟知的线上、线下销售系统的案例给出结论,使学生在学习理论与方法的同时,自然地理解其在实际问题中的应用,便于提高学生的学习兴趣,拓展教学空间。

第三,充分利用图表及数据的优势,构建概念框架图,帮助学生理解抽象难懂的概念。例如,中心极限定理往往是初学者难以理解的部分,书中给出了 n 个独立同分布随机变量的和以及 n 个独立同分布随机变量均值的概率分布随着 n 增大的趋势图,清楚地展示出中心极限定理的结果。再比如,当引入二维随机变量时,采用某高校教学研究中心关注的高等数学与概率统计这两科成绩的分布情况,从数据以及解决实际问题的需求方面让学生认识二维随机变量及其分布引入的意义。而在引入二维正态分布时,采用了某地公众健康机构对特定人群的 300 组 BMI(体重指数)值和甘油三酯指标数据统计规律的分析结果,发现两个指标的分布大致可以用二维正态分布刻画。

第四,本书不仅在每章练习中设计了帮助读者理解、掌握基本理论和方法的计算分析题以及综合练习题,在部分章后还附加了开放式案例分析题,激发读者关注现实社会、经济与生活,引发思考、调研实际问题,促进学生深入理解本课程的基本理论与方法,培养学生拓展性的思维以及开放式的学习能力,也起到对科学知识探究的引导作用。

第五,本书通过二维码链接了一些综合性题目的讲解微视频及拓展阅读材料,来帮助读者理解概率论与数理统计的基本方法。以本书为参考教材的概率论与数理统计 MOOC(慕课)已在"中国大学 MOOC"平台上线。

全书包括了概率论与数理统计最基本的理论,脉络清晰、体系完整、内容丰富、结构新颖,可作为高等学校非数学类专业学生的教材,有助于他们理解、掌握该课程的核心内容和基本框架,充分认识该课程的精髓,为学习后续其他学科奠定理论基础。本书也可供工程技术人员参考。

全书共九章,第一至五章介绍了概率论的基本内容,包括随机事件和概率、随机变量及其分布、多维随机变量及其分布、随机变量的数字特征、大数定律和中心极限定理等。第六至九章介绍了数理统计的基本内容,包括数理统计的预备知识、参数估计、假设检验,并简单介绍了回归分析。

本书由卫淑芝负责总体构思、内容设计、结构安排及全书的撰写工作。熊德文参与构思、设计,并提供部分案例。皮玲参与构思、设计,负责全书习题编写并提供习题参考答案。

在本书付印之际,谨向所有帮助和支持本书编写和出版的同仁、朋友表示衷心的感谢!高等教育出版社的编辑对本书的出版给予了积极帮助,在此一并致谢。鉴于编者水平有限,书中不妥与不足之处在所难免,恳请各位专家、读者指正!

编　者

2020 年 2 月

目　　录

第一章　随机事件和概率

概率论与数理统计的研究对象是随机现象,其核心问题之一是研究随机事件以及随机事件发生的可能性大小,即所谓的概率.本章介绍了一些概率论中的基本概念和理论,包括随机事件的定义、随机事件的关系及运算,以及一些简单概率模型,比如古典概型、几何概型等,使读者初步了解随机事件的概率及其计算方法;同时还介绍了一些基本方法和公式,比如全概率公式、Bayes(贝叶斯)公式等,使读者对本课程有初步的认识.

1.1　随机事件及其运算

1.1.1　随机试验和随机事件

随机现象是概率论中首先要提出的一个概念.先看以下几个案例:

案例 1.1.1　调查上海市金融行业从业人员对职业的满意度,如果把满意度分为"满意""基本满意""不满意""特别不满意"4 种,现随机选取一个从业人员询问其对职业的满意度.由于人员选取是随机的,因此得到的答案具有一定的随机性.

案例 1.1.2　某城市交通管理部门或者保险公司需要考察该城市每周交通事故数,由于无法预知每周交通事故数,所以其结果具有一定的随机性.

案例 1.1.3　某电子元件生产企业希望测试其生产的某种电子元件的寿命(单位:h),在测试前并不能确定其寿命,因此其结果具有一定的随机性.

我们称类似上述案例中的这些现象为随机现象.一般地,随机现象指在一次观察或试验中其结果具有随机性或偶然性,但在大量重复观察或试验中,其结果会呈现一定规律性的现象.这种规律性称为统计规律性,为了研究这种规律性所做的观察或试验称为随机试验.

在案例 1.1.1 中,将每一次调查看成一次随机试验;在案例 1.1.2 中,把考察每周的交通事故数看成一次随机试验;在案例 1.1.3 中,把测试某个电子元件的寿命看成一次随机试验.显然,随机试验有着共同的特点,虽然在试验之前无法确切预知出现哪个结果,但是所有可能结果是已知的,案例 1.1.1 的所有可能结果有 4 种;在案例 1.1.2 中,我们可以认为每周所有可能的交通事故数为全体非负整数(虽然很大的交通事故数,例如 10 000 次交通事故几乎不可能发生,但不能说这种情况一定不发生,所以认为每周交通事故数是全体非负整数,既不脱离实际情况,又便于数学上的处理).类似地,在案例 1.1.3 中,任何电子元件的寿命是非负实数.概括起来,随机试验具有如下特点:

(1) 可在相同条件下重复进行;

(2) 试验的所有可能结果不止一个,而且在试验之前已知所有可能结果;

(3) 每次试验前无法预知会出现哪一个结果.

在本书中提到的试验均指随机试验.

我们把一次随机试验的所有可能结果的全体称为样本空间,记为 Ω,样本空间中的每个元素叫做样本点,记为 ω.

在案例 1.1.1 中,样本空间 $\Omega = \{$满意,基本满意,不满意,特别不满意$\}$;在案例 1.1.2 中,样本空间 $\Omega = \{0, 1, 2, 3, \cdots\}$;在案例 1.1.3 中,样本空间 $\Omega = \{t \mid t \geqslant 0\}$.

回到上述案例,在试验中,我们关心满足某些条件的试验结果是否发生,将这些试验者关心的结果称为事件,比如在案例 1.1.1 中,"满意"是否会发生;在案例 1.1.2 中,"交通事故数为零"是否会发生;在案例 1.1.3 中,"电子元件的寿命大于 10 000 h"是否会发生.这些事件有可能发生,也可能不发生.

随机试验中可能发生也可能不发生的事件称为随机事件,简称事件.在本书中,随机事件通常用大写字母表示,如 $A, B, C, \cdots$.不难理解,在引入样本空间的概念后,随机事件就可以看成样本空间的子集.我们把样本空间中由一个样本点组成的单点集称为基本事件,它们是最基本、最简单的事件.

在案例 1.1.2 中,若将"下周发生的交通事故数为 i"记为 ω_i,则 $\{\omega_i\}$ 就是基本事件;若将"下周发生的交通事故数不超过 2"记为 A,则 $A = \{\omega_0, \omega_1, \omega_2\}$,类似这种含有多个基本事件的随机事件称为复合事件.对于复合事件 A,如果试验结果 $\omega \in A$ 出现,则称事件 A 发生;否则称 A 不发生.样本空间 Ω 也可以看成一个事件,在每次试验中 Ω 必然发生,故又称为必然事件;空集 $\varnothing$ 在任何试验中都不可能发生,称为不可能事件.常常将必然事件和不可能事件视为随机事件的极端情形.

1.1.2 随机事件之间的关系和运算

由于任何随机事件都可看作样本空间的子集,因此,随机事件的关系和运算与集合之间的关系和运算相同.下面我们用集合论的方法来定义随机事件之间的关系和运算.

设 $A,B,A_i(i=1,2,\cdots)$ 是同一个样本空间 Ω 中的事件.

1. 包含关系

如果事件 B 发生必导致事件 A 发生,则称事件 B 包含于事件 A,记为 $B \subset A$;或称事件 A **包含**事件 B,记为 $A \supset B$.组成 B 的样本点也是组成 A 的样本点,如图 1.1.1 所示.

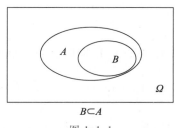

$$B \subset A$$

图 1.1.1

2. 相等关系

如果 $A \subset B$,并且 $B \subset A$,则称事件 A 与 B 相等,记为 $A = B$.

3. 事件的和(或并)

使得事件 A 与 B 中至少有一个发生的事件,称为事件 A 与 B 的和(或**并**),记为 $A \cup B$. $A \cup B$ 是由 A 与 B 的所有样本点所组成的事件,如图 1.1.2 所示.

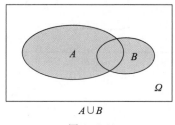

$$A \cup B$$

图 1.1.2

一般地,使得 n 个事件 $A_1,A_2,\cdots,A_n$ 中至少有一个发生的事件,称为 $A_i(i=1,2,\cdots,n)$ 的和(或并),记为 $A_1 \cup A_2 \cup \cdots \cup A_n$ 或 $\bigcup\limits_{i=1}^{n} A_i$.使得可列个事件 $A_1,A_2,\cdots,$

A_n, … 中至少有一个发生的事件, 称为 $A_i(i=1,2,\cdots)$ 的和(或并), 记为 $\bigcup\limits_{i=1}^{+\infty} A_i$.

4. 事件的积(或交)

使得事件 A 与 B 同时发生的事件, 称为事件 A 与 B 的积(或交), 记为 AB ($A \cap B$). AB 是由同时属于 A 与 B 的样本点所组成的事件, 如图 1.1.3 所示.

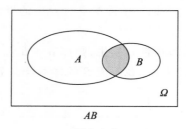

图 1.1.3

一般地, 使得 n 个事件 $A_1, A_2, \cdots, A_n$ 同时发生的事件, 称为 $A_i(i=1,2,\cdots,n)$ 的积(或交), 记为 $A_1 A_2 \cdots A_n, A_1 \cap A_2 \cap \cdots \cap A_n$ 或 $\bigcap\limits_{i=1}^{n} A_i$. 使得可列个事件 A_1, $A_2, \cdots, A_n, \cdots$ 同时发生的事件, 称为 $A_i(i=1,2,\cdots)$ 的积(或交), 记为 $\bigcap\limits_{i=1}^{+\infty} A_i$.

5. 事件的差

使得事件 A 发生而事件 B 不发生的事件, 称为事件 A 与 B 的差, 记为 $A-B$, $A-B$ 是由属于 A 但不属于 B 的样本点所组成的事件, 如图 1.1.4 所示.

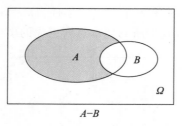

图 1.1.4

6. 对立事件

如果事件 A 与 B 不同时发生, 但是其中一定有一个发生, 则称 B 是 A 的对立事件, 记为 $B = \bar{A}$, 如图 1.1.5 所示. 事实上, A 与 B 互为对立事件, 显然 $A = \bar{B}$.

不难理解, $A \cup \bar{A} = \Omega, A\bar{A} = \varnothing, \bar{\bar{A}} = A$. 另外利用对立事件, 有 $A-B = A\bar{B}$. 显然必然事件 Ω 与不可能事件 $\varnothing$ 互为对立事件.

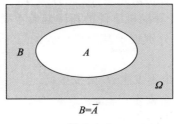

$$B=\bar{A}$$

图 1.1.5

7. 互不相容

若事件 A 与 B 不能同时发生(即 $AB=\varnothing$),则称事件 A 与 B 互不相容或互斥,如图 1.1.6 所示.一般地,若 n 个事件 $A_1,A_2,\cdots,A_n$ 满足 $A_iA_j=\varnothing(i\neq j,i,j=1,2,\cdots,n)$,则称 $A_i(i=1,2,\cdots,n)$ 两两互不相容.

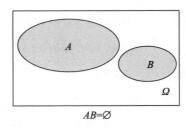

$$AB=\varnothing$$

图 1.1.6

从对立事件的定义可知,互为对立的两个事件必互不相容,但反之未必成立.

事件的运算具有以下运算规律:

设 A,B,C 为随机事件,则

(1) 交换律:$A\cup B=B\cup A, AB=BA$;

(2) 结合律:$(A\cup B)\cup C=A\cup(B\cup C),(AB)C=A(BC)$;

(3) 分配律:$A\cup(BC)=(A\cup B)(A\cup C),A(B\cup C)=(AB)\cup(AC)$;

(4) 对偶律(德摩根律):$\overline{A\cup B}=\bar{A}\,\bar{B},\overline{AB}=\bar{A}\cup\bar{B}$.

一般地,对 n 个事件 $A_i(i=1,2,\cdots,n)$ 或者可列个事件 $A_i(i=1,2,\cdots)$,也有以下类似的结果:

$$\overline{\bigcup_{i=1}^{n}A_i}=\bigcap_{i=1}^{n}\bar{A}_i,\quad \overline{\bigcap_{i=1}^{n}A_i}=\bigcup_{i=1}^{n}\bar{A}_i,$$

$$\overline{\bigcup_{i=1}^{+\infty}A_i}=\bigcap_{i=1}^{+\infty}\bar{A}_i,\quad \overline{\bigcap_{i=1}^{+\infty}A_i}=\bigcup_{i=1}^{+\infty}\bar{A}_i.$$

有了事件的这些基本的关系和运算,我们就可以通过一些简单事件来表示一些复杂的事件,这对于计算随机事件的概率起着重要的作用.

例 1.1.1　设 A,B,C 分别表示某随机试验的三个事件发生,利用事件的关系与运算表示下列事件:

(1) A,B 中至少有一个不发生,C 必发生;

(2) A,B,C 中恰有一个发生;

(3) A,B,C 中至多有两个发生.

解　(1) 事件"A,B 中至少有一个不发生,C 必发生" $=\overline{AB}C$;

(2) 事件"A,B,C 中恰有一个发生" $=A\overline{B}\overline{C}\cup\overline{A}B\overline{C}\cup\overline{A}\overline{B}C$;

(3) 事件"A,B,C 中至多有两个发生" $=\overline{ABC}$.

例 1.1.2　化简事件 $(\overline{AB}\cup C)\overline{AC}$.

解　$(\overline{AB}\cup C)\overline{AC}=\overline{\overline{AB}\cup C}\cup\overline{\overline{AC}}=\overline{\overline{AB}}\cap\overline{C}\cup AC$

$$=(A\cup B)\overline{C}\cup AC=A\overline{C}\cup B\overline{C}\cup AC=A(C\cup\overline{C})\cup B\overline{C}$$

$$=A\Omega\cup B\overline{C}=A\cup B\overline{C}.$$

1.2　随机事件的概率

概率的定义以及求概率的方法是概率论中的核心话题.笼统地说:概率是用于定量描述随机事件发生的可能性大小的量.在概率论的发展过程中,对概率的定义的探索一直延续了 3 个多世纪.1900 年,D.Hilbert(希尔伯特)公开提出建立概率论的公理化体系.20 世纪初,Lebesgue(勒贝格)测度和 Lebesgue 积分理论的建立,以及随后发展起来的抽象测度和积分理论,为概率论公理化体系的确立奠定了理论基础.人们通过对概率论中的两个最基本的概念——随机事件和概率的研究,发现随机事件的运算与集合的运算完全类似,而概率和测度也有相同的性质.在这样的背景下,Kolmogorov(柯尔莫戈洛夫)于 1933 年在他的《概率论基本概念》一书中给出了概率的公理化体系,并且严格定义了概率.这一公理化体系规定了事件及概率的最基本的性质和关系,并用这些关系来表示概率的运算法则.这些概念都是从实际中抽象出来的,即概括了历史上古典概型、几何概型的概率定义中的共同特性,又避免了各自的局限性和不明确性.不管是什么随机现象,只有满足该定义中的三条公理,才能说它是概率.公理化体系的提出,很快得到举世公认,为近代概率论的蓬勃发展打下坚实基础,使得概率论成为一门真

正严谨的数学学科,可以认为这是概率论发展史上的一个重要里程碑.概率的公理化定义如下:

定义 1.2.1 设 E 是一个随机试验,Ω 是它的样本空间,对于 E 的每个事件 A 赋予一个实数,记为 $P(A)$,若 $P(\,\cdot\,)$ 满足以下公理:

公理 1(非负性)　对于每一个事件 A,有 $P(A) \geqslant 0$;

公理 2(规范性)　对于必然事件 Ω,有 $P(\Omega) = 1$;

公理 3(可列可加性)　对于两两互不相容的事件 $A_1, A_2, \cdots, A_n, \cdots$,即 $A_i A_j = \varnothing, i \neq j, i, j = 1, 2, \cdots$,有

$$P\left(\bigcup_{i=1}^{+\infty} A_i\right) = \sum_{i=1}^{+\infty} P(A_i),$$

则称 $P(A)$ 为事件 A 的概率.

概率的公理化定义刻画了概率的本质.从上述定义可以看出,概率是事件的函数,如果这个函数满足上述三条公理,就称其为概率,但公理化定义没有告诉人们如何去确定概率.历史上,在公理化定义出现之前,人们曾给出一些概率的定义,它们都满足定义 1.2.1 中的三条公理,且有着各自的确定概率的方法.

1.2.1　频率与概率

关于随机现象的许多表面的偶然性都是受内在规律所支配的,也就是说随机现象有其偶然性,也有其必然性,其必然性表现在大量重复试验中呈现出的固有规律,比如某事件发生的可能性大小这个数是固定的,就是一种必然性.在一般情况下,观察或做试验是认识随机现象、发现与解决概率问题的一种有效方法.为此我们首先来看频率的概念.

定义 1.2.2 如果事件 A 在 n 次重复试验中发生了 m 次,则称比值 $\dfrac{m}{n}$ 为在这 n 次重复试验中事件 A 发生的频率,记为 $f_n(A) = \dfrac{m}{n}$.

例 1.2.1 表 1.2.1—表 1.2.3 分别是用计算机模拟掷一枚骰子的结果.

表 1.2.1　用计算机模拟掷一枚骰子 100 次

点数	1	2	3	4	5	6
频数	20	12	18	15	20	15
频率	0.20	0.12	0.18	0.15	0.20	0.15

表 1.2.2   用计算机模拟掷一枚骰子 1 000 次

点数	1	2	3	4	5	6
频数	166	150	170	163	164	187
频率	0.166	0.150	0.170	0.163	0.164	0.187

表 1.2.3   用计算机模拟掷一枚骰子 10 000 次

点数	1	2	3	4	5	6
频数	1 662	1 643	1 646	1 727	1 693	1 629
频率	0.166 2	0.164 3	0.164 6	0.172 7	0.169 3	0.162 9

由本例可以看出频率满足以下性质:

(1) 对于任意事件 A,$0 \leqslant f_n(A) \leqslant 1$;

(2) $f_n(\Omega) = 1$;

特别值得注意的是,掷 10 000 次骰子时,出现偶数点的频率为

$$\frac{1\ 643 + 1\ 727 + 1\ 629}{10\ 000} = \frac{1\ 643}{10\ 000} + \frac{1\ 727}{10\ 000} + \frac{1\ 629}{10\ 000}.$$

更一般地,我们有频率的如下性质:

(3) 若事件 $A_1, A_2, \cdots, A_n$ 两两互不相容,则

$$f_n\left(\bigcup_{i=1}^{n} A_i\right) = \sum_{i=1}^{n} f_n(A_i).$$

在例 1.2.1 中,随着试验次数的增加,点数 i 出现的频率越来越稳定在 $\dfrac{1}{6}$ 附近.

事实表明,在大量试验中,事件 A 发生的频率呈现出稳定性,逐渐趋于某个常数,而频率的稳定性表明一个事件 A 发生的可能性是可度量的:若频率稳定于较小的数值,则表明事件 A 发生的可能性小;若频率稳定于较大的数值,则表明事件 A 发生的可能性大.因此频率的稳定值反映了 A 在一次试验中发生的可能性大小.频率的稳定性会在本书第五章(大数定律和中心极限定理)中证明.

对一个随机事件来说,其概率的大小是由它自身所决定的,并且是客观存在的,法国数学家 Descartes(笛卡儿)说过:"当我们不具备决定什么是真理的力量时,我们应遵从什么是最可能的,这是千真万确的真理."于是,人们把大量试验中随机事件发生频率的稳定值作为其发生的概率,不难理解这种提法是建立在试验及其统计数据的基础之上的,故称之为概率的统计定义.

定义 1.2.3　设随机事件 A 在 n 次重复试验中发生了 m 次.若当 n 很大时,频率 $f_n(A) = \dfrac{m}{n}$ 稳定地在某一数值 $p(0<p<1)$ 附近波动,且随着试验次数 n 的增大,其波动的幅度越来越小,则称数值 p 为事件 A 的概率,记为 $P(A)=p$.

从理论上看概率的统计定义并不严谨,因为该定义不能确切地给出一个事件的概率,但概率的统计定义是数理统计的基础,有很重要的实际意义:

（1）它提供了估计概率的方法:如在选举中通过抽样调查而得到一部分选民的选票来估计全部选民对某候选人的支持率;在工业生产中,可抽取部分产品进行质检,根据这些产品的检验结果,去估计全部产品的次品率;在医学上可根据积累的资料去估计某种疾病的死亡率等;

（2）它提供了检验理论正确与否的准则:例如,依据某种理论算出了事件 A 的概率 p,为验证其准确性,可用大量重复试验得到的频率 $\dfrac{m}{n}$ 与 p 相比较,若两者很接近,则可认为试验的结果支持有关理论,否则认为理论有误.

1.2.2　古典概型

古典概型是概率论发展初期讨论最多的一种概率模型,它简单、直观,不需要做大量的重复试验,而且容易理解.我们先来看两个案例.

案例 1.2.1　概率起源于早期欧洲国家贵族之间盛行的赌博问题.设甲、乙两个赌徒约定比赛规则为:投掷两颗骰子,如果两颗骰子朝上的点数之和为 5,那么甲获胜;如果朝上的点数之和为 4,那么乙获胜,这个规则公平吗?

分析　若骰子是均匀的,则投掷结果的样本空间为
$$\Omega = \{(i,j) \mid i \text{ 为第一颗骰子朝上的点数}; j \text{ 为第二颗骰子朝上的点数}\}$$
$$= \{(i,j) \mid i=1,2,\cdots,6; j=1,2,\cdots,6\},$$
显然基本事件总数为 36,每个基本事件发生的可能性相同.

解　令 A 表示事件"甲获胜(两颗骰子点数之和为 5)",B 表示事件"乙获胜(两颗骰子点数之和为 4)",则
$$P(A) = \frac{4}{36} = \frac{1}{9}, \quad P(B) = \frac{3}{36} = \frac{1}{12}.$$
因为 $P(A)>P(B)$,即甲获胜的概率比乙大,所以如果骰子是均匀的,比赛规则不公平.

案例 1.2.2　选择题是标准化考试中常用的题型.假设某考生完全不会做某个单选题,随机地从 A,B,C,D 四个选项中选一个作为答案,其答对的概率是多少? 如果该考生做某个多选题(正确答案中至少有两个选项),其答对的概率又

是多少?

分析 显然,如果是做单选题,则其样本空间为

$$\Omega = \{选 A, 选 B, 选 C, 选 D\}.$$

因为考生完全不会做,其选中四个选项中任何一个的可能性相同,因此,答对的概率是 $\dfrac{1}{4}$.

如果是做多选题,则其样本空间为

$$\Omega = \{选 AB, 选 BC, 选 CD, 选 AC, 选 AD, 选 BD, 选 ABC, 选 BCD,$$
$$\qquad 选 ACD, 选 ABD, 选 ABCD\},$$

考生选中 11 个备选答案中任何一个的可能性相同,而正确答案只有一个,因此,答对的概率是 $\dfrac{1}{11}$.

在这两个案例中,样本空间共同的特点是:只有有限个基本事件(样本点);每个基本事件发生的可能性相同.具有这两个特点的概率模型即为古典概型,下面给出一般定义:

定义 1.2.4 若一类随机试验具有以下两个特点:

(1) 在样本空间中只有有限个基本事件;

(2) 每个基本事件发生的可能性相同,

则称这类试验为等可能概型.由于其在概率论的发展初期曾是主要的研究对象,所以也称为古典概型.

一般地,在古典概型中,若样本空间 $\Omega = \{\omega_1, \omega_2, \cdots, \omega_N\}$,则

$$P(\{\omega_1\}) = P(\{\omega_2\}) = \cdots = P(\{\omega_N\}) = \frac{1}{N}.$$

假设事件 $A = \{\omega_{i_1}, \omega_{i_2}, \cdots, \omega_{i_M}\}$,即 A 包含了 M 个基本事件,则事件 A 的概率

$$P(A) = \frac{M}{N} = \frac{A 包含的基本事件的个数}{\Omega 中基本事件的总数}.$$

1.2.3 古典概型中事件概率的计算举例

在古典概型中事件概率的计算原理比较简单.在一个试验中求事件 A 的概率仅仅需要求出试验中基本事件的总数,以及 A 所含的基本事件的个数,然而在计算过程中常常会用到排列组合的知识,有时候不那么简单,这里仅仅给出几个代表性的例题.

例 1.2.2(抽签问题) 假设在一个袋子中有 a 只白球,b 只红球,从袋中不放回地取球 $k(k \leq a+b)$ 次,每次取一只,求第 k 次取到白球的概率.

解　不妨将所有球编号,任取一球,记下编号后,放在一边,这样重复 k 次,如果把这 k 次取出的号码按取出顺序的所有可能的排列方式作为基本事件,显然这是一个古典概型,所以基本事件的总数为 $(a+b)(a+b-1)\cdots(a+b-k+1)$.记事件 $A=\{$第 k 次取到白球$\}$,则 A 包含的基本事件的个数为 $a(a+b-1)\cdots(a+b-k+1)$,易得

$$P(A)=\frac{a}{a+b}.$$

例 1.2.3　由于生产技术所限,有时候厂家生产的产品会有一定比例的次品.假设某厂家的产品按一箱(100 件)销售,其中有 10 件是次品.在质量检查时从每箱中抽查 10 件产品.

(1) 当采取不放回的随机抽查方式时,若有 2 件次品,则按产品货值的 2 倍罚款;若有 3 件次品,则按产品货值的 3 倍罚款;

(2) 当采取有放回的随机抽查方式时,罚款额度与(1)中相同,

请计算在这两种抽查方式下,厂家面临产品货值的 2 倍罚款和 3 倍罚款的概率各为多少?

解　(1) 不放回随机抽查情形:不妨将所有产品编号,不放回抽查方式可以看成一次性取出 10 个号码,这类情形显然有 C_{100}^{10} 种,把每种情形作为一个基本事件,显然总数有限,而且各种情形是等可能的,此时满足古典概型的条件.记事件 $A_i=\{$取出的 10 件产品中恰好有 i 件次品$\}$ $(i=2,3)$,则 A_2,A_3 所含的基本事件数分别为 $C_{90}^2 C_{10}^2$ 与 $C_{90}^3 C_{10}^3$,所以

$$P(A_2)=\frac{C_{90}^2 C_{10}^2}{C_{100}^{10}}\approx 0.201\ 5,\quad P(A_3)=\frac{C_{90}^3 C_{10}^3}{C_{100}^{10}}\approx 0.051\ 8.$$

因此,厂家面临产品货值的 2 倍罚款和 3 倍罚款的概率分别是 20.15% 与 5.18%.

(2) 有放回随机抽查情形:将所有产品编号,每次取出一件,记下编号后放回,这样重复 10 次,把取出的产品号码按照取出顺序的所有可能的排列方式作为基本事件(有重复的排列),基本事件总数为 100^{10},这样的基本事件也是等可能出现的,此时满足古典概型的条件.记事件 $B_i=\{$取出的 10 件产品中恰好有 i 件次品$\}$ $(i=2,3)$,则 B_2,B_3 所含的基本事件数分别为 $C_{10}^2\cdot 90^8\cdot 10^2$ 与 $C_{10}^3\cdot 90^7\cdot 10^3$,所以

$$P(B_2)=\frac{C_{10}^2\cdot 90^8\cdot 10^2}{100^{10}}\approx 0.193\ 7,\quad P(B_3)=\frac{C_{10}^3\cdot 90^7\cdot 10^3}{100^{10}}\approx 0.057\ 4.$$

因此,厂家面临产品货值的 2 倍罚款和 3 倍罚款的概率分别是 19.37% 与 5.74%.

例 1.2.4　设 k 个可以分辨的球,每个球等可能地落入 N 个有编号的盒子中 $(k\leqslant N)$,设每个盒子容纳的球数无限,求下列事件的概率:

(1) 某指定的 k 个盒子中各有一球;

（2）恰有 k 个盒子中各有一球；

（3）某指定的一个盒子中没有球；

（4）某指定的一个盒子中恰有 m 个球；

（5）至少有两个球在同一盒子中.

解 我们可以将球编号，因为盒子容纳的球数无限，所以可用 1 号到 k 号球所在的盒子号码的所有可能的排列作为基本事件，基本事件总数为 N^k，设 A_i 表示本题中第 i 小题中的事件，可以求得：

（1）$P(A_1) = \dfrac{k!}{N^k}$；

（2）$P(A_2) = \dfrac{C_N^k k!}{N^k}$；

（3）$P(A_3) = \dfrac{(N-1)^k}{N^k}$；

（4）$P(A_4) = \dfrac{C_k^m (N-1)^{k-m}}{N^k}$；

（5）$P(A_5) = \dfrac{N^k - C_N^k k!}{N^k} = 1 - P(A_2)$.

球落入盒子的问题可以概括许多古典概型的问题，例如把 365 天看成盒子，球看成人，就是生日问题；把车站看成盒子，一列火车中的旅客看成球，就是旅客下车问题；把房间看成盒子，人看成球，就是住房分配问题；把同类型的保险公司看成盒子，投保人看成球，就是保险公司客户数问题，等等.

1.2.4 几何概型

与古典概型相比较，几何概型的基本事件的个数有无限多个，它是样本空间为一线段、平面区域或空间立体等的等可能随机试验的概率模型.我们先看下面的案例.

案例 1.2.3（等候问题） 某货运码头只能供一艘船停靠，突然有一天因通信系统发生故障，导致船舶不能有序进港.已知这天有甲、乙两艘船欲停靠该码头，如果两船到达码头后需停留的时间分别是 1 h 与 2 h，求在一昼夜内，任一船到达时，需要等待空出码头的概率.

分析 设 x, y 分别为甲、乙两艘船一昼夜（24 h）内到达的时刻，则样本空间 Ω

$$S = \{(x, y) \mid 0 \leqslant x < 24, 0 \leqslant y < 24\},$$

即为图 1.2.1 中所示的矩形.

我们关心的事件 A 为"在一昼夜内,任一船到达时,需要等待空出码头",对应于子区域

$G = \{(x,y) \mid 0 \leq y-x \leq 1, 0 \leq x-y \leq 2, (x,y) \in S\}$,

即为图 1.2.1 所示的阴影部分.

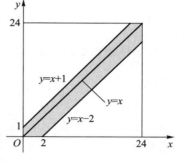

图 1.2.1

因为通信系统故障,可考虑这两艘船在一昼夜内到达该码头互不相关,而且到达的时间是随机的.不难理解 $P(A)$ 与区域 G 的面积大小成正比.类似这样的随机试验就是我们接下来要介绍的几何概型.

定义 1.2.5　若一类随机试验满足以下条件:

（1）样本空间 Ω 中每个样本点与一个测度有限的几何区域 S 中的点一一对应;

（2）任意事件 A 与区域 S 的一个子区域 G 对应, A 的概率 $P(A)$ 仅与 G 的测度成正比,与 G 的形状以及 G 在 S 中的位置无关,

则称这类试验为几何概型.

事件 A 的概率为

$$P(A) = \frac{m(G)}{m(S)},$$

其中 $m(\cdot)$ 表示区域的测度.不难理解,对于一维空间中的线段, $m(\cdot)$ 表示长度;对于二维空间中的平面区域, $m(\cdot)$ 表示面积.

案例 1.2.3 解

根据前面的分析,样本空间 Ω 为

$$S = \{(x,y) \mid 0 \leq x < 24, 0 \leq y < 24\},$$

事件 A 为

$$G = \{(x,y) \mid 0 \leq y-x \leq 1, 0 \leq x-y \leq 2\},$$

因此事件 A 的概率为

$$P(A) = \frac{G \text{ 的面积}}{S \text{ 的面积}} = \frac{24^2 - \frac{1}{2}(23^2 + 22^2)}{24^2} \approx 0.1207.$$

案例 1.2.4（Buffon（蒲丰）投针试验）　平面上画有一些等距的平行线,它们之间的距离为 a.现向平面投掷一枚长为 l $(l < a)$ 的针,求针与平面上任一条平行线相交的概率.

解　设事件 $A = \{$针与平面上任一平行线相交$\}$,且 x 表示针的中点 M 到最近

一条平行线的距离,θ 表示针与平行线的夹角(如图 1.2.2),因此样本空间 Ω 为

$$S=\left\{(\theta,x)\ \middle|\ 0\leqslant\theta\leqslant\pi,0\leqslant x\leqslant\frac{a}{2}\right\},$$

而针与平行线相交的充要条件是 $x\leqslant\dfrac{l}{2}\sin\theta$,即事件 A 为

$$G=\left\{(\theta,x)\ \middle|\ 0\leqslant\theta\leqslant\pi,0\leqslant x\leqslant\frac{l}{2}\sin\theta\right\},$$

故所求概率为
$$P(A)=\frac{m(G)}{m(S)}=\frac{\displaystyle\int_0^\pi\frac{l}{2}\sin\theta\mathrm{d}\theta}{\dfrac{a\pi}{2}}=\frac{2l}{a\pi}.$$

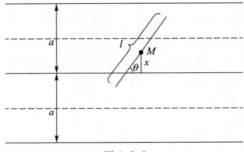

图 1.2.2

该结果可用来估计 π 的值,即

$$\pi=\frac{2l}{aP(A)}\approx\frac{2l}{af_n(A)},$$

其中 $f_n(A)$ 是事件 A 在 n 次试验中发生的频率.下表是历史上一些科学家做投针试验的数据以及对 π 的估计结果.

试验者	年份	针长	投针次数	相交次数	π 的估计值
沃尔夫	1850	0.8	5 000	2 532	3.159 6
史密斯	1855	0.6	3 204	1 218.5	3.155 4
福克斯	1884	0.75	1 030	489	3.159 5
赖纳	1925	0.541 9	2 520	859	3.179 5

　　注　用几何概型解决问题的要点是,如何将实际问题的所有基本事件(或者样本空间)对应于一个有限区域,上述两个案例都将样本空间与二维空间的平面有限区域建立了一一对应关系.有些样本空间可能需要三维空间区域,甚至高维空间区域才能有效地建立对应关系,这就需要进一步度量区域测度的方法,从而需要更高深的数学知识.

1.2.5 概率的基本性质

利用概率的公理化定义,可以导出概率的一系列性质,这些性质可以帮助我们更加方便地计算概率.首先来看下面的一个案例.

案例 1.2.5(配对问题) 某幼儿园在一次活动中设计如下亲子游戏规则:家长与孩子都被蒙住眼睛,首先家长站定一圈,再由孩子依次选位置站在家长面前,任何家长面前只能站一个孩子,即一旦某个家长面前已经有孩子选择站定,后面来选择的孩子就没有机会选择站在该家长面前.游戏设定的最佳默契奖是:孩子正好站在自己的家长面前.假设参加该游戏的有 n 对家长与孩子,求至少有一对家长和孩子获得最佳默契奖的概率.

分析 设事件 $A = \{$至少有一对家长和孩子获得最佳默契奖$\}$,我们将会发现利用下列概率性质可以使得 $P(A)$ 变得容易计算.

性质 1 $P(\varnothing) = 0$.

证明 设 $A_i = \varnothing (i = 1, 2, \cdots)$,得 $\bigcup\limits_{i=1}^{+\infty} A_i = \varnothing$,且 $A_i A_j = \varnothing, i \neq j, i, j = 1, 2, \cdots$.由公理 3 得

$$P(\varnothing) = P\left(\bigcup_{i=1}^{+\infty} A_i\right) = \sum_{i=1}^{+\infty} P(A_i) = \sum_{i=1}^{+\infty} P(\varnothing),$$

又因为 $P(\varnothing) \geqslant 0$,得 $P(\varnothing) = 0$.

性质 2(有限可加性) 设 $A_1, A_2, \cdots, A_n$ 满足 $A_i A_j = \varnothing, i \neq j, i, j = 1, 2, \cdots, n$,则有

$$P\left(\bigcup_{i=1}^{n} A_i\right) = \sum_{i=1}^{n} P(A_i).$$

证明 因为 $\bigcup\limits_{i=1}^{n} A_i = \bigcup\limits_{i=1}^{n} A_i \cup \varnothing \cup \varnothing \cup \cdots$,所以由可列可加性及性质 1,得

$$P\left(\bigcup_{i=1}^{n} A_i\right) = P\left(\bigcup_{i=1}^{n} A_i \cup \varnothing \cup \varnothing \cup \cdots\right) = \sum_{i=1}^{n} P(A_i).$$

性质 3 对任意事件 A,有 $P(\bar{A}) = 1 - P(A)$.

证明 因为 $A \cup \bar{A} = \Omega, A\bar{A} = \varnothing$,根据有限可加性得

$$1 = P(\Omega) = P(A \cup \bar{A}) = P(A) + P(\bar{A}),$$

即 $P(\bar{A}) = 1 - P(A)$.同时由 $P(\bar{A}) \geqslant 0$ 可推得:对任意事件 A,均有 $P(A) \leqslant 1$.

性质 4 对任意两个事件 A, B,若 $A \subset B$,则有

$$P(B - A) = P(B) - P(A), P(B) \geqslant P(A).$$

证明 已知 $A \subset B$,可得 $B = A \cup (B - A)$ 且 $A(B - A) = \varnothing$.由性质 2,得

$$P(B) = P(A \cup (B-A)) = P(A) + P(B-A),$$

即
$$P(B-A) = P(B) - P(A).$$

再由 $P(B-A) \geqslant 0$, 得 $P(B) \geqslant P(A)$.

性质 5   对任意两个事件 A, B, 有 $P(A \cup B) = P(A) + P(B) - P(AB)$.

证明   由 $A \cup B = A \cup (B-A) = A \cup (B-AB)$ (其中 $A(B-AB) = \varnothing, AB \subset B$), 以及性质 2 和性质 4, 可得

$$P(A \cup B) = P(A) + P(B-AB) = P(A) + P(B) - P(AB).$$

对任意三个事件 A_1, A_2, A_3, 有

$$P\left(\bigcup_{i=1}^{3} A_i\right) = \sum_{i=1}^{3} P(A_i) - \sum_{1 \leqslant i < j \leqslant 3} P(A_iA_j) + P(A_1A_2A_3).$$

一般地, 对任意 n 个事件 $A_1, A_2, \cdots, A_n$, 有

$$P\left(\bigcup_{i=1}^{n} A_i\right) = \sum_{i=1}^{n} P(A_i) - \sum_{1 \leqslant i < j \leqslant n} P(A_iA_j) +$$
$$\sum_{1 \leqslant i < j < k \leqslant n} P(A_iA_jA_k) + \cdots + (-1)^{n-1} P(A_1A_2\cdots A_n).$$

性质 5 也称为加法定理.

案例 1.2.5 解

设事件 $B_i = \{$第 i 个孩子站在自己的家长面前$\}, i = 1, 2, \cdots, n$, 则事件 $A = \bigcup_{i=1}^{n} B_i$. 由加法定理, 有

$$P(A) = P\left(\bigcup_{i=1}^{n} B_i\right)$$

$$= \sum_{i=1}^{n} P(B_i) - \sum_{1 \leqslant i < j \leqslant n} P(B_iB_j) + \sum_{1 \leqslant i < j < k \leqslant n} P(B_iB_jB_k) + \cdots + (-1)^{n-1} P(B_1B_2\cdots B_n).$$

首先对于任意的 $1 \leqslant i \leqslant n$, 求 $P(B_i)$. 由于 n 个孩子站在 n 个家长面前有 $n!$ 种不同的选择方式, 所以基本事件的总数为 $n!$, 而第 i 个孩子站在自己的家长面前只有 1 种选择, 其他孩子可以随意选择, 即有 $(n-1)!$ 种可能, 所以 B_i 发生的基本事件的个数为 $1 \times (n-1)!$, 因此

$$P(B_i) = \frac{1 \times (n-1)!}{n!} = \frac{1}{n}.$$

不难理解, 对任意的 $1 \leqslant i < j \leqslant n$, 有

$$P(B_iB_j) = \frac{(n-2)!}{n!},$$

而和式 $\displaystyle\sum_{1 \leqslant i < j \leqslant n} P(B_iB_j)$ 中共有 $C_n^2 = \dfrac{n!}{2!(n-2)!}$ 项, 故

$$\sum_{1\leqslant i<j\leqslant n} P(B_iB_j) = C_n^2 \frac{(n-2)!}{n!} = \frac{1}{2!},$$

一般地,对任意的 $1\leqslant i_1<i_2\cdots<i_k\leqslant n$,有

$$P(B_{i_1}B_{i_2}\cdots B_{i_k}) = \frac{(n-k)!}{n!},$$

而和式 $\displaystyle\sum_{1\leqslant i_1<i_2<\cdots<i_k\leqslant n} P(B_{i_1}B_{i_2}\cdots B_{i_k})$ 中共有 $C_n^k = \dfrac{n!}{k!(n-k)!}$ 项,故

$$\sum_{1\leqslant i_1<i_2<\cdots<i_k\leqslant n} P(B_{i_1}B_{i_2}\cdots B_{i_k}) = C_n^k \frac{(n-k)!}{n!} = \frac{1}{k!}.$$

因此所求的概率为

$$P(A) = 1 - \frac{1}{2!} + \frac{1}{3!} + \cdots + (-1)^{n-1}\frac{1}{n!}.$$

例 1.2.5 利用概率模型证明恒等式 $C_N^n = \displaystyle\sum_{k=s_1}^{s_2} C_M^k C_{N-M}^{n-k}$,$s_1 = \max\{0, n-N+M\}$,$s_2 = \min\{n, M\}$.

证明 构造概率模型:设一口袋内有 N 个球,其中有 M 个黑球,$N-M$ 个红球,现从口袋中逐个不放回地取 n 个球.设事件 $A_k = \{n$ 个球中有 k 个黑球$\}$,其中 $s_1 = \max\{0, n-N+M\}$,$s_2 = \min\{n, M\}$,显然有 $P\left(\bigcup_{k=s_1}^{s_2} A_k\right) = \sum_{k=s_1}^{s_2} P(A_k) = P(\Omega) = 1$.而

$$P(A_k) = \frac{C_M^k C_{N-M}^{n-k}}{C_N^n},$$

故有

$$\sum_{k=s_1}^{s_2} P(A_k) = \sum_{k=s_1}^{s_2} \frac{C_M^k C_{N-M}^{n-k}}{C_N^n} = 1,$$

所以

$$C_N^n = \sum_{k=s_1}^{s_2} C_M^k C_{N-M}^{n-k}.$$

1.3 条 件 概 率

在实际问题中,经常会遇到这样的情形:在已知某事件(一般与被研究的事件有关)发生的条件下,确定被研究事件发生的概率.换句话说,在已有一些信息(条件)时,计算某一事件的概率应考虑已知信息,此时得到的概率就是条件

概率.

　　条件概率是概率论中的一个基本且重要的内容,它有着自身的一些特点.另外,概率论中一些基础理论,例如,本节即将介绍的全概率公式、贝叶斯公式等都与条件概率密切相关.

1.3.1　条件概率

　　为了解释方便,首先给出条件概率的记号,设 A,B 为两个事件,且 $P(A)>0$,在随机事件 A 发生的条件下,随机事件 B 发生的条件概率记为 $P(B\mid A)$.

　　引例　同时掷两枚均匀的骰子,已知两枚骰子点数之和为 8,求第一枚骰子的点数不超过 3 的概率.

　　分析　事件 A 表示"两枚骰子点数之和为 8",事件 B 表示"第一枚骰子的点数不超过 3".同时掷两枚均匀骰子的样本空间为
$$\Omega=\{(i,j)\mid i=1,2,\cdots,6;j=1,2,\cdots,6\},$$
在此样本空间中,$B=\{(i,j)\mid i=1,2,3;j=1,2,\cdots,6\}$.

　　而当事件 A 发生时,样本空间可以记为
$$\Omega_A=\{(2,6),(3,5),(4,4),(5,3),(6,2)\}=A,$$
此时,在新的样本空间中,B 所含样本点与 AB 所含样本点相同,而 $AB=\{(2,6),(3,5)\}$,不难理解,条件概率
$$P(B\mid A)=\frac{2}{5}.$$
容易验证
$$P(B\mid A)=\frac{P(AB)}{P(A)}.$$

　　对于一般的古典概型来说,设随机试验的基本事件总数为 N,事件 A 包含基本事件的个数为 M_A,事件 AB 包含基本事件的个数为 M_{AB},容易验证
$$P(B\mid A)=\frac{M_{AB}}{M_A}=\frac{M_{AB}/N}{M_A/N}=\frac{P(AB)}{P(A)},$$
基于古典概型的启发,下面给出条件概率的定义:

　　定义 1.3.1　设 A,B 是两个事件,且 $P(A)>0$,则称 $P(B\mid A)=\dfrac{P(AB)}{P(A)}$ 为在事件 A 发生的条件下,事件 B 发生的条件概率.

　　条件概率有两种计算方法:

　　(1)缩小样本空间后直接计算

　　在引例中,在已知事件 A 发生的条件下,样本空间缩小到只有 5 个样本点,

使得事件 B 发生的样本点只有 2 个,很容易得出 $P(B \mid A) = \dfrac{2}{5}$. 一般来说,如果能通过直接计算解决问题,就不需要用定义(公式)计算.

(2)用定义计算

对于有些不能直接计算的条件概率,往往需要根据已知条件,由定义计算.

根据定义,不难验证条件概率满足以下三条性质:

(1)(非负性) $P(B \mid A) \geqslant 0$;

(2)(规范性) $P(\Omega \mid A) = 1$;

(3)(可列可加性) $P\left(\bigcup\limits_{i=1}^{+\infty} B_i \mid A \right) = \sum\limits_{i=1}^{+\infty} P(B_i \mid A)$,其中 $B_i B_j = \varnothing, i \neq j, i,$
$j = 1, 2, \cdots$;

因此,条件概率也是一种概率,而一般概率的一些性质,条件概率同样具有,如

(4) $P(B \mid A) + P(\bar{B} \mid A) = 1$;

(5) $P(B \cup C \mid A) = P(B \mid A) + P(C \mid A) - P(BC \mid A)$.

继续考虑引例中的试验,同时掷两枚均匀的骰子,已知两枚骰子点数之和为 8.

(1)求第一枚骰子的点数超过 3 的概率;

(2)求两枚骰子的最大点数超过 3 的概率.

解 (1)沿用引例中的记号,所求的概率为 $P(\bar{B} \mid A) = 1 - P(B \mid A) = \dfrac{3}{5}$;

(2)设 B_1 表示"第一枚骰子的点数超过 3",B_2 表示"第二枚骰子的点数超过 3",则所求的概率为

$$P(B_1 \cup B_2 \mid A) = P(B_1 \mid A) + P(B_2 \mid A) - P(B_1 B_2 \mid A)$$
$$= \frac{3}{5} + \frac{3}{5} - \frac{1}{5} = 1.$$

除了以上罗列的性质外,由条件概率还可得到三个重要公式:乘法公式、全概率公式和 Bayes 公式.下面分别介绍这三个公式及其应用.

1.3.2 乘法公式

由条件概率 $P(B \mid A) = \dfrac{P(AB)}{P(A)}$,得

$$P(AB) = P(A) P(B \mid A) \quad (P(A) > 0),$$

以上公式称为乘法公式,当然下面的式子也是成立的:

$$P(AB) = P(B) P(A \mid B) \quad (P(B) > 0).$$

乘法公式还可推广到 2 个以上事件的情形,设有 n 个事件 $A_1, A_2, \cdots, A_n (n \geqslant 2)$,

并且 $P(A_1A_2\cdots A_{n-1})>0$, 易得

$$P(A_1A_2\cdots A_n) = P(A_1)P(A_2\mid A_1)P(A_3\mid A_1A_2)\cdots P(A_n\mid A_1\cdots A_{n-1}).$$

案例 1.3.1 某公司对零部件的验收是这样规定的:在批量为 100 件的零部件中不返回地抽取 1 件进行检验,共取 4 件,一旦发现次品则拒收不再检验.只有 4 件均为正品时才能通过检验.设一批零部件共有 100 件,其中有 5 件次品,求该批零部件被拒收的概率.

解 设事件 $B=\{$该批零部件被拒收$\}$,事件 $A_i=\{$第 i 次抽到次品$\}$,$i=1,2,3,4$,则

$$B = A_1 \cup \bar{A}_1 A_2 \cup \bar{A}_1 \bar{A}_2 A_3 \cup \bar{A}_1 \bar{A}_2 \bar{A}_3 A_4,$$

由概率的有限可加性和乘法公式,得

$$\begin{aligned}
P(B) &= P(A_1)+P(\bar{A}_1 A_2)+P(\bar{A}_1\bar{A}_2 A_3)+P(\bar{A}_1\bar{A}_2\bar{A}_3 A_4)\\
&= P(A_1)+P(\bar{A}_1)P(A_2\mid\bar{A}_1)+P(\bar{A}_1)P(\bar{A}_2\mid\bar{A}_1)P(A_3\mid\bar{A}_1\bar{A}_2)+\\
&\quad P(\bar{A}_1)P(\bar{A}_2\mid\bar{A}_1)P(\bar{A}_3\mid\bar{A}_1\bar{A}_2)P(A_4\mid\bar{A}_1\bar{A}_2\bar{A}_3)\\
&= \frac{5}{100}+\frac{95}{100}\times\frac{5}{99}+\frac{95}{100}\times\frac{94}{99}\times\frac{5}{98}+\frac{95}{100}\times\frac{94}{99}\times\frac{93}{98}\times\frac{5}{97}=0.188.
\end{aligned}$$

另外也可通过计算逆事件的概率来求 $P(B)$.由于 $\bar{B}=\bar{A}_1\bar{A}_2\bar{A}_3\bar{A}_4$,则

$$\begin{aligned}
P(B) &= 1-P(\bar{B})=1-P(\bar{A}_1)P(\bar{A}_2\mid\bar{A}_1)P(\bar{A}_3\mid\bar{A}_1\bar{A}_2)P(\bar{A}_4\mid\bar{A}_1\bar{A}_2\bar{A}_3)\\
&= 1-\frac{95}{100}\times\frac{94}{99}\times\frac{93}{98}\times\frac{92}{97}\approx 1-0.812=0.188.
\end{aligned}$$

例 1.3.1 一口袋内有 12 个球,其中有 9 个白球,3 个黑球.每次从口袋中任取 4 个球作为一组不再放回,共取 3 组.

(1) 求每组 4 个球中有 1 个黑球的概率;

(2) 求 3 个黑球在同一组的概率.

解 (1) 设事件 $A=\{$每组 4 个球中有 1 个黑球$\}$,事件 $A_i=\{$第 i 组中有 1 个黑球$\}$,$i=1,2,3$,由乘法公式,得

$$\begin{aligned}
P(A) &= P(A_1A_2A_3)=P(A_1)P(A_2\mid A_1)P(A_3\mid A_1A_2)\\
&= \frac{C_3^1 C_9^3}{C_{12}^4}\times\frac{C_2^1 C_6^3}{C_8^4}\times\frac{C_1^1 C_3^3}{C_4^4}=\frac{16}{55}\approx 0.290\ 9.
\end{aligned}$$

(2) 设事件 $B=\{3$ 个黑球在同一组$\}$,事件 $B_i=\{3$ 个黑球在第 i 组$\}$,$i=1,2,3$,则

$$\begin{aligned}
P(B) &= P(B_1\bar{B}_2\bar{B}_3\cup\bar{B}_1 B_2\bar{B}_3\cup\bar{B}_1\bar{B}_2 B_3)\\
&= P(B_1)P(\bar{B}_2\mid B_1)P(\bar{B}_3\mid B_1\bar{B}_2)+
\end{aligned}$$

$$P(\bar{B_1})P(B_2 \mid \bar{B_1})P(\bar{B_3} \mid \bar{B_1}B_2) + P(\bar{B_1})P(\bar{B_2} \mid \bar{B_1})P(B_3 \mid \bar{B_1}\bar{B_2})$$

$$= \frac{C_3^3 C_9^1}{C_{12}^4} \times \frac{C_8^4}{C_8^4} \times \frac{C_4^4}{C_4^4} + \frac{C_9^4}{C_{12}^4} \times \frac{C_3^3 C_5^1}{C_8^4} \times \frac{C_4^4}{C_4^4} + \frac{C_9^4}{C_{12}^4} \times \frac{C_5^4}{C_8^4} \times \frac{C_3^3 C_1^1}{C_4^4} = \frac{3}{55} \approx 0.054\ 5.$$

1.3.3 全概率公式

案例 1.3.2 某企业流水线生产的产品按 100 件装箱,该企业出厂的检验标准是从每箱产品中抽取 10 件进行检验,若没发现不合格产品就通过检验,否则开箱逐个检验.据统计每箱产品中的次品数不超过 4 件,每箱产品中有 i 件次品的概率如下表所示:

i	0	1	2	3	4
P	0.1	0.2	0.4	0.2	0.1

试问:

(1) 检验部门能否事先估计每箱产品的通过率,以及不能通过检验需要的开箱率?

(2) 如果每箱抽检产品的件数少于 10 件,或多于 10 件,情况如何?管理部门若要严把质量关,需要多抽检几件还是少抽检几件?请给出量化说明.

分析 设事件 A 表示"按照检验标准某箱产品能够通过检验",A 是否发生显然与箱子中的次品数有关.设事件 B_i 表示"箱中有 i 件次品",$i = 0,1,2,3,4$,则事件 A 与这组事件 B_i 密切相关,从 B_i 的假设易知其满足:(1) $\bigcup\limits_{i=0}^{4} B_i = \Omega$;(2) $B_i B_j = \varnothing$,$i \neq j$,$i,j = 0,1,2,3,4$.我们称这组事件 $B_i(i = 0,1,2,3,4)$ 为样本空间的一个划分.

下面给出划分的一般定义:

定义 1.3.2 设 Ω 为某一随机试验的样本空间,$B_1,B_2,\cdots,B_n$ 为该试验的一组事件,且满足:

(1) $B_i B_j = \varnothing$,$i \neq j$,$i,j = 1,2,\cdots,n$;

(2) $\bigcup\limits_{i=1}^{n} B_i = \Omega$,

则称 $B_1,B_2,\cdots,B_n$ 为样本空间 Ω 的一个划分.

在实际中,如果我们关心的事件 A 与一个划分 $B_i(i = 1,2,\cdots,n)$ 有关,这时计算事件 A 的概率就需要分别考虑第 i 种可能发生情况 B_i 对事件 A 的影响.有如下定理:

定理 1.3.1   设 $B_1, B_2, \cdots, B_n$ 为某一试验的样本空间 Ω 的一个划分,且 $P(B_i)>0(i=1,2,\cdots,n)$,则对任一事件 A,有

$$P(A) = \sum_{i=1}^{n} P(B_i)P(A \mid B_i),$$

上述公式称为全概率公式.

证明   由 $\bigcup_{i=1}^{n} B_i = \Omega$,得

$$A = A\Omega = A\left(\bigcup_{i=1}^{n} B_i\right) = \bigcup_{i=1}^{n} AB_i.$$

又由 $B_iB_j = \varnothing, i \neq j, i,j=1,2,\cdots,n$,有

$$(AB_i)(AB_j) = A(B_iB_j) = \varnothing, i \neq j, i,j=1,2,\cdots,n.$$

由有限可加性与乘法公式,得

$$P(A) = P\left(\bigcup_{i=1}^{n} AB_i\right) = \sum_{i=1}^{n} P(AB_i) = \sum_{i=1}^{n} P(B_i)P(A \mid B_i).$$

案例 1.3.2 解

沿用分析中的记号,即事件 A 表示"按照检验标准某箱产品能够通过检验",事件 B_i 表示"箱中有 i 件次品",$i=0,1,2,3,4$,可知 $B_i(i=0,1,2,3,4)$ 为样本空间 Ω 的一个划分,由已知条件可知 B_i 的概率如题中表格所示.

(1)容易求得以下条件概率

$$P(A \mid B_i) = \frac{C_{100-i}^{10}}{C_{100}^{10}}, i=0,1,2,3,4.$$

其具体结果如下表所示:

i	0	1	2	3	4
$P(B_i)$	0.1	0.2	0.4	0.2	0.1
$P(A\mid B_i)$	1	0.9	0.809	0.727	0.652

由全概率公式,有

$$P(A) = \sum_{i=0}^{4} P(B_i)P(A \mid B_i) = 0.814.$$

由此,当每箱不放回抽检 10 件时,通过检验的概率为 0.814,也就是不能通过检验需要的开箱率为 $P(\bar{A}) = 0.186$.

(2)设每箱抽检产品数为 n 件,并且以 $n=8,10,12,15$ 为例,将各种情况下通过检验的事件都记为 A,计算每箱产品通过检验的概率,具体结果如下表所示:

n	8	10	12	15
$P(A)$	0.849	0.814	0.781	0.732
$1-P(A)$	0.151	0.186	0.219	0.268

由表中计算结果可以看出,显然抽取的产品越多,通过率越低,不能通过检验需要的开箱率越高.因此,管理部门若要严把质量关,就需要尽可能每箱多抽检几件.

例 1.3.2(抽签问题)　假设三个考生参加面试时按顺序抽签答题,并且考签不再放回.共有 10 张签,其中有 3 张难签,求每个考生抽到难签的概率.

解　设 $A_i = \{$第 i 个考生抽到难签$\}$,$i=1,2,3$,则第 1 个考生抽到难签的概率为

$$P(A_1) = \frac{3}{10}.$$

利用全概率公式求第 2 个考生抽到难签的概率,A_1,$\overline{A}_1$ 为样本空间的一个划分,从而有

$$P(A_2) = P(A_1)P(A_2 \mid A_1) + P(\overline{A}_1)P(A_2 \mid \overline{A}_1)$$
$$= \frac{3}{10} \times \frac{2}{9} + \frac{7}{10} \times \frac{3}{9} = \frac{3}{10}.$$

同理,求得第 3 个考生抽到难签的概率为

$$P(A_3) = P(A_1 A_2)P(A_3 \mid A_1 A_2) + P(A_1 \overline{A}_2)P(A_3 \mid A_1 \overline{A}_2) +$$
$$P(\overline{A}_1 A_2)P(A_3 \mid \overline{A}_1 A_2) + P(\overline{A}_1 \overline{A}_2)P(A_3 \mid \overline{A}_1 \overline{A}_2)$$
$$= \frac{3}{10} \times \frac{2}{9} \times \frac{1}{8} + \frac{3}{10} \times \frac{7}{9} \times \frac{2}{8} + \frac{7}{10} \times \frac{3}{9} \times \frac{2}{8} + \frac{7}{10} \times \frac{6}{9} \times \frac{3}{8} = \frac{3}{10}.$$

注　从以上结果可以看到每个人抽到难签的概率相同,与抽签的顺序无关.这与我们日常生活的经验是一致的.我们经常会看到,在一些体育赛事中,采用抽签的方法确定场地和出场顺序,这对参赛各方是公平的.

例 1.3.3　假设有 $r(r>1)$ 个足球运动员练习相互传接球.每次传球时,传球者等可能地把球传给其余 $r-1$ 个人中的任何一个.若从甲开始传球,求第 n 次传球时仍由甲传出的概率.

解　设事件 $A_n = \{$第 n 次传球时由甲传出$\}$.令 $p_n = P(A_n)$,则 $p_1 = 1$.考虑事件 A_{n+1} 与 A_n 之间的关系,若 A_n 发生了,则 A_{n+1} 就不发生,即 $P(A_{n+1} \mid A_n) = 0$;若 A_n 不发生,则 A_{n+1} 就有可能发生,即第 n 次的传球者有可能在第 $n+1$ 次传球时把球传给甲,亦即 $P(A_{n+1} \mid \overline{A}_n) = \frac{1}{r-1}$.由全概率公式,得

$$p_{n+1} = P(A_{n+1}) = P(A_{n+1} \mid A_n)P(A_n) + P(A_{n+1} \mid \bar{A}_n)P(\bar{A}_n)$$

$$= \frac{1}{r-1}(1-p_n) = \frac{1}{1-r}p_n + \frac{1}{r-1}, \quad n \geq 1.$$

在上式中令 $a = \dfrac{1}{1-r}, b = \dfrac{1}{r-1}$，得递推关系 $p_{n+1} = ap_n + b, n \geq 1$. 通过逐步递推，得

$$p_n = ap_{n-1} + b = a(ap_{n-2} + b) + b = a^2 p_{n-2} + b(1+a)$$

$$= \cdots = a^{n-1}p_1 + b(1 + a + \cdots + a^{n-2}) = a^{n-1} + \frac{b(1-a^{n-1})}{1-a}, \quad n \geq 2.$$

将 $a = \dfrac{1}{1-r}, b = \dfrac{1}{r-1}$ 代入上式，得

$$p_n = \frac{1}{r}\left[1 - \left(\frac{1}{1-r}\right)^{n-2}\right], \quad n \geq 2.$$

1.3.4　Bayes 公式

案例 1.3.3　假设某人体检时通过胸透被检测出患有结核病. 由大量的临床诊断结果已知该胸透仪会有误检发生，确实患有结核病被胸透仪检测出的概率为 0.95，未患病被胸透仪误检为患有结核病的概率为 0.002. 据某机构统计此人所在地区目前结核病的发病率为 0.2%. 问患有此病的概率是多大？ 如果复诊后仍被该仪器检测出患有结核病，这时确诊的概率是多大？ 如果还是怀疑复诊结果，再进行第三次检查，仍然被该仪器检测出患有结核病，能确诊吗？ 还需要一直诊断下去吗？

分析　这个案例所隐含的道理是众所周知的，本节要学习的 Bayes 公式可以对这个问题的结论给出量化解释. 下面给出这个公式.

定理 1.3.2　设 $B_1, B_2, \cdots, B_n$ 为某一试验的样本空间 Ω 的一个划分，且 $P(B_i) > 0(i = 1, 2, \cdots, n)$，则对该试验的任一事件 $A(P(A) > 0)$，有

$$P(B_i \mid A) = \frac{P(AB_i)}{P(A)} = \frac{P(B_i)P(A \mid B_i)}{\sum\limits_{j=1}^{n} P(B_j)P(A \mid B_j)}, \quad i = 1, 2, \cdots, n.$$

上述公式称为 **Bayes 公式**.

假设在实际问题中，我们关心的事件 A 满足 $P(A) > 0, B_1, B_2, \cdots, B_n$ 是可能导致随机事件 A 发生的所有原因（情况或因素），即 $A \subset \bigcup\limits_{j=1}^{n} B_j$ 且 $B_i B_j = \varnothing, i \neq j$，$i, j = 1, 2, \cdots, n$，通过条件概率与全概率公式，可以计算在 A 发生的条件下，导致其发生的原因 B_i 的概率为

$$P(B_i \mid A) = \frac{P(AB_i)}{P(A)} = \frac{P(B_i)P(A \mid B_i)}{\sum\limits_{j=1}^{n} P(B_j)P(A \mid B_j)}, \quad i = 1, 2, \cdots, n.$$

在上述公式中，$P(B_i)$ 是在没有得到 A 的信息，即不知 A 是否发生的情况下（试验之前）对 B_i 发生可能性大小的估计，称为先验概率；若得到新的信息，即在 A 已经发生的情况下（试验之后），人们对 B_i 发生的可能性大小有了新的估计，由此得到的条件概率 $P(B_i \mid A)$ 称为后验概率。正如在案例 1.3.3 中，若没有体检，那么患病的概率就是所在人群的发病率。一旦此人体检时被该仪器检测出患病，复诊时，医生就会调整他患病的概率，若他复诊后仍被该仪器检测出患有结核病，确诊的概率就会变大。如果还是怀疑复诊结果，再进行第三次检查，医生会再一次调整其患病的概率。当第三次仍然被该仪器检测出患有结核病，一般来说医院基本就会确诊。下面我们利用 Bayes 公式对该问题给出科学的解释。

案例 1.3.3 解

设事件 B 表示"此人患有结核病"，那么事件 $\bar{B}$ 表示"此人未患结核病"；事件 A 表示"此人被胸透仪检测出患有结核病"。

由已知条件知 $P(B) = 0.002$，$P(\bar{B}) = 0.998$，$P(A \mid B) = 0.95$，$P(A \mid \bar{B}) = 0.002$。由全概率公式与 Bayes 公式，有

$$P(A) = P(B)P(A \mid B) + P(\bar{B})P(A \mid \bar{B}) \approx 0.003\,9,$$

$$P(B \mid A) = \frac{P(B)P(A \mid B)}{P(B)P(A \mid B) + P(\bar{B})P(A \mid \bar{B})} \approx 0.487\,2.$$

由此可知，当某人体检被胸透仪检测出患有结核病时，认为其患有结核病的概率上升为 48.72%。如果此人需要复诊，医生就会把其患病的概率调整为 48.72%。

设事件 B_1 表示"此复诊者患有结核病"，那么事件 $\bar{B}_1$ 表示"此复诊者未患结核病"；用事件 A_1 表示"此复诊者被胸透仪检测出患有结核病"。因此

$$P(B_1) = 0.487\,2, \quad P(\bar{B}_1) = 0.512\,8, \quad P(A_1 \mid B_1) = 0.95, \quad P(A_1 \mid \bar{B}_1) = 0.002.$$

再由全概率公式与 Bayes 公式，有

$$P(A_1) = P(B_1)P(A_1 \mid B_1) + P(\bar{B}_1)P(A_1 \mid \bar{B}_1) \approx 0.463\,9,$$

$$P(B_1 \mid A_1) = \frac{P(B_1)P(A_1 \mid B_1)}{P(B_1)P(A_1 \mid B_1) + P(\bar{B}_1)P(A_1 \mid \bar{B}_1)} \approx 0.997\,7.$$

结论 如果复诊仍被胸透仪检测出患有结核病，患病的概率就调整为 99.77%，其实已经基本可以确诊。如果再一次复诊，按上述方法计算会发现概率

几乎接近 100%,因此一般来说不需要一直复诊下去,读者可以自行验证.

例 1.3.4   多项选择题是考试中常用的一种题型,它要求考生答题时在所列出的 4 个选项中至少选出 2 个作为答案,并且只有当全部选对时才能得分,其他情况均为答错.据统计,考生中确实会做该题而得分的比例为 30%,而其余考生是通过猜测来答题的.

(1)求任一考生答对该多项选择题而得分的概率;

(2)已知某考生答对了某个多项选择题,求他会做该题的概率.

解   设事件 B 表示"任一考生确实会做该题",事件 $\bar{B}$ 表示"该考生是通过猜测来答题的",事件 A 表示"任一考生答对该多项选择题得分".

由已知条件知,$P(B)=0.3$,$P(\bar{B})=0.7$,容易知道

$$P(A\mid B)=1, \quad P(A\mid\bar{B})=\frac{1}{C_4^2+C_4^3+C_4^4}=0.09,$$

由全概率公式,得

$$P(A)=P(B)P(A\mid B)+P(\bar{B})P(A\mid\bar{B})=0.3\times1+0.7\times0.09\approx0.36.$$

由 Bayes 公式,得

$$P(B\mid A)=\frac{P(B)P(A\mid B)}{P(B)P(A\mid B)+P(\bar{B})P(A\mid\bar{B})}=\frac{0.3}{0.36}\approx0.83.$$

案例 1.3.4(续案例 1.3.2)   每箱产品有 100 件,从中抽检 10 件,若没发现不合格产品就通过检验,否则不能通过检验.按照原先的认识,每箱产品中有 i 件次品的概率如下表所示:

i	0	1	2	3	4
P	0.1	0.2	0.4	0.2	0.1

试问:

(1)若某箱产品通过了该检验,你是否会改变对原次品率的认识?

(2)若某箱产品没有通过该检验,你是否也会改变对该箱中原次品率的认识?

解   沿用案例 1.3.2 中的记号,即 A 表示"按照检验标准某箱产品能够通过检验",事件 B_i 表示"箱中有 i 件次品",$i=0,1,2,3,4$,则

$$P(A\mid B_i)=\frac{C_{100-i}^{10}}{C_{100}^{10}}, \quad P(\bar{A}\mid B_i)=1-P(A\mid B_i),i=0,1,2,3,4.$$

由 Bayes 公式,某箱通过检验的产品中恰有 i 件次品的概率为

$$P(B_i|A) = \frac{P(B_i)P(A|B_i)}{P(A)}, i = 0,1,2,3,4,$$

同理,某箱没通过检验的产品中恰有 i 件次品的概率为

$$P(B_i|\bar{A}) = \frac{P(B_i)P(\bar{A}|B_i)}{P(\bar{A})}, i = 0,1,2,3,4.$$

把相关数据代入计算,具体结果如下表所示:

i	0	1	2	3	4
$P(B_i)$	0.1	0.2	0.4	0.2	0.1
$P(B_i|A)$	0.123	0.221	0.397	0.179	0.080
$P(B_i|\bar{A})$	0	0.108	0.411	0.294	0.187

从上述计算结果,不难看到,根据原有的经验在每箱(100 件产品)中,有 0 件次品的概率为 0.1.如果通过检验,其中有 0 件次品的概率上升为 0.123;如果没有通过检验,其中有 0 件次品的概率显然为 0,根据 Bayes 公式计算的结果也是 0,其他情况类似.这些结果当然也与我们的直觉相符合,也就是说,如果某箱产品通过了该检验,检验部门一定会对该箱中次品率的认识有所改变,而如果某箱产品没有通过该检验,检验部门也会对该箱中次品率的认识有所改变.

　　注　在上述的全概率公式和 Bayes 公式中,如果把 A 看成"结果",B_i 可看成影响这一结果发生的"原因".全概率公式可解决这一类问题:当多个因素对某个事件的发生产生影响时,求该事件发生的可能性大小.Bayes 公式与全概率公式正好相反,主要用于解决另一类问题:当某事件发生时,求导致该事件发生的各种因素的可能性大小,所以,Bayes 公式常常被称为全概率公式的逆公式.这两个公式的思想方法是随机数学的基础,非常重要.

1.4　随机事件的独立性

　　随机事件的独立性是概率论中重要的概念之一,利用随机事件的独立性可以简化概率的计算.下面先讨论两个随机事件的独立性,然后讨论多个随机事件的相互独立性.我们先看一个简单的案例.

　　案例 1.4.1　某地区公众健康研究中心通过调研掌握的数据如下:整个地区居民总数为 13 万人,色盲患者为 10 400 人.该机构随机抽查了 50 个耳聋的

人,其中有 4 个色盲患者;又随机抽查了 50 个非耳聋的人,其中有 4 个色盲患者.该机构能否根据这些统计数据推断耳聋对色盲的发生是否有影响?

分析 如果设事件 A,B 分别表示"某人患色盲"和"某人患耳聋",$P(A \mid B)$ 表示某人在患耳聋的条件下患色盲的概率,$P(A \mid \bar{B})$ 表示某人在未患耳聋的条件下患色盲的概率.根据案例中的数据不难算出来:$P(A \mid B) = P(A) = P(A \mid \bar{B}) = 0.08$.因此,根据这些数据得出的结论是:无论是在患有耳聋、还是在未患耳聋的条件下,患色盲的可能性都一样,因此该机构得到耳聋对色盲的发生并无影响的结论.

案例的结论体现为如下关系:

$$P(A \mid B) = P(A) = P(A \mid \bar{B}),$$

可以解释为,事件 B 是否发生对事件 A 发生的概率没有影响,这种关系是随机事件相互独立的一种表现.一般概率模型中相互独立的定义如下:

定义 1.4.1 对任意两个事件 A,B,若满足

$$P(AB) = P(A)P(B),$$

则称事件 A 与事件 B 相互独立,简称 A 与 B 独立.

注 由条件概率和随机事件概率的关系可以得出下面的结论:

$$P(A \mid B) = P(A) \ (P(B) > 0) \quad 或 \quad P(B \mid A) = P(B) \ (P(A) > 0)$$
$$\Rightarrow P(AB) = P(A)P(B).$$

反过来,

$$P(AB) = P(A)P(B)$$
$$\Rightarrow P(A \mid B) = P(A) \ (P(B) > 0) \quad 以及 \quad P(B \mid A) = P(B) \ (P(A) > 0).$$

不难理解,由 $P(AB) = P(A)P(B)$ 定义随机事件 A,B 的独立性,不仅反映了事件独立性的特点,也具有数学定义的高度概括性.

定理 1.4.1 如果在四对事件 A 与 B,A 与 $\bar{B}$,$\bar{A}$ 与 B,$\bar{A}$ 与 $\bar{B}$ 中,任一对事件相互独立,则其余三对事件也分别相互独立.

证明 不妨设 A 与 B 相互独立,即 $P(AB) = P(A)P(B)$,从而

$$P(A\bar{B}) = P(A - B) = P(A - AB) = P(A) - P(AB)$$
$$= P(A) - P(A)P(B) = P(A)[1 - P(B)] = P(A)P(\bar{B}),$$

所以 A 与 $\bar{B}$ 相互独立.类似地,可证明 $\bar{A}$ 与 B,$\bar{A}$ 与 $\bar{B}$ 也相互独立.

独立性的概念也可以推广到三个事件的情形,设 A_1,A_2,A_3 是三个事件,若满足下列等式:

$$P(A_1 A_2) = P(A_1) P(A_2) \left.\begin{array}{r}\\\end{array}\right.$$
$$P(A_1 A_3) = P(A_1) P(A_3) \left.\begin{array}{r}\\\end{array}\right\} \qquad (1)$$
$$P(A_2 A_3) = P(A_2) P(A_3) \left.\begin{array}{r}\\\end{array}\right.$$

及

$$P(A_1 A_2 A_3) = P(A_1) P(A_2) P(A_3), \qquad (2)$$

则称事件 A_1, A_2, A_3 相互独立.

(1) 式成立表明 A_1, A_2, A_3 中任意两个事件相互独立,也称 A_1, A_2, A_3 两两独立.(1)式和(2)式同时成立才表明 A_1, A_2, A_3 相互独立.

例 1.4.1 同时掷两枚均匀骰子,事件 A 表示"第一枚骰子点数为奇数",事件 B 表示"第二枚骰子点数为奇数",事件 C 表示"两枚骰子点数之和为奇数".试问:

(1) A, B, C 是否两两独立?

(2) A, B, C 是否相互独立?

解 容易计算

$$P(A) = P(B) = P(C) = \frac{1}{2},$$

$$P(AB) = P(AC) = P(BC) = \frac{1}{4},$$

显然表明 A, B, C 两两独立.但是

$$P(ABC) = 0 \neq P(A)P(B)P(C) = \frac{1}{8},$$

所以 A, B, C 不是相互独立的.

定义 1.4.2 设 n 个事件 $A_1, A_2, \cdots, A_n (n \geqslant 2)$,若满足

$$P(A_i A_j) = P(A_i) P(A_j) \ (i<j) \ (\mathrm{C}_n^2 \ \text{个等式}), \qquad (3)$$
$$P(A_i A_j A_k) = P(A_i) P(A_j) P(A_k) \ (i<j<k) \ (\mathrm{C}_n^3 \ \text{个等式}),$$
$$\cdots\cdots\cdots\cdots$$
$$P(A_1 A_2 \cdots A_n) = P(A_1) P(A_2) \cdots P(A_n) \ (\mathrm{C}_n^n \ \text{个等式})$$

共 $\mathrm{C}_n^2 + \mathrm{C}_n^3 + \cdots + \mathrm{C}_n^n = 2^n - 1 - n$ 个等式,则称事件 $A_1, A_2, \cdots, A_n$ 相互独立.若仅有(3) 式中的 C_n^2 个等式成立,则称事件 $A_1, A_2, \cdots, A_n$ 两两独立.

注 我们常根据实际问题的背景对事件的独立性进行判断.如在案例 1.4.1 中,患耳聋和患色盲这两种疾病,一般来说互不影响,所以判断这两种疾病的发生相互独立.再比如,某天下大雨显然不会影响当天股价的波动,也就是"某天下雨"这个事件 A 与"某天股价波动"这个事件 B 之间发生与否互不影响,因此我们称事件 A 与 B 相互独立.但是某天下大雨会影响到某路段发生交通事故的可能性大小,所以一般判断这两个事件不相互独立.

例 1.4.2   设事件 $A_1, A_2, \cdots, A_n$ 是相互独立的, 易得这 n 个事件中至少有一个事件发生的概率为

$$P\left(\bigcup_{i=1}^{n} A_i\right) = 1 - P\left(\overline{\bigcup_{i=1}^{n} A_i}\right) = 1 - P\left(\bigcap_{i=1}^{n} \overline{A_i}\right) = 1 - \prod_{i=1}^{n} \left[1 - P(A_i)\right].$$

例 1.4.3   设 A, B 为两个事件, $0 < P(A) < 1, 0 < P(B) < 1$, 且 $P(A \mid B) + P(\overline{A} \mid \overline{B}) = 1$, 证明: 事件 A, B 相互独立.

证明   由条件概率的性质有 $P(A \mid \overline{B}) + P(\overline{A} \mid \overline{B}) = 1$, 得 $P(A \mid B) = P(A \mid \overline{B})$, 从而

$$\frac{P(AB)}{P(B)} = \frac{P(A\overline{B})}{P(\overline{B})},$$

即

$$P(AB)[1 - P(B)] = P(B)P(A\overline{B}),$$

亦即

$$P(AB) = P(B)[P(AB) + P(A\overline{B})]$$
$$= P(B)P(A(B \cup \overline{B})) = P(A)P(B),$$

故 A 与 B 相互独立.

案例 1.4.2   单个元件(或系统)能正常工作的概率称为该元件(或系统)的可靠性, 而一个系统是由若干个元件组成的. 现有 $2n$ 个元件分别按如图 1.4.1, 图 1.4.2 所示的两种方式组成系统. 假设每个元件的可靠性均为 $r(0 < r < 1)$, 且各元件能否正常工作是相互独立的, 求两个系统的可靠性, 并比较其大小.

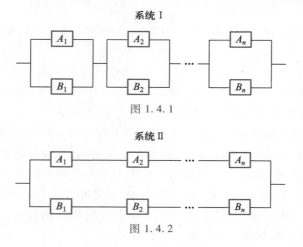

系统 I

图 1.4.1

系统 II

图 1.4.2

解　设事件 $A_i = \{$元件 A_i 正常工作$\}$，事件 $B_i = \{$元件 B_i 正常工作$\}$，$i = 1, 2, \cdots, n$，事件 S_1, S_2 分别表示"系统 Ⅰ 正常工作"和"系统 Ⅱ 正常工作"．系统 Ⅰ 是由 n 对元件 $A_i, B_i (i = 1, 2, \cdots, n)$ 并联后再串联组成的，因此系统的可靠性为

$$P(S_1) = P\left(\bigcap_{i=1}^{n} (A_i \cup B_i) \right) = \prod_{i=1}^{n} P(A_i \cup B_i)$$

$$= \prod_{i=1}^{n} \left[P(A_i) + P(B_i) - P(A_i)P(B_i) \right] = (2r - r^2)^n = r^n (2 - r)^n.$$

系统 Ⅱ 由两条线路组成，每条线路是由 n 个元件串联而成的．因此系统的可靠性为

$$P(S_2) = P\left(\bigcap_{i=1}^{n} A_i \cup \bigcap_{i=1}^{n} B_i \right) = P\left(\bigcap_{i=1}^{n} A_i \right) + P\left(\bigcap_{i=1}^{n} B_i \right) - P\left(\bigcap_{i=1}^{n} A_i \bigcap_{i=1}^{n} B_i \right)$$

$$= \prod_{i=1}^{n} P(A_i) + \prod_{i=1}^{n} P(B_i) - \prod_{i=1}^{n} P(A_i) \prod_{i=1}^{n} P(B_i) = r^n + r^n - r^{2n} = r^n (2 - r^n).$$

利用不等式

$$\frac{a^n + b^n}{2} \geqslant \left(\frac{a+b}{2} \right)^n, \quad a > 0, b > 0$$

来比较 $P(S_1)$ 和 $P(S_2)$ 的大小．上式中当且仅当 $a = b$ 时等号成立，所以当 $a = 2 - r$，$b = r(0 < r < 1)$ 时，由

$$\frac{(2-r)^n + r^n}{2} > \left(\frac{2-r+r}{2} \right)^n,$$

得

$$r^n (2-r)^n > r^n (2 - r^n),$$

即

$$P(S_1) > P(S_2).$$

可见系统 Ⅰ 比系统 Ⅱ 具有更大的可靠性．寻求可靠性最大的系统，是设计系统的重点．

习　题　一

1. 写出下列随机试验的样本空间：

（1）连续投掷一颗骰子直至 6 个点数中有一个点数出现两次，记录投掷的次数；

（2）10 件产品中有 4 件是次品，每次从中抽取 1 件，抽取后不放回，直到 4 件次品都取出为止，记录所抽取的次数；

（3）假设两艘船在某天一昼夜内到达,记录两艘船所有可能的到达时刻(单位:h);

（4）任取一 n 阶方阵 $\boldsymbol{A}$,对于齐次线性方程组 $\boldsymbol{AX}=\boldsymbol{0}$,考察其基础解系中所含解向量的个数;

（5）保险公司某险种的参保人数为 10 000 人,每个参保人一旦发生索赔,赔付额为 1 000 元,记录该险种可能的赔付额.

2. 设 A,B,C 为三个事件,试用事件的关系和运算表示下列事件:

（1）只有 A 发生;

（2）A 与 B 都发生而 C 不发生;

（3）A,B,C 都不发生;

（4）A,B,C 不都发生;

（5）A,B,C 中至少有一个发生.

3. 在关于线上销售系统的调查中,若事件 A 表示"购买 A 商品的顾客",事件 B 表示"购买 B 商品的顾客",事件 C 表示"购买 C 商品的顾客",

（1）叙述事件 $AB\bar{C}$ 的含义;

（2）在什么条件下 $ABC=C$ 成立?

（3）在什么时候关系式 $C \subset B$ 是正确的?

（4）在什么时候 $\bar{A}=B$ 成立?

4. 设 A,B,C 为三个事件,指出下列关系中哪些成立,哪些不成立:

（1）$A \cup B = A\bar{B} \cup B$;

（2）$\overline{AB} = A \cup B$;

（3）$(AB)(A\bar{B}) = \varnothing$;

（4）若 $AB = \varnothing$,且 $C \subset A$,则 $BC = \varnothing$;

（5）若 $A \subset B$,则 $A \cup B = B$;

（6）若 $A \subset B$,则 $AB = A$;

（7）若 $A \subset B$,则 $\bar{B} \subset \bar{A}$;

（8）$(\overline{A \cup B})C = \bar{A}\bar{B}\bar{C}$.

5. 设某个试验的样本空间 $\Omega = \left\{(x,y) \mid 0 \leqslant x \leqslant 1, 0 \leqslant y \leqslant 1\right\}$,事件 $A = \left\{(x,y) \mid 0 < x \leqslant \dfrac{1}{2}\right\}$,事件 $B = \left\{(x,y) \mid y > x\right\}$,试写出下列事件:

（1）$A\bar{B}$;（2）$A \cup \bar{B}$;（3）$\overline{\bar{A}\bar{B}}$;（4）$\overline{AB}$.

6. 设 A,B 是两个事件,已知 $P(A) = 0.25,P(B) = 0.5,P(AB) = 0.125$,求

$P(A \cup B), P(\overline{A}B), P(\overline{AB}), P[(A \cup B)(\overline{AB})].$

7. 甲、乙二人参加知识竞赛,共有 10 道不同的题目,其中有 6 道选择题,4 道判断题.甲、乙二人依次各抽 1 题.

(1) 求甲抽到选择题,乙抽到判断题的概率;

(2) 求甲、乙二人中至少有一人抽到选择题的概率.

8. 假设某博彩中心发行了 n 张奖券,其中 $m(m \leqslant n)$ 张有奖.某人一次性买了 $k(k \leqslant n)$ 张奖券,这 k 张中没有一张有奖的概率是多少? 这 k 张中多于两张有奖的概率是多少?

9. 在 17 世纪,意大利人喜欢用骰子赌博.

(1) 如果游戏者掷两枚骰子,点数之和是 9 算赢,其余情况算输,那么游戏者赌赢的概率是多大?

(2) 如果游戏者掷三枚骰子,点数之和是 9 算赢,其余情况算输,那么游戏者赌赢的概率是多大?

10. 有放回地从数字 $1, 2, \cdots, n$ 中随机抽取 k 个数$(k \leqslant n)$,求下列事件的概率:

(1) A 表示事件"k 个数字全不相同";

(2) B 表示事件"数字'5'恰好出现 r 次"$(r \leqslant k)$;

(3) C 表示事件"至少出现 r 个数字'5'"$(r \leqslant k)$.

11. 甲、乙二人约定上午 9:00 至 9:20 之间到某地铁站乘地铁,这段时间内有 4 班车,开车时间分别为 9:05,9:10,9:15,9:20.他们约定(1) 见车就乘;(2) 最多等一班车.假设甲、乙到达地铁站的时刻互不影响,且每人在这段时间内任何时刻到达车站是等可能的,分别求(1)和(2)的条件下甲、乙同乘一班车的概率.

12. 随机地向半圆形区域 $0 < y < \sqrt{2ax - x^2}$(a 为常数) 内掷一点,点落在半圆内任何区域的概率与该区域的面积成正比.求原点到该点的连线与 x 轴的夹角小于 $\dfrac{\pi}{4}$ 的概率.

13. 已知一个家庭中有三个小孩,且其中一个是女孩,求至少有一个男孩的概率(假设生男生女是等可能的).

14. 一医生根据以往的病例资料得到下面的信息:他的患者中有 5% 的人认为自己患癌症,且确实患癌症;有 15% 的人认为自己患癌症,但实际上未患癌症;有 10% 的人认为自己未患癌症,但确实患癌症;最后 70% 的人认为自己未患癌症,且确实未患癌症.以 A 表示事件"一患者认为自己患癌症",以 B 表示事件"该患者确实患癌症",求下列概率:

(1) $P(A), P(B)$;(2) $P(B \mid A)$;(3) $P(B \mid \overline{A})$;(4) $P(A \mid \overline{B})$;(5) $P(A \mid B)$.

15. 完全随机地掷 4 颗骰子,已知所得的点数都不一样,求其中含有点数 2 的概率.

16. 某购物中心开展购物抽奖活动,设特等奖一个.假设奖池容量为 n.

（1）已知前 $k-1(k \leqslant n)$ 个人都没有抽到特等奖,求第 k 个人抽到特等奖的概率;

（2）求第 $k(k \leqslant n)$ 个人抽到特等奖的概率.

17. 某厂家对其生产的某个型号的轴承进行抗压试验,轴承在第一次试验中被损坏的概率为 0.01;若在第一次试验中未损坏,在第二次试验中被损坏的概率为 0.08;若在前两次试验中均未损坏,在第三次试验中被损坏的概率为 0.15. 试求该型号的轴承经三次试验而未损坏的概率.

18. 一在线通信系统有 4 条输入通信线,其相关信息如下表所示,如果随机选择一条线输入信号,求该信号无误差地被接收的概率.

通信线	通信量的份额	无误差信号的概率
1	0.4	0.999 8
2	0.3	0.999 9
3	0.1	0.999 7
4	0.2	0.999 6

19. 某射击小组共有 20 名射手,其中一级射手 6 人,二级射手 11 人,三级射手 3 人,一、二、三级射手能通过选拔进入决赛的概率分别是 0.9、0.7、0.5,求这个射击小组中任选的一名射手能通过选拔进入决赛的概率.

20. 在套圈游戏中,甲、乙、丙三人每投一次套中的概率分别是 0.1,0.2,0.3. 某游戏规定随机从这三人中选取一人,让其套圈 3 次.

（1）求套中一次的概率;

（2）如果套中了一次,问选取的套圈人是丙的概率是多少?

21. 假定某射击手对指定目标射击三次,已知他每次的命中率为 0.4.该目标如果被击中一次能被摧毁的概率为 0.2,被击中两次能被摧毁的概率为 0.5,被击中三次能被摧毁的概率为 0.8.

（1）求目标能被摧毁的概率;

（2）如果目标被摧毁,求其因击中三次而被摧毁的概率.

22. 袋中有 6 张相同的卡片,上面分别标有数字 0,1,2,3,4,5.现从袋中每次摸 1 张,不放回地共摸出两张卡片,已知这两张卡片上的数字之和大于 6.试判断先摸出的一张卡片上的数字最有可能是什么?

23. 某种产品分正品和次品,次品不许出厂.出厂的产品 4 件装一箱,检验前每箱中装入 0,1,2,3,4 件正品是等可能的,并以箱为单位出售.由于疏忽,有一批产品未经检验就直接装箱出厂,某客户打开其中的一箱,从中任意取出一件,试求:

(1) 取出的一件是正品的概率;

(2) 在(1)发生时这一箱里没有次品的概率.

24. 假设某家庭有两个孩子,事件 A 为"恰有一个女孩",事件 B 为"老大是女孩".

(1) 求 $P(A\,|\,\overline{B})$,$P(A\,|\,B)$;

(2) A,B 这两个随机事件相互独立吗? 如果相互独立,请从尽可能多的角度说明它们的独立性.

25. 一个人的血型为 O,A,B,AB 型的概率分别为 0.46,0.40,0.11,0.03,现在任意挑选五个人,求下列事件的概率:

(1) 两个人为 O 型,其他三个人分别为其他三种血型;

(2) 三个人为 O 型,两个人为 A 型;

(3) 没有一个人为 AB 型.

26. 设甲、乙、丙三个运动员在离球门 25 m 处踢进球的概率依次为 0.5,0.7,0.6.现甲、乙、丙各在离球门 25 m 处踢一球,设各人进球与否相互独立,求:

(1) 恰有一人进球的概率;

(2) 恰有两人进球的概率;

(3) 至少有一人进球的概率.

27. 在某计算机网络攻防演习中,红方派出甲、乙两名技术员分别独立地对蓝方网络进行端口扫描,扫描到端口后即刻对蓝方进行网络攻击.设甲、乙两人能扫描到蓝方网络端口的概率分别是 0.7,0.8,且只有一人攻击时成功的概率为 0.5,两人同时攻击时成功的概率为 0.8.求红方攻击成功的概率.

28. 伊索寓言"孩子与狼"讲的是一个小孩每天到山上放羊,山里有狼出没.第一天,他在山上喊"狼来了! 狼来了!"山下的村民闻声便去打狼,可到山上,发现狼没有来;第二天仍是如此;第三天,狼真的来了,可无论小孩怎么喊叫,也没有人来救他.试用贝叶斯公式解释该故事的结果.

综合性习题:
孩子与狼

习题一答案

第二章　随机变量及其分布

为了更好地揭示随机现象的规律性,并利用数学工具描述其规律,本章引入随机变量来描述随机试验的不同结果,并引入随机变量的概率分布来研究随机现象的统计规律.例如,银行前台为了给客户提供更好的服务,需要了解某段时间内需要服务的客户数,我们知道某段时间内需要服务的客户数是不确定的,具有随机性,这就是随机变量,既然客户数是不确定的,关于客户数取值的概率就是银行管理系统必须关注的问题,这就是所谓的概率分布问题;再比如,工厂关心生产线上任何一个产品是正品还是次品,如果正品对应 1,次品对应 0,这也是一个随机变量,这时求正品率与次品率的问题就是该随机变量取值为 1 或 0 的概率分布问题.总之,引入随机变量可以更好地利用数学工具研究随机现象的统计规律.本章主要介绍离散型与连续型两类随机变量,并介绍一些常用随机变量的概率分布、特点及简单应用等.

2.1　随机变量及其分布函数

2.1.1　随机变量的概念

案例 2.1.1　某线上订餐网站希望对网站上注册的饭店建立评价机制,以调查顾客对饭店的服务质量、菜品质量、价格、环境等综合评价.目前,网站对饭店的综合评价有"非常差""差""一般""好""非常好"5 个等级,显然不足以由此得到量化评价,那么该如何为网站设计一种量化的评价标准呢?

解　对任何饭店来说,获得这 5 个评价等级都是可能的,不难理解这个问题对应的样本空间为

$$\Omega = \{非常差, 差, 一般, 好, 非常好\}.$$

不妨假设对应这 5 个等级的得分分别为 0,2,3,4,5,那么对于样本空间 Ω 中的样本点 ω 和 $\{0,2,3,4,5\}$ 中的实数,显然可以建立如下的对应关系:

$$X(\omega)=\begin{cases} 0, & \omega=\text{非常差}, \\ 2, & \omega=\text{差}, \\ 3, & \omega=\text{一般}, \\ 4, & \omega=\text{好}, \\ 5, & \omega=\text{非常好}. \end{cases}$$

这个对应关系显然可以作为对饭店的量化评价标准,这就是引入随机变量的意义所在.一般地,随机变量的定义如下:

定义 2.1.1 设随机试验的样本空间是 Ω,若 $\forall \omega \in \Omega$,按一定的法则,存在一个实数 $X(\omega)$ 与之对应,则称 Ω 上的实值单值函数 $X(\omega)$ 为随机变量.

常用大写字母 $X,Y,Z,\cdots$ 或者带下标的大写字母 $X_1,X_2,Y_1,Y_2,\cdots$ 来表示随机变量.

随机变量是从 Ω 到 $\mathbf{R}$ 的一个映射,它具有如下特点:

(1) 定义域是样本空间 Ω;

(2) 随机性:随机变量的可能取值不止一个,试验前只能知道它的可能取值,但不能预知取哪个值;

(3) 概率特性:随机变量以一定的概率取某个值或某些值.

例 2.1.1 令 X_1 表示某超市每天使用某移动支付平台付款的人数;X_2 表示某城市每周发生的交通事故数;X_3 表示某高校大一学生晚上的深度睡眠时间;X_4 表示某地区居民的寿命.不难理解,这里列举的 X_1,X_2,X_3,X_4 都是随机变量.

引入随机变量后,随机事件可用关于随机变量的等式或不等式表示.例如,若用 X_1 表示某超市每天使用某移动支付平台付款的人数,则 $\{X_1>100\}$ 表示"该超市每天使用某移动支付平台付款的人数超过 100 人"这个随机事件.

2.1.2 随机变量的分布函数

分布函数作为一个数学工具,可以刻画随机变量的概率分布情况.下面给出分布函数的定义.

定义 2.1.2 设 X 为一随机变量,对于任意实数 x,称

$$F(x)=P(X \leqslant x), \quad -\infty < x < +\infty$$

为 X 的分布函数,有时候为突出其对随机变量 X 的依赖性,也可记作 $F_X(x)$.

案例 2.1.2(续案例 2.1.1) 假设网站根据目前已有的数据,对某饭店综合

评价的比例分别是:"非常差"占 10%、"差"占 10%、"一般"占 20%、"好"占 50%、"非常好"占 10%.按照案例 2.1.1 中各等级的得分,求该饭店综合评价得分 X 的分布函数.

解   由题意,该饭店综合评价得分 X 对应于所有可能取值的概率如下:

$$P(X=0)=0.1,\quad P(X=2)=0.1,\quad P(X=3)=0.2,$$
$$P(X=4)=0.5,\quad P(X=5)=0.1.$$

由定义,X 的分布函数为

$$F(x)=P(X\leqslant x)=\begin{cases} 0, & x<0, \\ 0.1, & 0\leqslant x<2, \\ 0.2, & 2\leqslant x<3, \\ 0.4, & 3\leqslant x<4, \\ 0.9, & 4\leqslant x<5, \\ 1, & x\geqslant 5. \end{cases}$$

由分布函数的定义及概率的性质可以证明分布函数具有如下性质:

(1) $0\leqslant F(x)\leqslant 1,\lim\limits_{x\to-\infty}F(x)=0,\lim\limits_{x\to+\infty}F(x)=1$ (或 $F(-\infty)=0,F(+\infty)=1$);

(2) $F(x)$ 是单调不减的函数,即 $\forall x_1,x_2$,当 $x_1<x_2$ 时,有 $F(x_1)\leqslant F(x_2)$;

(3) $F(x)$ 是右连续函数,即 $\lim\limits_{t\to x^+}F(t)=F(x)$ (或 $F(x+0)=F(x)$).

事实上,任何一个随机变量都有分布函数,如果一个随机变量的分布函数已知,则可以由分布函数计算由该随机变量确定的任何随机事件的概率.例如,

$$P(a<X\leqslant b)=P(X\leqslant b)-P(X\leqslant a)=F(b)-F(a);$$
$$P(X=x_0)=\lim\limits_{\Delta x\to 0^+}P(x_0-\Delta x<X\leqslant x_0)$$
$$=\lim\limits_{\Delta x\to 0^+}[F(x_0)-F(x_0-\Delta x)]=F(x_0)-F(x_0-0);$$
$$P(X>a)=1-P(X\leqslant a)=1-F(a).$$

2.2 离散型随机变量及其分布律

2.2.1 离散型随机变量概率分布的一般概念

对于在 2.1 节中提到的某些随机变量,如案例 2.1.1 中饭店综合评价得分 $X(\omega)$;例 2.1.1 中某超市每天使用某移动支付平台付款的人数 X_1,某城市每周发生的交通事故数 X_2,它们的全部可能取值只有有限个或可列无穷多个.一般

地,若随机变量 X 的可能取值是有限个或可列无穷多个,则称 X 为离散型随机变量.

离散型随机变量是一类比较容易理解的随机变量,鉴于其取值只有有限个或可列无穷多个,因此,只要能确定随机变量取各个可能值的概率,就可以计算任何随机事件的概率,为此引入下述定义.

定义 2.2.1 设离散型随机变量 X 的所有可能取值为 $X = x_k (k = 1, 2, \cdots)$,不妨设 $x_1 < x_2 < \cdots$,称

$$P (X = x_k) = p_k, k = 1, 2, \cdots$$

为 X 的分布律(或分布列).

离散型随机变量的分布律具有如下性质:

(1) $p_k \geqslant 0, k = 1, 2, \cdots$,

(2) $\sum_{k=1}^{+\infty} p_k = 1$.

理论上,只要 $p_k (k = 1, 2, \cdots)$ 满足上述两条性质,就可以作为某随机变量的分布律.

案例 2.2.1 假设某求职者应聘其心仪的一个职位需要经过技术面试、人力面试、综合面试等三轮面试.

(1) 如果求职者对三轮面试的通过率都为 p,问该求职者首次被淘汰时,他已经通过的面试次数的分布律是怎样的?

(2) 如果求职者每轮面试的通过率都是 $\dfrac{1}{2}$,问该求职者首次被淘汰时,已经通过的面试次数的分布律和分布函数是怎样的?(假设在各轮面试中是否被淘汰是相互独立的.)

解 设首次被淘汰时,求职者已经通过的面试次数为 X.

(1) 根据条件不难给出 X 的分布律为

$$P (X = k) = p^k (1 - p), k = 0, 1, 2, P (X = 3) = p^3.$$

(2) 当 $p = \dfrac{1}{2}$ 时,X 的分布律可以用表格表示为

X	0	1	2	3
P	$\dfrac{1}{2}$	$\dfrac{1}{4}$	$\dfrac{1}{8}$	$\dfrac{1}{8}$

根据定义,不难计算 X 的分布函数为

$$F(x) = \begin{cases} 0, & x<0, \\ \dfrac{1}{2}, & 0 \leqslant x<1, \\ \dfrac{3}{4}, & 1 \leqslant x<2, \\ \dfrac{7}{8}, & 2 \leqslant x<3, \\ 1, & x \geqslant 3. \end{cases}$$

分布函数 $F(x)$ 的图形如图 2.2.1 所示:

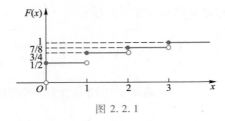

图 2.2.1

从上面这个案例可以看出,对于离散型随机变量,由分布律刻画其概率分布直观且简单.同时也看到这个分布函数是一个阶梯函数,它在随机变量的可能取值点处发生跳跃,显得过于复杂.因此,对于离散型随机变量,通常求它的分布律即可.下面给出离散型随机变量分布函数和分布律的关系:

设随机变量 X 的分布函数和分布律分别为 $F(x)$ 和 $P(X=x_k)=p_k, k=1,$ $2,\cdots,$ 则

$$F(x) = P(X \leqslant x) = \sum_{x_k \leqslant x} P(X=x_k);$$

$$P(X=x_k) = p_k = P(x_{k-1} < X \leqslant x_k) = F(x_k) - F(x_{k-1}).$$

下面介绍几个常见的离散型随机变量的概率分布.

2.2.2 常见的离散型随机变量

1.0-1 分布(两点分布)

当随机变量只有两个可能取值时,常用 0-1 分布描述.如在抛硬币观察正反面、记录新生儿的性别、记录电力消耗是否超负荷等试验中,其相应的随机变量 X 的分布律如下表所示:

X	1	0
P	p	$1-p$

其中 $0<p<1$，此时称 X 服从参数为 p 的 **0-1 分布**，0-1 分布的分布律也可以写成

$$P(X=k)=p^k (1-p)^{1-k}, k=0,1.$$

2. 二项分布（Bernoulli(伯努利)概型）

二项分布是一种具有广泛用途的离散型随机变量的概率分布，它由 Bernoulli 首次提出.在实际生活中，常常遇到一类重复试验问题，我们先来看下面两个案例.

案例 2.2.2 某文具网店推销一种新上市的笔，采取的推销策略为：按 20 支一盒销售，并且承诺若一盒中有 3 支或超过 3 支是次品，则网店将双倍赔偿损失；若次品没有超过 2 支，则网店不予赔偿，但是可能会遭到顾客的差评.据统计数据，这种笔的次品率为 p，你能给出一盒中次品数不超过 2 支、次品数是 3 支以及次品数超过 3 支的概率吗？

分析 我们关注每盒中有几支笔是次品，可以把每支笔是否是次品看成一次试验，那么每次试验只有两种结果：是次品、不是次品（是正品），共做 20 次试验.由于这些产品来自相同厂家，所以每支是次品、不是次品的概率相同，并且每盒是完全随机包装的，一般可以认为各产品是次品、不是次品相互独立.

案例 2.2.3 某高校共有 10 000 名学生，根据一段时间的统计调查显示，大约 15% 的学生中午选择在第一食堂就餐，那么食堂管理部门至少应该在该食堂设置多少座位，才能使得所有来就餐的学生有座位的概率不少于 90%？

分析 在该案例中，显然关注的是这 10 000 名学生中有多少学生在第一食堂就餐，可以将每个学生是否在第一食堂就餐看成一次试验，每次试验只有两种结果：中午在第一食堂就餐，中午不在第一食堂就餐，共做 10 000 次试验.一般来说，我们可以考虑每个学生是否选择在该食堂就餐互不影响，故各次试验相互独立.

具有上述案例同样特点的试验称为 Bernoulli 试验，其一般定义如下：

定义 2.2.2 若一类试验满足下列条件：

（1）可独立重复地进行 n 次（独立指每次试验结果发生的可能性互不影响）；

（2）每次试验的结果只有两个，不妨设为 A 发生和 $\bar{A}$ 发生，
则称其为 n 重 Bernoulli 试验.这类试验对应的概率模型称为 **Bernoulli 概型**.

定理 2.2.1 在 n 重 Bernoulli 试验中，设一次试验中事件 A 发生的概率为 $P(A)=p(0<p<1)$，显然 $P(\bar{A})=1-p$.令 X 表示 n 次试验中事件 A 发生的次数，则 X 的分布律为

$$P(X=k) = C_n^k p^k (1-p)^{n-k}, \quad k=0,1,\cdots,n,$$

称 X 服从参数为 (n,p) 的二项分布, 记为 $X \sim B(n,p)$.

证明 记"第 i 次试验中事件 A 发生"这一事件为 $A_i, i=1,2,\cdots,n$, 则"n 重 Bernoulli 试验中事件 A 发生了 k 次"可表示为下列 C_n^k 个互不相容事件的并:

$$A_{i_1} A_{i_2} \cdots A_{i_k} \overline{A}_{j_1} \overline{A}_{j_2} \cdots \overline{A}_{j_{n-k}},$$

其中 $i_1, i_2, \cdots, i_k$ 是 $1,2,\cdots,n$ 中的任意 k 个数 (共 C_n^k 种取法), $j_1, j_2, \cdots, j_{n-k}$ 是取走 $i_1, i_2 \cdots, i_k$ 后剩下的 $n-k$ 个数. 由于各次试验的独立性及 $P(A_i) = p$, 对其中任意一种情形, 即事件"A 在指定的 k 次试验中发生, 而在其余 $n-k$ 次试验中没有发生"的概率为

$$P(A_{i_1} A_{i_2} \cdots A_{i_k} \overline{A}_{j_1} \overline{A}_{j_2} \cdots \overline{A}_{j_{n-k}}) = \underbrace{pp \cdots p}_{k \uparrow p} \underbrace{(1-p)(1-p) \cdots (1-p)}_{n-k \uparrow (1-p)} = p^k (1-p)^{n-k},$$

根据概率的有限可加性知, 事件 $\{X=k\}$ 的概率为

$$P(X=k) = C_n^k p^k (1-p)^{n-k}, \quad k=0,1,\cdots,n.$$

注 0-1 分布是二项分布中 $n=1$ 的特例.

案例 2.2.2 解

令 X 表示每盒 20 支笔中的次品数, 据前面的分析知一盒中的次品数 $X \sim B(20,p)$, 即

$$P(X=k) = C_{20}^k p^k (1-p)^{20-k}, \quad k=0,1,\cdots,20,$$

于是可得一盒中不超过 2 支次品的概率

$$P(X \leqslant 2) = (1-p)^{20} + C_{20}^1 p (1-p)^{20-1} + C_{20}^2 p^2 (1-p)^{20-2},$$

恰好有 3 支次品的概率

$$P(X=3) = C_{20}^3 p^3 (1-p)^{20-3},$$

超过 3 支次品的概率

$$P(X>3) = \sum_{k=4}^{20} C_{20}^k p^k (1-p)^{20-k}.$$

案例 2.2.3 解

令 X 表示中午在第一食堂就餐的学生数, 假设需要设 n 个座位, 根据前面的分析知 $X \sim B(10\,000, 0.15)$, 只需求满足以下不等式的 n:

$$P(X \leqslant n) = \sum_{k=0}^{n} C_{10\,000}^k 0.15^k 0.85^{10\,000-k} \geqslant 0.90,$$

用计算机计算得

n	1 544	1 545	1 546	1 547	1 548	1 549
$P(X \leqslant n)$	0.893 3	0.898 4	0.903 2	0.907 9	0.912 4	0.916 7

由此,至少应该设置 $n = 1\,546$ 个座位.

例 2.2.1 在 n 重 Bernoulli 试验中,

(1) 设在一次试验中事件 A 发生的概率为 p,求事件 A 至少发生一次的概率和 A 至多发生 $s(s \leqslant n)$ 次的概率;

(2) 若事件 A 至少发生一次的概率为 p_1,求在一次试验中事件 A 发生的概率 p.

解 (1) 由题设易知,在一次试验中事件 A 不发生的概率为 $1-p$,在 n 次试验中事件 A 均不发生的概率为

$$P(X=0) = (1-p)^n.$$

在 n 次试验中事件 A 至少发生一次的概率为

$$P(X \geqslant 1) = 1 - P(X=0) = 1 - (1-p)^n.$$

事件 A 至多发生 $s(s \leqslant n)$ 次的概率为

$$P(X \leqslant s) = \sum_{k=0}^{s} \mathrm{C}_n^k p^k (1-p)^{n-k} = 1 - \sum_{k=s+1}^{n} \mathrm{C}_n^k p^k (1-p)^{n-k}.$$

(2) 由(1)和已知条件,即 $P(X \geqslant 1) = 1 - (1-p)^n = p_1$,解得一次试验中事件 A 发生的概率为

$$p = 1 - (1-p_1)^{\frac{1}{n}}.$$

案例 2.2.4 某人声称能通过品尝来区分白酒的品质.为了验证他是否有品尝区分能力,安排的测试规则是:有同一品牌的一等品和二等品白酒各 4 杯,如果他能从中挑出 4 杯一等品白酒,则认为试验成功.

(1) 如果某人随机猜,求按规则测试一次成功的概率;

(2) 如果按规则对某人测试了 10 次,他成功了 3 次,判断他是否有品尝区分能力.

解 (1) 设事件 $A = \{$如果某人随机猜,按规则测试一次成功$\}$,根据题设,有

$$P(A) = \frac{4}{8} \times \frac{3}{7} \times \frac{2}{6} \times \frac{1}{5} = \frac{1}{70}.$$

(2) 假设某人是猜的,按照规则对他测试 10 次,这 10 次试验可看成 10 重 Bernoulli 试验,根据(1)的结果,他每次成功的概率 $p = P(A) = \dfrac{1}{70}$,那么他在 10 次测试中有 3 次成功的概率为

$$\mathrm{C}_{10}^3 \left(\frac{1}{70}\right)^3 \left(1 - \frac{1}{70}\right)^7 \approx 0.000\,3.$$

由于概率 $0.000\,3$ 非常小,这个事件在一次试验中几乎不可能发生,既然发生了,则可以认为他不是猜的,因此判断他确有品尝区分能力.

案例 2.2.5 大部分个人网站或者中小网站的主要盈利模式是收取广告点击费.对于网站上的广告,如果访客没有点击广告而直接进入目标页面,无论有多少访客,都只是消耗网站的流量而不会给网站带来任何收入,所以网站非常关注与广告点击相关的访客量.某网站根据其掌握的数据已知,它的任何一个访客对某购物广告的点击率为 p,X 表示点击这个广告 r 次时该网站的访客量,试写出 X 的分布律.

解 易知,X 的所有可能取值为 $r,r+1,r+2,\cdots$,我们可以认为网站的各个访客是否点击这个广告相互独立,不难计算当点击这个广告 r 次时该网站的访客量为 k 的概率是 $P(X=k)=\mathrm{C}_{k-1}^{r-1}p^{r-1}(1-p)^{k-r}p=\mathrm{C}_{k-1}^{r-1}p^{r}(1-p)^{k-r}$,所以 X 的分布律为

$$P(X=k)=\mathrm{C}_{k-1}^{r-1}p^{r}(1-p)^{k-r},\quad k=r,r+1,\cdots,$$

这个分布称为负二项分布(也称为 **Pascal**(帕斯卡)分布).当 $r=1$ 时,有

$$P(X=k)=(1-p)^{k-1}p,\quad k=1,2,\cdots,$$

称其为几何分布.

3. Poisson(泊松)分布

案例 2.2.6 现讨论某高校教育超市每天 12:00—13:00 期间某种盒装牛奶需求量的概率分布问题.

(1)如果我们把 12:00—13:00 这段时间等分为 100 个时间区间,第一,可以认为在每个时间区间内需求量是一盒的概率与这段时间的时长 $\dfrac{1}{100}$ h 成正比,不妨设为 $\dfrac{\lambda}{100}$(λ 为常数,$0<\lambda<20$),在这么短的时间内需求量是两盒及以上的情况几乎不可能发生,那么需求量是零盒的概率为 $1-\dfrac{\lambda}{100}$.第二,可以认为在各个不同的时间区间内的需求量是相互独立的.不难得出在 12:00—13:00 期间该盒装牛奶的需求量 X 服从二项分布,即

$$X \sim B\left(100,\frac{\lambda}{100}\right).$$

(2)类似(1),如果我们把 12:00—13:00 这段时间等分为 $n(n \geqslant 100)$ 个时间区间,不难理解,在 12:00—13:00 期间该盒装牛奶的需求量 X_n 服从二项分布

$$X_n \sim B\left(n,\frac{\lambda}{n}\right).$$

(3)可以证明(2)中随机变量 X_n 的分布律的极限,即当 $n \to +\infty$ 时,

$$\lim_{n\to+\infty}P(X_n=k)=\lim_{n\to\infty}\mathrm{C}_n^k\left(\frac{\lambda}{n}\right)^k\left(1-\frac{\lambda}{n}\right)^{n-k}=\mathrm{e}^{-\lambda}\frac{\lambda^k}{k!},\quad k=0,1,2,\cdots,n,$$

这个结论的证明比较简单,是下述定理证明的特例,留给有兴趣的读者.

上述结论更一般的结果是下面的 Poisson(泊松)定理：

定理 2.2.2(Poisson 定理)   假设 $\lim\limits_{n\to+\infty} np_n = \lambda > 0$，则

$$\lim_{n\to+\infty} C_n^k p_n^k (1-p_n)^{n-k} = e^{-\lambda}\frac{\lambda^k}{k!}, \quad k=0,1,2,\cdots.$$

证明   记 $np_n = \lambda_n$，则 $\forall k=1,2,\cdots$，有

$$C_n^k p_n^k (1-p_n)^{n-k} = \frac{n(n-1)\cdots(n-k+1)}{k!}\left(\frac{\lambda_n}{n}\right)^k \left(1-\frac{\lambda_n}{n}\right)^{n-k}$$

$$= \left(1-\frac{1}{n}\right)\cdots\left(1-\frac{k-1}{n}\right)\left(\frac{\lambda_n^k}{k!}\right)\left(1-\frac{\lambda_n}{n}\right)^{-\frac{n}{\lambda_n}(-\lambda_n)\left(\frac{n-k}{n}\right)}$$

$$\to e^{-\lambda}\frac{\lambda^k}{k!}(n\to+\infty),$$

当 $k=0$ 时，显然 $C_n^0 p_n^0 (1-p_n)^n = \left(1-\frac{\lambda_n}{n}\right)^n \to e^{-\lambda}(n\to+\infty)$.

由 Poisson 定理很容易得出如下的推论(案例 2.2.6 是下列推论的情形).

推论   假设 $np_n = \lambda > 0(n=1,2,\cdots)$，则

$$\lim_{n\to+\infty} C_n^k p_n^k (1-p_n)^{n-k} = e^{-\lambda}\frac{\lambda^k}{k!}, \quad k=0,1,2,\cdots.$$

我们看到，上述定理中二项分布分布律的极限 $e^{-\lambda}\frac{\lambda^k}{k!}(k=0,1,2,\cdots)$ 仍然满足离散型随机变量分布律的两条性质，因此也是某个随机变量的分布律，这就是下面要介绍的 Poisson 分布.

定义 2.2.3   设随机变量 X 的所有可能取值为 $0,1,2,\cdots$，并且分布律为

$$P(X=k) = e^{-\lambda}\frac{\lambda^k}{k!}, \quad k=0,1,2,\cdots,$$

其中 $\lambda>0$，则称随机变量 X 服从参数为 λ 的 **Poisson** 分布，记为 $X\sim P(\lambda)$.

注   Poisson 分布由法国数学家 Poisson 提出，并由此命名.类似于案例 2.2.6，在实际问题中，当一个随机事件以固定的平均瞬时速率 λ(或称密度)随机且独立地出现时，那么这个事件在一段时间(一定面积或体积)内出现的次数服从(或者说近似服从)Poisson 分布.例如，保险公司在某段时间内某个保险品种所遇到的索赔次数；某电话交换台在一段时间内收到的呼叫次数；一段时间内来到某公共汽车站的乘客数；一段时间内某放射性物质发射出的粒子数；显微镜下某区域中的白细胞数，等等.Poisson 分布在管理科学、运筹学以及自然科学的许多问题中都占有重要的地位.

定理 2.2.2 说明参数为 (n,p) 的二项分布可以由参数为 $\lambda=np$ 的泊松分布

近似描述.

例 2.2.2 设我国某地区每年新生儿染色体异常发生数为 $X(X=0,1,2,\cdots)$,根据以往的经验,X 服从参数为 $\lambda=1$ 的 Poisson 分布,请写出新生儿染色体异常发生数的分布律;并求该地区没有新生儿发生染色体异常的概率以及多于一例新生儿发生染色体异常的概率.

解 由题设,新生儿染色体异常发生数的分布律为

$$P(X=k)=\frac{1}{k!}e^{-1},\quad k=0,1,2,\cdots;$$

该地区没有新生儿发生染色体异常的概率为

$$P(X=0)=\frac{e^{-1}}{0!}=e^{-1}=0.3679;$$

该地区多于一例新生儿发生染色体异常的概率为

$$P(X>1)=\sum_{k=2}^{+\infty}\frac{1}{k!}e^{-1}=1-P(X=0)-P(X=1)$$

$$=1-\frac{e^{-1}}{0!}-\frac{e^{-1}}{1!}=0.2642.$$

例 2.2.3 设某电子产品销售商承销某品牌笔记本电脑,由大数据预测可知该品牌笔记本电脑每周的销售量 $X\sim P(\lambda)$.在"三八妇女节"期间该销售商希望给女性顾客提供一周折扣优惠.根据调查,在购买电脑的顾客中女性顾客的比例为 p.假设每人只能买一台电脑,请给出这一周对女性顾客的销量 Y 的概率分布.

解 由已知条件知

$$P(X=k)=e^{-\lambda}\frac{\lambda^k}{k!},\quad k=0,1,2,\cdots,$$

$$P(Y=m\mid X=k)=C_k^m p^m(1-p)^{k-m},\quad m=0,1,2,\cdots,k,$$

而 $\{Y=m\}\subset\bigcup_{k=m}^{+\infty}\{X=k\}$,$m=0,1,2,\cdots$,$\{X=k\}\cap\{X=l\}=\varnothing$,$k\neq l$.由全概率公式,有

$$P(Y=m)=\sum_{k=0}^{+\infty}P(X=k)P(Y=m\mid X=k),$$

又 $P(Y=m\mid X=k)=0(m>k)$,所以

$$P(Y=m)=\sum_{k=m}^{+\infty}e^{-\lambda}\frac{\lambda^k}{k!}C_k^m p^m(1-p)^{k-m}=e^{-\lambda}\frac{(\lambda p)^m}{m!}\sum_{k=m}^{+\infty}\frac{\lambda^{k-m}}{(k-m)!}(1-p)^{k-m}$$

$$=e^{-\lambda p}\frac{(\lambda p)^m}{m!},m=0,1,2,\cdots,$$

即 $Y\sim P(\lambda p)$.

2.3 连续型随机变量及其概率密度

连续型随机变量是一类可以在某一区间内任意取值的随机变量,在实际生活中十分常见.比如,在设计公交车门的高度时,为了使大多数乘客不要碰头,需要知道乘客身高的分布,而身高的分布可以近似用连续型随机变量的概率分布刻画.再比如,音响设备最重要的质量指标之一是使用寿命,为此,当购买音响设备时,首先需要了解使用寿命的分布,这个问题一般也可通过连续型随机变量的概率分布来描述.

由于连续型随机变量可能在某个连续区间甚至整个实数轴上取值,因此对其概率分布的研究需要利用微积分的理论.下面首先引入概率密度函数的概念.

2.3.1 连续型随机变量的概率密度

案例 2.3.1 某制造商为给其生产的某种型号的晶体管制作寿命标签,对该型号晶体管的使用寿命进行抽查,下表是 10 000 只晶体管使用寿命 X(单位:kh)的抽查资料:

寿命组距	1~1.5	1.5~2	2~2.5	2.5~3	3~3.5	3.5~4	4~4.5	4.5~5	5~
频数	3 353	1 667	1 015	679	456	367	268	236	1 959

能否根据此资料刻画随机变量 X 的概率分布呢?

首先引入频率直方图,它是统计学中反映数据分布特征的图形,该图形的画法如下:在直角坐标系中,以随机变量的取值为横坐标,横轴上的每个小区间对应一个组距,以此为底,并在各个小区间上,以频率与组距的比值为高画出小矩形,这样作出的图形称为频率直方图.我们可以通过频率直方图计算随机变量在任何区间的频率;而且当样本容量 n 无限增大时,频率直方图边缘的阶梯形折线逼近一条曲线,这条曲线就称为该随机变量的概率密度曲线.也就是说,当 n 充分大时,频率直方图近似地反映了概率密度曲线的大致形状,在统计推断中常常由此提出对随机变量分布形式的假设.

图 2.3.1 是案例 2.3.1 的频率直方图,同时画出下列函数的图形.

$$f(x) = \begin{cases} \dfrac{1}{x^2}, & x > 1, \\ 0, & \text{其他}. \end{cases}$$

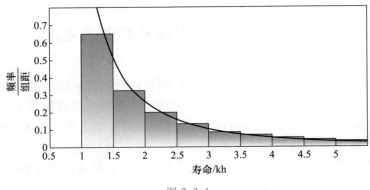

图 2.3.1

可以看出,频率直方图的外廓曲线可以由该函数的曲线比较好地拟合,因此,从这次的抽查结果,我们认为这批晶体管的使用寿命的概率分布可以用这个函数近似描述,这个函数就是下面要介绍的概率密度函数.

定义 2.3.1   设 X 是一随机变量,$F(x)$ 是它的分布函数,若存在一个非负可积函数 $f(x)$,使得

$$F(x) = \int_{-\infty}^{x} f(t)\,dt, \quad -\infty < x < +\infty,$$

则称 X 为连续型随机变量,$f(x)$ 是它的概率密度函数,简称为概率密度或密度函数.有时为突出其对随机变量 X 的依赖性,$f(x)$ 也可记作 $f_X(x)$.

概率密度具有如下性质:

(1)(非负性) $f(x) \geqslant 0$;

(2)(规范性) $\displaystyle\int_{-\infty}^{+\infty} f(x)\,dx = F(+\infty) = 1$.

上述两条性质是检验一个函数能否作为连续型随机变量的概率密度的标准.

(3)在 $f(x)$ 的连续点 x 处,有 $f(x) = F'(x)$;

(4)$f(x)$ 描述了 X 在 x_0 附近单位长度的区间内取值的概率,即

$$P(x_0 < X \leqslant x_0 + \Delta x) \approx f(x_0)\Delta x;$$

(5)若 a 是随机变量 X 的一个可能的取值,则 $P(X = a) = 0$;

证明   因为 $\{X = a\} \subset \{a - \Delta x < X \leqslant a\}$,其中 $\Delta x > 0$,则

$$0 \leqslant P(X = a) \leqslant P(a - \Delta x < X \leqslant a) = \int_{a-\Delta x}^{a} f(x)\,dx,$$

令 $\Delta x \to 0^+$,有

$$0 \leqslant P(X = a) \leqslant \lim_{\Delta x \to 0^+} \int_{a-\Delta x}^{a} f(x)\,dx = 0, \text{即 } P(X = a) = 0.$$

(6) 对任意实数 $a,b(a<b)$,有

$$P(a<X\leqslant b)=P(a\leqslant X\leqslant b)=P(a<X<b)=P(a\leqslant X<b)=\int_a^b f(x)\,\mathrm{d}x,$$

$$P(X\leqslant b)=P(X<b)=\int_{-\infty}^b f(x)\,\mathrm{d}x,$$

$$P(X>a)=P(X\geqslant a)=\int_a^{+\infty} f(x)\,\mathrm{d}x.$$

注 1 连续型随机变量的分布函数连续;

注 2 一个随机变量 X 的概率密度 $f(x)$ 不唯一,允许其在有限或者可列无穷多个点处的函数值不同.

案例 2.3.2(续案例 2.3.1) 假设有一批晶体管,每只晶体管的使用寿命 X(单位:kh)为一个连续型随机变量,其概率密度为

$$f(x)=\begin{cases}\dfrac{c}{x^2}, & x>1,\\[2mm] 0, & \text{其他.}\end{cases}$$

(1) 求常数 c;

(2) 已知一只音响设备上装有 3 只这样的晶体管,每只晶体管能否正常工作相互独立,求在使用的最初 1.5 kh 内,三只晶体管中损坏只数的概率分布;

(3) 求(2)中的音响设备在使用的最初 1.5 kh 内,只有一个晶体管损坏的概率.

解 (1) 由 $\displaystyle\int_{-\infty}^{+\infty} f(x)\,\mathrm{d}x=\int_1^{+\infty}\dfrac{c}{x^2}\,\mathrm{d}x=1$,得 $c=1$.

(2) 设在使用的最初 1.5 kh 内,3 只晶体管中损坏的只数为 Y. 任何一只晶体管在最初 1.5 kh 内损坏就是其寿命小于 1.5 kh,由已知不难计算其概率为

$$P(0\leqslant X<1.5)=\int_1^{1.5}\dfrac{1}{x^2}\,\mathrm{d}x=\dfrac{1}{3},$$

则 $Y\sim B\left(3,\dfrac{1}{3}\right)$,即

$$P(Y=k)=C_3^k\left(\dfrac{1}{3}\right)^k\left(\dfrac{2}{3}\right)^{3-k}, \quad k=1,2,3.$$

(3) $P(Y=1)=C_3^1\left(\dfrac{1}{3}\right)\left(\dfrac{2}{3}\right)^2=\dfrac{4}{9}.$

案例 2.3.3 设某射手射击,目标是半径为 20 cm 的圆盘(不考虑脱靶),射手击中靶上任意同心圆内部的概率与该同心圆的面积成正比.以 X 表示弹着点到圆盘中心的距离,求 X 的分布函数 $F(x)$,概率密度 $f(x)$ 以及概率 $P(5<X\leqslant 10)$.

解   根据题意易知,当 $x<0$ 时,$F(x)=0$;当 $x>20$ 时,$F(x)=1$.

当 $0 \le x \le 20$ 时,$F(x)=P(X \le x)=k\pi x^2$,显然有 $P(X \le 20)=k \cdot 400\pi=1$,所以,$k=\dfrac{1}{400\pi}$,从而 $F(x)=\dfrac{1}{400}x^2$,则

$$F(x)=\begin{cases} 0, & x<0, \\ \dfrac{1}{400}x^2, & 0 \le x \le 20, \\ 1, & x>20, \end{cases}$$

容易得出

$$f(x)=\begin{cases} \dfrac{1}{200}x, & 0 \le x \le 20, \\ 0, & \text{其他}. \end{cases}$$

$$P(5<X \le 10)=F(10)-F(5)=\int_5^{10} \frac{1}{200}x\,\mathrm{d}x=\frac{1}{4}-\frac{1}{16}=0.187\,5.$$

2.3.2   常见的连续型随机变量

1. 均匀分布

均匀分布是最简单的一类连续型随机变量的分布.定义如下:

定义 2.3.2   若随机变量 X 的概率密度为

$$f(x)=\begin{cases} \dfrac{1}{b-a}, & a<x<b, \\ 0, & \text{其他}, \end{cases}$$

则称 X 服从区间 (a,b) 上的均匀分布,记为 $X \sim U(a,b)$.

容易计算 X 的分布函数为

$$F(x)=\begin{cases} 0, & x<a, \\ \dfrac{x-a}{b-a}, & a \le x<b, \\ 1, & x \ge b. \end{cases}$$

2. 指数分布

定义 2.3.3   若随机变量 X 的概率密度为

$$f(x)=\begin{cases} \lambda \mathrm{e}^{-\lambda x}, & x>0, \\ 0, & x \le 0, \end{cases}$$

其中 $\lambda>0$,则称 X 服从参数为 λ 的指数分布,记为 $X \sim E(\lambda)$.

容易计算 X 的分布函数为

$$F(x) = \begin{cases} 1-e^{-\lambda x}, & x>0, \\ 0, & x \le 0. \end{cases}$$

指数分布与 Poisson 分布有着密切的关系.对于源源不断出现的质点流,如果在单位时间内出现的质点数服从 Poisson 分布,那么任意两个质点出现的时间间隔服从指数分布,我们看下面的例子:

综合性习题:
指数分布与
Poisson 分布
的关系

例 2.3.1 假设在任意长为 t 的时间内的保险公司索赔次数 $N(t)$ 服从参数为 λt 的 Poisson 分布,即 $N(t) \sim P(\lambda t)$,那么两次索赔之间的时间间隔 T 服从参数为 λ 的指数分布,即 $T \sim E(\lambda)$.

例 2.3.2 假设在任意长为 t 的时间内某柜台需要服务的顾客数 $N(t)$ 服从参数为 λt 的 Poisson 分布,即 $N(t) \sim P(\lambda t)$,那么先后两个顾客到达柜台的时间间隔 T 服从参数为 λ 的指数分布,即 $T \sim E(\lambda)$.

例 2.3.3 设顾客到达某美容院后需要等候的服务时间 X 服从参数为 0.1 的指数分布,若顾客等候时间超过 20 min 就会离开.

(1)试求该美容院于营业时间内,在 50 个顾客中因等候时间超过 20 min 没有等到服务而离开的人数的概率分布;

(2)试求在 50 个顾客中没有等到服务而离开的人数大于 1 的概率.

解 (1)设 Y 表示在 50 个顾客中因等候时间超过 20 min 没有等到服务而离开的人数.

根据题意,每个顾客等待时间 X 超过 20 min 的概率为

$$P(X \ge 20) = \int_{20}^{+\infty} 0.1e^{-0.1x} dx = e^{-2},$$

Y 可以看成是 $p=e^{-2}$ 的 50 重 Bernoulli 试验中发生的次数,因此 $Y \sim B(50, e^{-2})$,即

$$P(Y=k) = C_{50}^{k}(e^{-2})^{k}(1-e^{-2})^{50-k}, k=0,1,2,\cdots,50.$$

(2)在 50 个顾客中没有等到服务而离开的人数大于 1 的概率为

$$P(Y>1) = 1-P(Y=0)-P(Y=1) = 1-(1-e^{-2})^{50}-50e^{-2}(1-e^{-2})^{49}.$$

3. 正态分布

我们先来看两个案例.

案例 2.3.4 公共汽车车门高度的主要参照指标之一为成年男性身高.为合理设计公共汽车车门高度,汽车制造商寻求某特大城市健康卫生中心的帮助,从其数据库随机调取了 500 个成年男性的身高数据,能否根据这些数据估计成年男性身高的概率分布?这个分布呈现了什么特点?

分析 图 2.3.2 是由 500 个成年男性身高数据画出的频率直方图,图 2.3.3

显示该直方图的外廓曲线逼近于一条比较对称的曲线,不难想到该曲线可以近似作为成年男性身高的概率密度曲线.

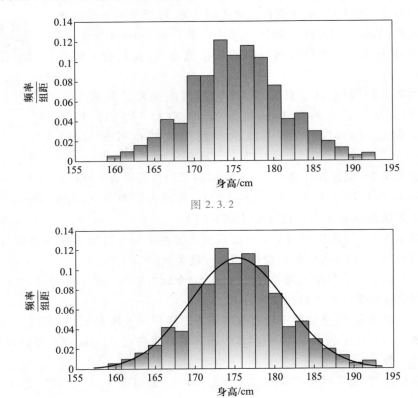

图 2.3.2

图 2.3.3

　　案例 2.3.5 某设备制造企业需要考核其生产的一种大型设备开机时的噪声,为此做了 300 次测试,其噪声数据(单位:dB)的频率直方图及外廓曲线如图 2.3.4,图 2.3.5 所示.

　　由上述两个案例的频率直方图可以看出,其共同特点是数据在某一点附近比较集中,当超过一定范围时迅速减少,频率直方图的外廓曲线逼近于一条比较对称的曲线.具有类似特征的随机变量在日常生活中十分常见,如某人群的甘油三酯指标;某地区每年的降雨量;产品的各种质量指标,如零件的尺寸,纤维的强度、张力等;农作物的指标,如小麦的穗长、株高等;测量误差,如射击目标的水平或垂直偏差;信号分析中的噪声;学生关于某课程的考试成绩;风险资产的收益等,它们均可视为近似服从接下来要介绍的一类分布——正态分布.

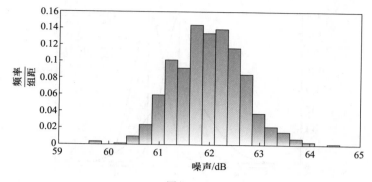

图 2.3.4

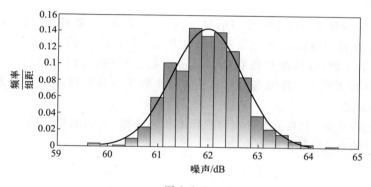

图 2.3.5

定义 2.3.4 若随机变量 X 的概率密度为

$$f(x) = \frac{1}{\sqrt{2\pi}\,\sigma} \mathrm{e}^{-\frac{(x-\mu)^2}{2\sigma^2}}, \quad -\infty < x < +\infty,$$

其中 μ,σ 为常数，$\sigma>0$，则称 X 服从参数为 μ,σ 的正态分布，记为 $X \sim N(\mu,\sigma^2)$.

数学家 De Moivre(棣莫弗)最早发现了关于二项分布的一个近似公式，这被认为是正态分布的首次露面(这个结果我们将在第五章具体介绍).在 19 世纪前叶，数学家 Gauss(高斯)在研究误差理论时导出了正态分布，所以正态分布也被称为高斯分布.

正态分布的概率密度 $f(x)$ 具有如下特点：

（1）正态分布的概率密度 $f(x)$ 的图形关于 $x=\mu$ 对称，即 $f(\mu+x)=f(\mu-x)$，并且在 $x=\mu$ 处取到最大值 $\dfrac{1}{\sqrt{2\pi}\,\sigma}$.当固定 σ，改变 μ 时，$y=f(x)$ 的形状不变化，只是位置不同，所以 μ 称为位置参数；当固定 μ，改变 σ 时，$y=f(x)$ 的形状不同，但是其图形的对称轴位置不变，所以 σ 称为形状参数，如图 2.3.6 所示.

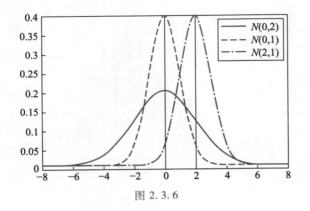

图 2.3.6

（2）正态分布的概率密度图形显示，该分布在 $x=\mu$ 附近分布比较稠密，离开 $x=\mu$ 越远分布越稀疏.正如案例 2.3.4 所示，成年男性身高不等，但显然中等身材的占大多数，特别高和特别矮的只占少数，而且较高和较矮的人数大致相近，这就反映了成年男性的身高具有正态分布随机变量的特点.下面介绍标准正态分布的概念

参数 $\mu=0,\sigma=1$ 的正态分布称为标准正态分布，为后面讨论问题方便，这里记为 $X^* \sim N(0,1)$，其概率密度为

$$\varphi(x) = \frac{1}{\sqrt{2\pi}} e^{-\frac{x^2}{2}}, \quad -\infty < x < +\infty,$$

$\varphi(x)$ 是一个偶函数，其图形关于 y 轴对称，相应的分布函数记为 $\Phi(x)$，即

$$\Phi(x) = \frac{1}{\sqrt{2\pi}} \int_{-\infty}^{x} e^{-\frac{t^2}{2}} dt, \quad -\infty < x < +\infty.$$

注 1 书末附有标准正态分布函数值表，可用于计算标准正态分布的相关概率.

注 2 一般的正态分布可以通过线性变换 $Y=\dfrac{X-\mu}{\sigma}$ 转化为标准正态分布，即若 $X \sim N(\mu,\sigma^2)$，则 $X^* = \dfrac{X-\mu}{\sigma} \sim N(0,1)$.

证明 由 $X^* = \dfrac{X-\mu}{\sigma}$ 的分布函数的定义，有

$$P(X^* \leqslant x) = P\left(\frac{X-\mu}{\sigma} \leqslant x\right) = P(X \leqslant \mu+\sigma x)$$

$$= \frac{1}{\sqrt{2\pi}\,\sigma} \int_{-\infty}^{\mu+\sigma x} e^{-\frac{(t-\mu)^2}{2\sigma^2}} dt \xlongequal{s=\frac{t-\mu}{\sigma}} \frac{1}{\sqrt{2\pi}} \int_{-\infty}^{x} e^{-\frac{s^2}{2}} ds = \Phi(x),$$

即 $X^* \sim N(0,1)$.

注 3 一般正态分布概率的计算可以转化为标准正态分布的概率来计算.

若 $X \sim N(\mu, \sigma^2)$,其分布函数记为 $F(x)$,那么 $F(x) = \Phi\left(\dfrac{x-\mu}{\sigma}\right)$.这是因为

$$F(x) = P(X \leqslant x) = P\left(\frac{X-\mu}{\sigma} \leqslant \frac{x-\mu}{\sigma}\right) = \Phi\left(\frac{x-\mu}{\sigma}\right).$$

于是,若 $X \sim N(\mu, \sigma^2)$,对于任意实数 $a, b(a < b)$,有

$$P(a < X < b) = F(b) - F(a) = \Phi\left(\frac{b-\mu}{\sigma}\right) - \Phi\left(\frac{a-\mu}{\sigma}\right),$$

$$P(X > a) = 1 - F(a) = 1 - \Phi\left(\frac{a-\mu}{\sigma}\right).$$

注 4 标准正态分布的分布函数 $\Phi(x)$ 还具有如下特点:对于任意 x 以及实数 $a(a > 0)$,有

$$\Phi(-x) = 1 - \Phi(x),$$
$$P(|X^*| < a) = 2\Phi(a) - 1.$$

案例 2.3.6(续案例 2.3.4) 假设公共汽车车门的高度(单位:cm)是按男子与车门顶碰头机会在 1% 以下来设计的,如果按照案例中数据分析可知成年男子身高 $X \sim N(175, 6^2)$,问如何设计车门的高度?

解 设车门的高度为 h cm,依题意要求满足 $P(X > h) \leqslant 0.01$(即 $P(X \leqslant h) \geqslant 0.99$)的最小值 h.因为 $X \sim N(175, 6^2)$,所以

$$P(X \leqslant h) = \Phi\left(\frac{h-175}{6}\right) \geqslant 0.99,$$

查表可得 $\Phi(2.33) = 0.9901 \geqslant 0.99$,所以取 $\dfrac{h-175}{6} = 2.33$,解得 $h \approx 189$(cm).

例 2.3.4 假定某类人群血液中总胆固醇含量(单位:mmol/L)$X \sim N(4.2, 0.8^2)$,如果总胆固醇超过 5.6 mmol/L 被认为是偏高的,求总胆固醇偏高的概率.

解 $P(X > 5.6) = 1 - \Phi\left(\dfrac{5.6 - 4.2}{0.8}\right) = 1 - \Phi(1.75) = 1 - 0.9599 = 0.0401.$

例 2.3.5(正态分布的 3σ 原理) 设 $X \sim N(\mu, \sigma^2)$,有

$$P(|X - \mu| < 3\sigma) = P(\mu - 3\sigma < X < \mu + 3\sigma)$$
$$= \Phi\left(\frac{\mu + 3\sigma - \mu}{\sigma}\right) - \Phi\left(\frac{\mu - 3\sigma - \mu}{\sigma}\right)$$
$$= \Phi(3) - \Phi(-3) = 2\Phi(3) - 1 = 0.9974.$$

上式说明在一次试验中,正态随机变量落入区间 $(\mu - 3\sigma, \mu + 3\sigma)$ 内的概率为 0.9974,而落入此区间之外的可能性很小.

事实上,容易计算

$$P(\,|\,X-\mu\,|\,<\sigma) = P(\,|\,X^{*}-0\,|\,<1)\,,$$
$$P(\,|\,X-\mu\,|\,<k\sigma) = P(\,|\,X^{*}-0\,|\,<k)\,.$$

图 2.3.7 和图 2.3.8 分别给出了标准正态分布和一般正态分布在对应区间的概率密度.

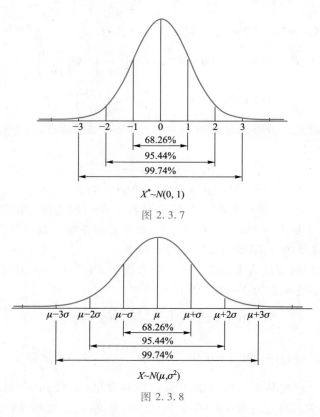

图 2.3.7

图 2.3.8

例 2.3.6 设 $X \sim N(2,\sigma^2)$,且 $P(2<X<4) = 0.3$,求 $P(X<0)$.

解

$$P(X<0) = \Phi\left(\frac{0-2}{\sigma}\right) = 1-\Phi\left(\frac{2}{\sigma}\right).$$

由

$$P(2<X<4) = \Phi\left(\frac{4-2}{\sigma}\right) - \Phi\left(\frac{2-2}{\sigma}\right) = \Phi\left(\frac{2}{\sigma}\right) - \Phi(0) = 0.3,$$

可得 $\Phi\left(\dfrac{2}{\sigma}\right) = 0.8$,则

$$P(X<0)=0.2.$$

案例 2.3.7 假设某个物理量的测量误差(单位:m)$X \sim N(7.5,100)$,问必须进行多少次独立测量,才能使至少有一次测量误差的绝对值不超过 10 m 的概率大于 0.9?

解

$$P(|X| \leqslant 10)$$
$$= \Phi\left(\frac{10-7.5}{10}\right) - \Phi\left(\frac{-10-7.5}{10}\right)$$
$$= \Phi(0.25) - \Phi(-1.75) = \Phi(0.25) - [1-\Phi(1.75)] = 0.5586,$$

从而 $\qquad P(|X|>10) = 1-0.5586 = 0.4414.$

设事件 A 表示"进行 n 次独立测量,至少有一次测量误差的绝对值不超过 10 m",则由

$$P(A) = 1-(0.4414)^n > 0.9,$$

解得 $n>3$.

2.4 随机变量函数的分布

2.4.1 离散型随机变量函数的分布

我们先来看一个案例.

案例 2.4.1 某保险公司希望核算人身意外保险的盈利情况.假设该险种目前有 10 000 人参保,每个参保人需缴纳保费 120 元/年,若逢意外死亡发生,公司的赔偿标准是 30 000 元.根据多方面的研究结果显示,每人每年意外死亡的概率为 0.002 5,保险公司能否确定每年利润的概率分布? 能否确定每年赔本的概率?

分析 不难理解保险公司的利润直接依赖于 10 000 个投保人中意外死亡的人数 X,可以认为 $X \sim B(10\ 000,0.002\ 5)$.

设公司利润为 Y(单位:元),显然 Y 是 X 的函数,即 $Y = g(X) = 1\ 200\ 000 - 30\ 000X$.案例中的问题就是确定 $Y = g(X)$ 的概率分布,并求概率 $P(Y<0)$.

一般地,假设随机变量 X 为离散型随机变量,其分布律为

$$P(X=x_k) = p_k, \quad k=1,2,\cdots,$$

又设函数 $y=g(x)$,求 $Y=g(X)$ 的概率分布的一般方法如下:

(1) 确定随机变量 $Y=g(X)$ 的所有可能取值;

(2) Y 的概率分布为

$$P(Y=y_i) = P(g(X)=y_i) = \sum_{k:g(x_k)=y_i} p_k, \quad i=1,2,\cdots.$$

案例 2.4.1 解

根据前面的分析过程,因为 X 为离散型随机变量,Y 也是离散型随机变量,保险公司每年利润 Y 的所有可能取值为

$$Y = 1\ 200\ 000 - 30\ 000k, \quad k = 0,1,2,\cdots,10\ 000,$$

并且

$$P(Y = 1\ 200\ 000 - 30\ 000k) = P(1\ 200\ 000 - 30\ 000X = 1\ 200\ 000 - 30\ 000k)$$
$$= P(X = k),$$

由此得保险公司利润 Y 的概率分布为

$$P(Y = 1\ 200\ 000 - 30\ 000k) = C_{10\ 000}^{k} 0.002\ 5^{k} 0.997\ 5^{10\ 000-k}, k = 0,1,2,\cdots,10\ 000.$$

保险公司每年赔本的概率为

$$P(Y < 0) = P(X > 40) \approx 0.002,$$

由此可以看出,保险公司这个险种亏本的可能性极小,亏本的概率仅仅为 0.2%.

注 上述计算结果可用计算机软件得到,请有兴趣的读者自行练习.

例 2.4.1 已知随机变量 X 的概率分布律为

$$P\left(X = k\frac{\pi}{2}\right) = pq^{k}, \quad k = 0,1,2,\cdots,$$

其中 $p+q = 1, 0 < p < 1$,求随机变量 $Y = \sin X$ 的概率分布.

解 由题设条件,不难知道,Y 的所有可能取值为 $-1,0,1$,而

$$P(Y = -1) = P\left(\bigcup_{m=0}^{\infty}\left\{X = 2m\pi + \frac{3\pi}{2}\right\}\right)$$
$$= P\left(\bigcup_{m=0}^{\infty}\left\{X = (4m+3)\frac{\pi}{2}\right\}\right) = \sum_{m=0}^{\infty} pq^{4m+3} = \frac{pq^{3}}{1-q^{4}},$$

$$P(Y = 0) = P\left(\bigcup_{m=0}^{\infty}\left\{X = 2m \cdot \frac{\pi}{2}\right\}\right) = \sum_{m=0}^{\infty} pq^{2m} = \frac{p}{1-q^{2}},$$

$$P(Y = 1) = P\left(\bigcup_{m=0}^{\infty}\left\{X = 2m\pi + \frac{\pi}{2}\right\}\right)$$
$$= P\left(\bigcup_{m=0}^{\infty}\left\{X = (4m+1)\frac{\pi}{2}\right\}\right) = \sum_{m=0}^{\infty} pq^{4m+1} = \frac{pq}{1-q^{4}},$$

故 Y 的概率分布为

Y	-1	0	1
p_k	$\dfrac{pq^{3}}{1-q^{4}}$	$\dfrac{p}{1-q^{2}}$	$\dfrac{pq}{1-q^{4}}$

2.4.2 连续型随机变量函数的分布

一般地,设 X 为连续型随机变量,如果已知 X 的概率密度为 $f_X(x)$(或分布函数),又设函数 $y=g(x)$,求 $Y=g(X)$ 的概率密度(或分布函数)的步骤如下:

(1)先求 Y 的分布函数 $F_Y(y)$;

(2)再对 $F_Y(y)$ 求导数,得到 Y 的概率密度 $f_Y(y)=\dfrac{\mathrm{d}}{\mathrm{d}y}F_Y(y)$.

案例 2.4.2 根据空气动力学理论,气体分子的运动速度 X 是一个随机变量,其概率密度为

$$f_X(x)=\begin{cases}\dfrac{4x^2}{\sigma^3\sqrt{\pi}}\mathrm{e}^{-\frac{x^2}{\sigma^2}}, & x>0,\\ 0, & x\leqslant 0,\end{cases}$$

(称 X 服从 Maxwell(麦克斯韦)分布,参数 σ 依赖于气体温度),$Y=\dfrac{1}{2}mX^2$ 表示分子的动能(其中 m 是分子质量),求随机变量 Y 的概率分布.

解 Y 的分布函数为

$$F_Y(y)=P(Y\leqslant y)=P\left\{\dfrac{1}{2}mX^2\leqslant y\right\}=P\left\{X\leqslant\sqrt{\dfrac{2y}{m}}\right\}$$

$$=\int_0^{\sqrt{\frac{2y}{m}}}\dfrac{4x^2}{\sigma^3\sqrt{\pi}}\mathrm{e}^{-\frac{x^2}{\sigma^2}}\mathrm{d}x \quad (y>0),$$

这个积分是很难求出显示表达式的,但是我们可以求 Y 的概率密度:当 $y\leqslant 0$ 时,易知 $F_Y(y)=0$,$f_Y(y)=0$.所以,

$$f_Y(y)=\dfrac{\mathrm{d}}{\mathrm{d}y}F_Y(y)=\begin{cases}\dfrac{8y}{m}\mathrm{e}^{-\frac{1}{\sigma^2}\cdot\frac{2y}{m}}\sqrt{\dfrac{2}{m}}\cdot\dfrac{1}{2}\cdot y^{-\frac{1}{2}}, & y>0,\\ 0, & \text{其他}\end{cases}$$

$$=\begin{cases}\dfrac{4\sqrt{2y}}{\sigma^3\sqrt{m^3}\sqrt{\pi}}\mathrm{e}^{-\frac{2y}{m\sigma^2}}, & y>0,\\ 0, & \text{其他}.\end{cases}$$

例 2.4.2 已知随机变量 X 的概率密度为 $f_X(x)$,$Y=aX+b$,a,b 为常数,且 $a\neq 0$,求 Y 的概率密度 $f_Y(y)$.

解 Y 的分布函数为

$$F_Y(y)=P(Y\leqslant y)=P(aX+b\leqslant y).$$

当 $a>0$ 时, $F_Y(y)=P\left(X\leqslant\dfrac{y-b}{a}\right)=F_X\left(\dfrac{y-b}{a}\right)$, 则

$$f_Y(y)=\frac{1}{a}f_X\left(\frac{y-b}{a}\right).$$

当 $a<0$ 时, $F_Y(y)=P\left(X\geqslant\dfrac{y-b}{a}\right)$, 则

$$f_Y(y)=-\frac{1}{a}f_X\left(\frac{y-b}{a}\right),$$

从而,

$$f_Y(y)=\begin{cases}\dfrac{1}{a}f_X\left(\dfrac{y-b}{a}\right), & a>0,\\[2mm] -\dfrac{1}{a}f_X\left(\dfrac{y-b}{a}\right), & a<0,\end{cases}$$

即

$$f_Y(y)=\frac{1}{|a|}f_X\left(\frac{y-b}{a}\right)\ (a\neq0).$$

例 2.4.3　设随机变量 $X\sim N(\mu,\sigma^2)$, $Y=aX+b$, $a\neq0$, b 为常数, 求 Y 的概率密度 $f_Y(y)$.

解　由例 2.4.2 的结果易得

$$f_Y(y)=\frac{1}{|a|}f_X\left(\frac{y-b}{a}\right)=\frac{1}{\sqrt{2\pi}\,\sigma\,|a|}\mathrm{e}^{-\frac{(y-b-a\mu)^2}{2a^2\sigma^2}}=\frac{1}{\sqrt{2\pi}\,\sigma\,|a|}\mathrm{e}^{-\frac{[y-(b+a\mu)]^2}{2(a\sigma)^2}},$$

所以 $Y\sim N(a\mu+b,(a\sigma)^2)$.

特别地, 当 $Y=\dfrac{X-\mu}{\sigma}$ 时, 由上述结果可得 $Y\sim N(0,1)$, 事实上, 在正态分布的内容中已经用到了这个结果. 本例的结果是一般性的结论, 即正态随机变量的线性函数仍然为正态随机变量.

例 2.4.4　设随机变量 $X\sim N(0,1)$, $Y=X^2$, 求 $f_Y(y)$.

解　从分布函数出发, $F_Y(y)=P(Y\leqslant y)$.

当 $y\leqslant0$ 时, $F_Y(y)=0$; 当 $y>0$ 时,

$$F_Y(y)=P(X^2\leqslant y)=P(-\sqrt{y}\leqslant X\leqslant\sqrt{y})=F_X(\sqrt{y})-F_X(-\sqrt{y}),$$

所以

$$F_Y(y)=\begin{cases}0, & y\leqslant0,\\ F_X(\sqrt{y})-F_X(-\sqrt{y}), & y>0,\end{cases}$$

则

$$f_Y(y) = \begin{cases} 0, & y \leqslant 0, \\ \dfrac{1}{2\sqrt{y}}\left[f_X(\sqrt{y}) + f_X(-\sqrt{y})\right], & y > 0, \end{cases}$$

即

$$f_Y(y) = \begin{cases} 0, & y \leqslant 0, \\ \dfrac{1}{\sqrt{2\pi}\, y^{1/2}}\mathrm{e}^{-\frac{y}{2}}, & y > 0. \end{cases}$$

例 2.4.5　设随机变量 X 的概率密度为 $f_X(x) = \begin{cases} \dfrac{2x}{\pi^2}, & 0 < x < \pi, \\ 0, & 其他, \end{cases}$　求 $Y = \sin X$

的概率密度.

解　随机变量 Y 与 X 之间的函数关系如图 2.4.1 所示.

当 $y \leqslant 0$ 时, $F_Y(y) = 0$, 当 $y \geqslant 1$ 时, $F_Y(y) = 1$. 故当 $y \leqslant 0$ 或 $y \geqslant 1$ 时, $f_Y(y) = 0$.

当 $0 < y < 1$ 时,

$$F_Y(y) = P(Y \leqslant y) = \int_0^{\arcsin y} \frac{2x}{\pi^2}\mathrm{d}x + \int_{\pi-\arcsin y}^{\pi} \frac{2x}{\pi^2}\mathrm{d}x,$$

故

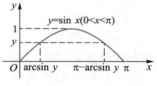

$$f_Y(y) = \begin{cases} \dfrac{2}{\pi\sqrt{1-y^2}}, & 0 < y < 1, \\ 0, & 其他. \end{cases}$$

图 2.4.1

连续型随机变量的函数不一定是连续型随机变量,下面我们给出一个简单的例子.

例 2.4.6　设随机变量 $X \sim U(0,2)$, $g(x) = \begin{cases} 0, & x \leqslant 0, \\ x, & 0 < x < 1, \\ 1, & x \geqslant 1, \end{cases}$　令 $Y = g(X)$, 求随

机变量 Y 的分布函数.

解　由条件知

$$f_X(x) = \begin{cases} \dfrac{1}{2}, & 0 < x < 2, \\ 0, & 其他, \end{cases}$$

根据分布函数的定义不难得出 Y 的分布函数

$$F_Y(y) = P(Y \leqslant y) = \begin{cases} 0, & y \leqslant 0, \\ \dfrac{y}{2}, & 0 < y < 1, \\ 1, & y \geqslant 1, \end{cases}$$

显然这里的 $F_Y(y)$ 不是连续函数,它在 $y = 1$ 处间断,如图 2.4.2 所示.

例 2.4.7　若随机变量 X 的分布函数 $F(x)$ 为严格单调递增的连续函数,求 $Y = F(X)$ 的分布函数.

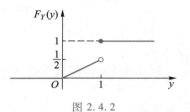

图 2.4.2

解　根据分布函数的定义,有

$$F_Y(y) = P(Y \leqslant y) = P(F(X) \leqslant y)$$

$$= \begin{cases} 0, & y < 0, \\ P(X \leqslant F^{-1}(y)) = F[F^{-1}(y)], & 0 \leqslant y < 1, \\ 1, & y \geqslant 1, \end{cases}$$

$$= \begin{cases} 0, & y < 0, \\ y, & 0 \leqslant y < 1, \\ 1, & y \geqslant 1. \end{cases}$$

本例题的结果是 Monte Carlo(蒙特卡罗)仿真的理论依据.

本节最后我们给出当 $g(x)$ 为严格单调的可导函数时,随机变量的函数 $g(X)$ 的概率分布的一般性结论,具体见如下定理.

定理 2.4.1 的证明

定理 2.4.1　设随机变量 X 具有概率密度 $f_X(x)$, $-\infty < x < +\infty$; $g(x)$ 为 $(-\infty, +\infty)$ 内的严格单调递增(或递减)的可导函数,则随机变量 $Y = g(X)$ 的概率密度为

$$f_Y(y) = \begin{cases} |h'(y)| f_X[h(y)], & \alpha < y < \beta, \\ 0, & \text{其他}, \end{cases}$$

其中 $h(y)$ 是 $g(x)$ 的反函数,$\alpha = \min\{g(-\infty), g(+\infty)\}$, $\beta = \max\{g(-\infty), g(+\infty)\}$.

习　题　二

1. 设 $F(x) = a + b\arctan x$ $(-\infty < x < +\infty)$ 是一个随机变量的分布函数,求其中的待定常数 a, b 的值.

2. 设 $G(X), H(X)$ 是随机变量的分布函数,a, b 是正常数,且 $a + b = 1$,试验证 $F(x) = aG(x) + bH(x)$ 也是随机变量的分布函数.

3. 设随机变量 X 的分布函数为 $F(x)$,试用分布函数表示下列概率:

（1）$P(X \geqslant a)$；（2）$P(|X|<a)$.

4.一批产品分为一、二、三等品,其中一等品数量是二等品数量的3倍,三等品数量是二等品数量的$\frac{1}{6}$.从这批产品中随机抽取一个进行检验,设随机变量

$$X=\begin{cases}1,\text{抽到一等品,}\\2,\text{抽到二等品,}\\3,\text{抽到三等品,}\end{cases}$$ 写出X的分布律和分布函数,并用不同方法计算$P(1<X\leqslant3)$.

5.一寝室中6位同学的学号分别为2,5,7,9,13,18.现从中任意选出3位同学,用X表示所选出同学中最大的学号.求X的分布函数,并用分布函数计算$P(X=7)$,$P(2<X<7)$,$P(7\leqslant X<13)$.

6.下面给出的是否是某个随机变量的分布律? 说明理由.

（1）

X	-2	-1	0	3	4
P	a	0.3	$0.2+b$	0.1	c

其中 $a+b+c=0.4$；

（2）

X	1	2	$\cdots$	n	$\cdots$
P	$\frac{1}{2}$	$\frac{1}{4}$	$\cdots$	$\frac{1}{2^n}$	$\cdots$

（3）

X	1	2	3	$\cdots$	n	$\cdots$
P	$\frac{1}{2}$	$\left(\frac{1}{2}\right)\left(\frac{1}{3}\right)$	$\left(\frac{1}{2}\right)\left(\frac{1}{3}\right)^2$	$\cdots$	$\left(\frac{1}{2}\right)\left(\frac{1}{3}\right)^{n-1}$	$\cdots$

7.同时掷两枚骰子,设X是两枚骰子出现的最小点数,求X的分布律.

8.两名篮球队员轮流投篮,直到某人投中为止,如果第一名队员投中的概率为0.4,第二名队员投中的概率为0.6,求每名队员投篮次数的分布律.

9.设离散型随机变量X的分布律为

$$P(X=k)=\frac{a}{1+2k},k=0,1,2.$$

（1）计算常数a；

(2) 计算 $P(0 \leqslant X < 2)$.

10. 某人获得 7 把外形相似的钥匙,其中只有 1 把可以打开保险柜,但不知道是哪一把,只好逐把试开.求此人将保险柜打开所需的试开次数 X 的分布律.

11. 据调查某国有 20% 的居民没有买任何健康保险,现任意抽查 15 个居民,以 X 表示 15 个人中无任何健康保险的人数(设各人是否有健康保险相互独立).问 X 服从什么分布? 写出分布律.并求下列情况下无任何健康保险人数的概率:

(1) 恰有 3 人;

(2) 至少有 2 人;

(3) 不少于 1 人且不多于 3 人;

(4) 多于 5 人.

12. 某单位订购 1 000 只灯泡,在运输途中每个灯泡被打碎的概率为 0.003,设 X 为收到灯泡时被打破的灯泡数,求以下概率:

(1) $P(X=2)$; (2) $P(X<2)$; (3) $P(X>2)$; (4) $P(X \geqslant 1)$.

13. 假设在某地区全部人口关于某种病菌的带菌率为 10%,带菌者呈阴、阳性反应的概率分别为 0.05 和 0.95,而不带菌者呈阴、阳性反应的概率分别为 0.99 和 0.01.求:

(1) 对某人独立检测 3 次,发现 2 次呈阳性反应的概率;

(2) 当(1)中的随机事件发生时,求该人为带菌者的概率.

14. 已知某型号电子元件的一级品率为 0.3,现从一大批元件中随机抽取 20 只,记 X 为 20 只电子元件中的一级品数,问最可能抽到的一级品数 k 是多少?并计算 $P(X=k)$.

15. 一本 500 页的书共有 500 个错误,每个错误等可能地出现在每一页上(每一页的印刷符号超过 500 个),试求指定的一页上至少有三个错误的概率.(用 Poisson 定理近似求解.)

16. 珠宝商店出售某种钻石,根据以往的经验,每月销售量 X(单位:颗)服从参数 $\lambda = 3$ 的 Poisson 分布.问在月初进货时,要库存多少颗钻石才能以 99.6% 的概率充分满足顾客的需求?

17. 如果在时间间隔 t(单位:min)内,通过某交叉路口的汽车数量服从参数为 λt 的 Poisson 分布.已知在 1 min 内没有汽车通过的概率为 0.2,求在 2 min 内多于一辆汽车通过的概率.

18. (1) 设一天内到达某港口城市油船的只数 $X \sim P(10)$,求 $P(X>15)$;

(2) 已知随机变量 $X \sim P(\lambda)$,且有 $P(X>0)=0.5$,求 $P(X \geqslant 2)$.

19. 设离散型随机变量 $X \sim P(\lambda)$,当 k 取何值时,$P(X=k)$ 最大?并证明之.

20. 假设某客服中心有 5 名客服,每人在 t min 内接到的电话次数 $X \sim$

$P(2t)$, 设客服是否接到电话相互独立.求:

（1）在某给定的一分钟内第一个客服未接到电话的概率;

（2）在某给定的一分钟内 5 个客服恰有 4 人未接到电话的概率;

（3）在某给定的一分钟内,所有 5 个客服接到相同电话次数的概率.

21. 在 100 件产品中有 97 件正品、3 件次品.每次随机从中抽取 1 件,直到取到正品为止.就下面两种情况,求抽取次数 X 的分布律:

（1）有放回抽取;

（2）不放回抽取.

22. 某自动生产线在调整之后出现废品的概率为 p,当生产过程中出现废品时立即重新调整,求在两次调整之间生产的合格品 X 的概率分布.

23. 设连续型随机变量 X 的分布函数为

$$F(x)=\begin{cases} a\mathrm{e}^x, & x<0, \\ b+ax, & 0\leqslant x<2, \\ 1, & x\geqslant 2, \end{cases}$$

求其中的待定常数 a,b.

24. 设连续型随机变量 X 的分布函数为

$$F(x)=\begin{cases} 0, & x<1, \\ \ln x, & 1\leqslant x<\mathrm{e}, \\ 1, & x\geqslant \mathrm{e}. \end{cases}$$

求：（1）$P(X=2)$, $P(X<\mathrm{e})$, $P(2\leqslant X<3)$, $P\left(2<X<\dfrac{5}{2}\right)$;

（2）X 的概率密度 $f(x)$.

25. 设 $F(x)$ 是连续型随机变量 X 的分布函数,证明:对于任意实数 a, $b(a<b)$,有

$$\int_{-\infty}^{+\infty}\left[F(x+b)-F(x+a)\right]\mathrm{d}x=b-a.$$

26. 设连续型随机变量 X 的概率密度

$$f(x)=\begin{cases} ax, & 0\leqslant x<1, \\ b-x, & 1\leqslant x<2, \\ 0, & x<0 \text{ 或 } x\geqslant 2, \end{cases}$$

且 $P(X<1)=0.5$.求:

（1）常数 a,b;

（2）X 的分布函数 $F(x)$.

27. 设连续型随机变量 X 的概率密度

$$f(x) = \begin{cases} \dfrac{a}{\sqrt{1-x^2}}, & |x| < 1, \\ 0, & |x| \geqslant 1. \end{cases}$$

求:(1) 常数 a;

(2) $P\left(|X| < \dfrac{1}{2} \right)$;

(3) X 的分布函数 $F(x)$.

28. 服从 Laplace(拉普拉斯)分布的随机变量 X 的概率密度为

$$f(x) = a\mathrm{e}^{-|x|}, \quad x \in (-\infty, +\infty),$$

求常数 a 及 X 的分布函数 $F(x)$.

29. 某城市每天用电量不超过 100 万 kW·h,以 X 表示每天的耗电率(即用电量除以 100 万 kW·h),它的概率密度为

$$f(x) = \begin{cases} 12x(1-x)^2, & 0 < x < 1, \\ 0, & \text{其他}. \end{cases}$$

若该城市每天的供电量仅有 80 万 kW·h,求供电量不能满足需求的概率是多少? 若每天供电量是 90 万 kW·h 又是怎样呢?

*30. 设实验室的温度 X(单位:℃)为随机变量,其概率密度为

$$f(x) = \begin{cases} \dfrac{1}{9}(4-x^2), & -1 \leqslant x \leqslant 2, \\ 0, & \text{其他}. \end{cases}$$

(1) 某种化学反应当 $X > 1$ 时才能发生,求在实验室中这种化学反应发生的概率;

(2) 在 10 个不同的实验室中这种化学反应是否发生是相互独立的,以 Y 表示 10 个实验室中发生这种化学反应的实验室个数,求 Y 的分布律;

(3) 求 $P(Y=2), P(Y \geqslant 2)$.

31. 公共汽车站每隔 10 min 有一辆车通过,假设乘客在 10 min 内任一时刻到达车站是完全随机的,求乘客候车时间不超过 6 min 的概率.

32. 某计算机显示器的使用寿命(单位:kh) X 服从参数 $\lambda = \dfrac{1}{50}$ 的指数分布.生产厂家承诺:若显示器在购买后一年内损坏将免费予以更换.

(1) 假设一般用户每年使用计算机 2 000 h,求厂家免费为其更换显示器的概率;

(2) 求显示器至少可以用 10 000 h 的概率;

(3) 已知某台显示器已经使用了 10 000 h,求其至少还能再使用 10 000 h

的概率.

33. 设每人每次打电话时间(单位:min)$T \sim E(0.5)$,求在 282 人次所打的电话中有 2 次或 2 次以上超过 10 min 的概率.

34. 设随机变量 $X \sim N(8,16)$.求:

(1) $P(X>9)$;(2) $P(5<X<8)$;(3) $P(|X| \leqslant 10)$.

35. 设随机变量 $X \sim N(2,2)$,试确定常数 c,使 $P(X>c) = P(X<c)$.

36. 设随机变量 $X \sim N(3,\sigma^2)$,且 $P(3<X<5) = 0.4$,求 $P(X>1)$.

37. 某机器生产的螺栓的长度(单位:cm)服从正态分布 $X \sim N(10,0.06^2)$,若规定长度在 (10 ± 0.12)cm 内为合格品,求螺栓不合格的概率.

38. 某地区成年男子的体重 X(单位:kg)服从正态分布 $N(66,\sigma^2)$,且已知 $P(X \leqslant 60) = 0.25$.若在该地区随机选取 3 人,求至少 1 人体重超过 65 kg 的概率.

39. 设测量的随机误差 $X \sim N(0,10^2)$,试求在 200 次独立重复测量中,至少有 4 次测量误差的绝对值大于 23.26 的概率.

40. 某种电池的寿命(单位:h)服从正态分布 $X \sim N(300,35^2)$.

(1) 求电池寿命在 250 h 以上的概率;

(2) 求 x,使寿命在 $300-x$ 与 $300+x$ 之间的概率不小于 0.9.

41. 设随机变量 X 的分布函数

$$F(x) = \begin{cases} 0, & x<-2, \\ 0.3, & -2 \leqslant x<-1, \\ 0.9, & -1 \leqslant x<2, \\ 1, & x \geqslant 2. \end{cases}$$

求随机变量 $Y=X^2-3$ 和 $Z=|X|$ 的分布律.

42. 设随机变量 $X \sim U(-2,3)$,记 $Y_1 = \begin{cases} -1, & X<0, \\ 1, & X \geqslant 0, \end{cases}$ $Y_2 = \dfrac{X+1}{2}$.求:

(1) Y_1 的分布律;

(2) Y_2 的概率密度.

43. 设随机变量 $X \sim N(0,1)$,$\Phi(x)$ 为 X 的分布函数,记 $Y_1 = X^2$,$Y_2 = e^{-X}$,$Y_3 = X+|X|$.求:

(1) Y_1 的概率密度;

(2) Y_2 的概率密度;

(3) Y_3 的分布函数 $F_{Y_3}(y)$.

44. 设随机变量 X 的分布函数为 $F_X(x)$,求 $Y=3-2X$ 的分布函数 $F_Y(y)$.

45. 设点随机地落在以原点为圆心的单位圆上,并设随机点落在圆周上任一小段等长的弧上的概率相同,求此点横坐标 X 的概率密度 $f(x)$.

46. 通过点 $(0,1)$ 任意作直线与 x 轴相交成 θ 角 $(0<\theta<\pi)$，求直线在 x 轴上的截距 X 的概率密度 $f(x)$．

开放式案例分析题

某上市公司为激励员工，规定员工薪酬中有一定比例是该公司的股票．根据某投资银行评估，该公司的股票年化收益率 X（单位：百分比）的概率密度为

$$f_X(x)=\begin{cases} \lambda e^{-0.5(x-5)}, & 0<x<10;\\ 0, & \text{其他．}\end{cases}$$

公司为了保证员工的收入，对员工薪酬中持有的股票部分增加了一个附加条件，公司承诺，如果股票的年化收益率低于3%，公司将按现金补贴该部分，使其年化收益率达到3%（公司薪酬一年核算一次）．

按照你当前学过的知识，针对这个案例，你能帮该公司员工提出哪些关于概率的问题，如何解决？

习题二答案

第三章　多维随机变量及其分布

上一章我们讨论了一个随机变量的情形,但在实际问题中,很多随机现象的问题需要多个指标来刻画.比如,在评价某种充电电池的质量时,主要关注功率和可充电时长两个指标,这个问题的刻画就需要引入两个随机变量;又比如,为了研究某地区学龄前儿童的生长发育情况,我们关注每个儿童的身高 H 和体重 W 这两个最基本的指标,其对应的样本空间 $\Omega = \{$某地区全部学龄前儿童的身高与体重$\}$,因此 H, W 就是定义在 Ω 上的两个随机变量;再比如,飞机在飞行过程中的空间位置是由其横坐标 X,纵坐标 Y 以及竖坐标 Z 来确定的,这三个坐标就是定义在同一样本空间(飞机在空间的位置)上的三个随机变量.总之,如果所研究的随机现象需要关注的指标多于一个,就需要引入多维随机变量.本章主要研究二维随机变量,多维随机变量的研究方法与二维的情形类似.

3.1　二维随机变量及其分布

3.1.1　二维随机变量及其联合分布函数

先看一个案例.

案例 3.1.1　某高校教学研究中心调查大学一年级学生"高等数学"与"概率统计"这两科成绩的概率分布情况.比如,研究中心想了解:两科成绩都不及格的概率是多少? 两科成绩都不超过 80 分的概率是多少? 两科成绩都大于 90 分的概率是多少? 又比如,"高等数学"成绩不及格的概率是多少? "概率统计"成绩不及格的概率是多少? 这两科的成绩有没有关系?

分析　由于学生人数比较多,该研究往往通过随机抽查完成,图 3.1.1 是研究中心随机抽查的 100 名学生这两科成绩分布散点图.

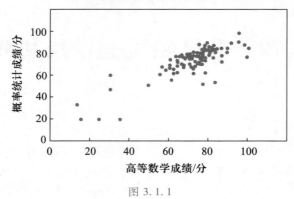

图 3.1.1

我们可以把每个同学的这两科成绩看成样本点,其对应的样本空间为

$\Omega = \{(x,y) \mid$ 高等数学成绩为 x,概率统计成绩为 $y, x, y = 0, 1, 2, \cdots, 100\}$,

而这 100 名学生的这两科成绩称为样本,样本的概念将在第六章详细讨论.

假设任取一个学生的"高等数学"成绩记为 X,"概率统计"成绩记为 Y,这时样本空间中的任意样本点对应一对 X 与 Y,其中 X, Y 就是两个随机变量.要解决本案例的问题,首先我们要引入二维随机变量及其分布的概念.

定义 3.1.1 设 E 是一个随机试验,Ω 是其样本空间,若对 Ω 中的任意一个样本点 ω,按照一定的对应法则,存在一对实数 $(X(\omega), Y(\omega))$ 与之对应,简记为 (X, Y),则称 (X, Y) 为二维随机变量.

在第二章讨论的随机变量也叫一维随机变量.

定义 3.1.2 设 (X, Y) 为二维随机变量,对于任意实数 x, y,称定义在实平面上的二元函数 $F(x, y) = P(\{X \leqslant x\} \cap \{Y \leqslant y\}) = P(X \leqslant x, Y \leqslant y)$ 为二维随机变量 (X, Y) 的联合分布函数,简称为分布函数或联合分布.

有了二维随机变量以及二维随机变量的联合分布后,对案例 3.1.1 中的问题的描述及解答就会简洁明了,在处理类似问题时也同样非常有效,这就是为什么要引入这些概念的原因.

案例 3.1.1 解

引入二维随机变量后,两科成绩都不及格的概率可以表示为 $P(X \leqslant 59, Y \leqslant 59)$,即随机点 (X, Y) 落在点 $(59, 59)$ 左下方的矩形区域内的概率(如图 3.1.2 所示),进一步,如果能够确定分布函数的话,这个概率是分布函数在点 $(59, 59)$ 的函数值,即

$$P(X \leqslant 59, Y \leqslant 59) = F(59, 59),$$

类似地,两科成绩都不超过 80 分的概率为

$$P(X \leqslant 80, Y \leqslant 80) = F(80,80).$$

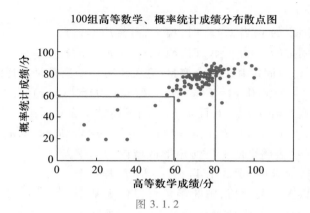

图 3.1.2

由数据已知事件 $\{X \leqslant 59, Y \leqslant 59\}$ 的频率为 $\dfrac{6}{100}$,事件 $\{X \leqslant 80, Y \leqslant 80\}$ 的频率为 $\dfrac{66}{100}$,利用第一章的知识,如果试验次数足够多,事件的频率稳定在它的概率附近,从而

$$P(X \leqslant 59, Y \leqslant 59) = F(59,59) \approx \frac{6}{100} = 0.06,$$

同理,

$$P(X \leqslant 80, Y \leqslant 80) = F(80,80) \approx \frac{66}{100} = 0.66.$$

而案例中剩余的问题,在后续引入边缘概率分布后再作解答.

为进一步讨论分布函数,下面给出联合分布函数 $F(x,y)$ 的几何解释.

分布函数 $F(x,y)$ 表示事件 $\{X \leqslant x\}$ 与 $\{Y \leqslant y\}$ 同时发生的概率,如果把 (X,Y) 看成平面上随机点的坐标,则分布函数 $F(x,y)$ 在点 (x,y) 处的函数值就是随机点 (X,Y) 落在如图 3.1.3 所示的以点 (x,y) 为顶点且位于该点左下方的无穷矩形区域内的概率.

由分布函数的定义及概率的性质,可以证明分布函数具有如下性质:

(1) $0 \leqslant F(x,y) \leqslant 1$,且对于任意固定的 x, y,有

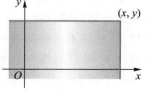

图 3.1.3

$$F(-\infty,y)=0,\quad F(x,-\infty)=0,\quad F(-\infty,-\infty)=0,\quad F(+\infty,+\infty)=1.$$

（2）对 $F(x,y)$ 固定其中一个变量,它关于另一个变量是单调不减的函数,即

对于任意固定的 y,当 $x_1<x_2$ 时,$F(x_1,y)\le F(x_2,y)$;

对于任意固定的 x,当 $y_1<y_2$ 时,$F(x,y_1)\le F(x,y_2)$.

（3）对 $F(x,y)$ 固定其中一个变量,它关于另一个变量是右连续函数,即

$$F(x+0,y)=F(x,y),\quad F(x,y+0)=F(x,y).$$

（4）对任意实数 a,b,c,d,且 $a<b,c<d$,下述结论成立:

$$F(b,d)-F(a,d)-F(b,c)+F(a,c)=P(a<X\le b,c<Y\le d)\ge 0.$$

注 性质（4）表明平面上任何矩形区域内的概率都可用分布函数表示（如图 3.1.4）;另一方面,若一个二元函数具有以上 4 条性质,则此函数可以作为某个二维随机变量的分布函数.需要注意的是,与一维随机变量的情形对照,读者可能会问是否可由前三条性质导出性质（4）,这未必成立,我们给出一个简单的例子.

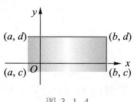

图 3.1.4

例 3.1.1 设二元函数

$$F(x,y)=\begin{cases}1,&x+y\ge 1,\\0,&x+y<1.\end{cases}$$

容易验证 $F(x,y)$ 满足性质（1）—（3）,但不满足性质（4）.事实上,

$$F(1,1)-F(1,0)-F(0,1)+F(0,0)=-1<0.$$

上述例子表明性质（4）不能由性质（1）—（3）推出,这正是二维随机变量分布函数特有的性质,一个二元函数倘若不具备性质（4）,当然不能作为某个二维随机变量的分布函数.

注意到,二维随机变量是定义在同一样本空间上的一对随机变量.对于随机试验的每一个结果,二维随机变量 (X,Y) 对应平面上的一个点 (x,y);二维随机变量的分布函数给出了其整体在平面上的分布.事实上,我们不仅需要研究二维随机变量整体在平面上的分布,还需要研究 X,Y 之间的统计相依关系,以及 X,Y 各自的概率分布,这就是接下来要介绍的边缘分布.比如在案例 3.1.1 中求"高等数学"成绩不及格的概率,或者求"概率统计"成绩不及格的概率,以及两科成绩都大于 90 分的概率等问题都与边缘分布有关.

在案例 3.1.1 中,"高等数学"成绩不及格的概率就是 $P(X\le 59)$,"概率统计"成绩不及格的概率就是 $P(Y\le 59)$.上述这两个概率从几何角度来看,分别是随机点 (X,Y) 落在如图 3.1.5 所示竖线左边区域的概率,以及如图 3.1.6 所示

水平线下方区域的概率.事实上,随机变量的边缘分布就是类似问题的一般抽象化结果.

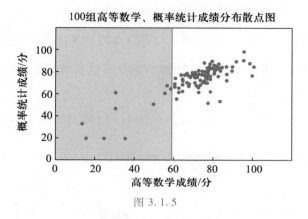

图 3.1.5

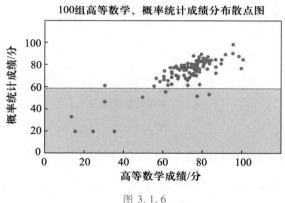

图 3.1.6

定义 3.1.3 设二维随机变量(X,Y)的分布函数为$F(x,y)$,分量X和Y也都是随机变量,各自的分布函数分别记为$F_X(x)$和$F_Y(y)$,并依次称为随机变量(X,Y)关于X和Y的边缘分布函数.

由分布函数的定义可得联合分布函数和边缘分布函数的关系,
$$F_X(x)=P(X\leqslant x)=P(X\leqslant x,Y\leqslant +\infty)=F(x,+\infty),$$
即
$$F_X(x)=F(x,+\infty),$$
同理可得
$$F_Y(y)=F(+\infty,y).$$

一般地,我们可以根据分布函数求边缘分布函数$F_X(x)$和$F_Y(y)$,反之不然.

这个结论在本书后续的多处内容中被证实.

回到案例 3.1.1, 有了边缘分布的定义, "高等数学"成绩不及格的概率, 以及"概率统计"成绩不及格的概率可用边缘分布表示如下:

$$P(X \leqslant 59) = F_X(59) \approx \frac{10}{100} = 0.1, \quad P(Y \leqslant 59) = F_Y(59) \approx \frac{9}{100} = 0.09.$$

当引入边缘分布后, 两科成绩都大于 90 分的概率也就清楚了, 具体表示如下(如图 3.1.7 所示):

$$P(X > 90, Y > 90) = 1 - F_X(90) - F_Y(90) + F(90, 90) \approx \frac{3}{100} = 0.03.$$

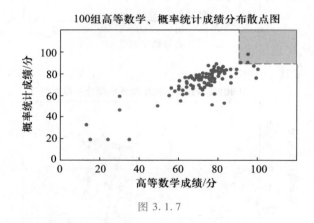

图 3.1.7

例 3.1.2 设二维随机变量 (X, Y) 的分布函数为

$$F(x, y) = A\left(B + \arctan \frac{x}{2}\right)\left(C + \arctan \frac{y}{2}\right), \quad -\infty < x < +\infty, -\infty < y < +\infty,$$

其中 A, B, C 为常数. 求:

(1) A, B, C;

(2) (X, Y) 的边缘分布;

(3) $P(X > 2)$.

解 (1) 由

$$F(+\infty, +\infty) = A\left(B + \frac{\pi}{2}\right)\left(C + \frac{\pi}{2}\right) = 1,$$

$$F(-\infty, y) = A\left(B - \frac{\pi}{2}\right)(C + \arctan y) = 0,$$

$$F(x, -\infty) = A(B + \arctan x)\left(C - \frac{\pi}{2}\right) = 0,$$

得 $A = \dfrac{1}{\pi^2}, B = \dfrac{\pi}{2}, C = \dfrac{\pi}{2}$.

（2） $\qquad F_X(x) = F(x, +\infty) = \dfrac{1}{2} + \dfrac{1}{\pi}\arctan\dfrac{x}{2}, \quad -\infty < x < +\infty$,

$\qquad\qquad F_Y(y) = F(+\infty, y) = \dfrac{1}{2} + \dfrac{1}{\pi}\arctan\dfrac{y}{2}, \quad -\infty < y < +\infty$.

（3） $P(X > 2) = 1 - P(X \leqslant 2) = 1 - F_X(2) = 1 - \left(\dfrac{1}{2} + \dfrac{1}{\pi}\arctan\dfrac{2}{2}\right) = \dfrac{1}{4}$.

与一维随机变量的情形类似,二维随机变量也主要考虑离散型与连续型两类.

3.1.2 二维离散型随机变量

案例 3.1.2 某大型超市开展促销活动,消费超过 1 000 元有机会抽奖两次.超市设置了两种抽奖方式,都是从装有 10 只红球,90 只白球的箱子中先后摸 2 次球,每次摸一球,其中第一种方式采用"有放回摸球",第二种方式采用"无放回摸球",奖励标准为:摸到红球可以获得价值 200 元的大礼包,摸到白球无任何奖励.假设你是第一个消费超过 1 000 元的顾客,希望比较两种抽奖方式,如何有效地把两种抽奖方式的各种获奖、不获奖的情形表示出来? 进一步,如何表示各种情形的概率?

分析 我们可以对第一个消费超过 1 000 元的顾客获得奖励的摸球结果与获得奖励的价值建立如下对应关系:

$$X = \begin{cases} 200, & \text{第一次摸到红球,} \\ 0, & \text{第一次摸到白球,} \end{cases} \qquad Y = \begin{cases} 200, & \text{第二次摸到红球,} \\ 0, & \text{第二次摸到白球.} \end{cases}$$

那么随机变量 (X, Y) 的所有可能取值就清楚地对应着各种获奖、不获奖的方式,而由所有可能取值的概率就能得到 (X, Y) 的联合分布和边缘分布.注意到,随机变量 X 和 Y 的取值只有 200 和 0 这两个值,(X, Y) 的所有可能取值为有限对,此时我们称 (X, Y) 为二维离散型随机变量.

定义 3.1.4 随机变量 (X, Y) 在二维平面上所有可能的取值为有限对或可列无穷对,则称 (X, Y) 为二维离散型随机变量.

定义 3.1.5 设二维随机变量 (X, Y) 的所有可能取值为 (x_i, y_j), $i, j = 1, 2, \cdots$,则称 $P(X = x_i, Y = y_j) = p_{ij}$, $i, j = 1, 2, \cdots$ 为二维离散型随机变量 (X, Y) 的联合分布律或联合分布列,简称为分布律.

二维离散型随机变量 (X, Y) 的分布律也可用表 3.1.1 表示:

表 3.1.1 二维离散型随机变量 (X,Y) 的分布律

P_{ij}		X					$p_{\cdot j}=\sum\limits_i p_{ij}$
		x_1	x_2	$\cdots$	x_i	$\cdots$	
Y	y_1	p_{11}	p_{21}	$\cdots$	p_{i1}	$\cdots$	$p_{\cdot 1}$
	y_2	p_{12}	p_{22}	$\cdots$	p_{i2}	$\cdots$	$p_{\cdot 2}$
	$\vdots$	$\vdots$	$\vdots$		$\vdots$		$\vdots$
	y_j	p_{1j}	p_{2j}	$\cdots$	p_{ij}	$\cdots$	$p_{\cdot j}$
	$\vdots$	$\vdots$	$\vdots$		$\vdots$		$\vdots$
$p_{i\cdot}=\sum\limits_j p_{ij}$		$p_{1\cdot}$	$p_{2\cdot}$	$\cdots$	$p_{i\cdot}$	$\cdots$	$\sum\limits_i\sum\limits_j p_{ij}=1$

容易看出分布律具有如下性质:

(1)(非负性) $\quad p_{ij}\geqslant 0(i,j=1,2,\cdots)$;

(2)(规范性) $\quad \sum\limits_i\sum\limits_j p_{ij}=1.$

若某数列 $p_{ij}(i,j=1,2,\cdots)$ 满足上述两条性质,就可以作为某个二维离散型随机变量的分布律.

二维离散型随机变量的分布函数与分布律互为确定,其分布函数可按下式求得:

$$F(x,y)=\sum_{x_i\leqslant x}\sum_{y_j\leqslant y}p_{ij}.$$

容易知道,二维离散型随机变量的两个分量均为离散型随机变量,且其分布律分别如下所示(见表 3.1.1 最后一行以及最后一列):

$$P(X=x_i)=\sum_j p_{ij}\triangleq p_{i\cdot},i=1,2,\cdots;$$

$$P(Y=y_j)=\sum_i p_{ij}\triangleq p_{\cdot j},j=1,2,\cdots,$$

分别称 $P(X=x_i)$ 和 $P(Y=y_j)$ 为 (X,Y) 关于 X 和关于 Y 的边缘分布律.

案例 3.1.2 解

根据分析,将在"有放回摸球""无放回摸球"两种抽奖方式下 (X,Y) 的联合分布律与边缘分布律依次列于表 3.1.2 与表 3.1.3.

表 3.1.2 "有放回摸球"下 (X,Y) 的分布律

p_{ij}		X		$p_{\cdot j}=\sum\limits_i p_{ij}$
		0	200	
Y	0	$\dfrac{81}{100}$	$\dfrac{9}{100}$	$\dfrac{9}{10}$
	200	$\dfrac{9}{100}$	$\dfrac{1}{100}$	$\dfrac{1}{10}$
$p_{i\cdot}=\sum\limits_j p_{ij}$		$\dfrac{9}{10}$	$\dfrac{1}{10}$	1

表 3.1.3 "无放回摸球"下(X,Y)的分布律

p_{ij}		X		$p_{\cdot j} = \sum_i p_{ij}$
		0	200	
Y	0	$\dfrac{89}{110}$	$\dfrac{1}{11}$	$\dfrac{9}{10}$
	200	$\dfrac{1}{11}$	$\dfrac{1}{110}$	$\dfrac{1}{10}$
$p_{i\cdot} = \sum_j p_{ij}$		$\dfrac{9}{10}$	$\dfrac{1}{10}$	1

从案例 3.1.2 我们可以看到,在两种抽奖方式下,(X,Y)具有不同的联合分布律,但它们相应的边缘分布律相同,这一事实表明,对(X,Y)的分量 X,Y 的概率分布的讨论不能代替对一个整体(X,Y)的概率分布的讨论,换句话说,虽然二维随机变量的联合分布律完全确定了边缘分布律;但反过来,通常(X,Y)的两个边缘分布律不能确定其联合分布律.

例 3.1.3 已知随机变量 X 与 Y 的分布律分别为

X	0	1
P	0.5	0.5

Y	-1	0	1
P	0.25	0.5	0.25

且 $P(XY=0)=1$,试求二维随机变量(X,Y)的联合分布律.

解 据 $P(XY=0)=1$,可得 $P(XY\neq0)=0$,由此知
$$P(X=1,Y=-1)=P(X=1,Y=1)=0,$$
即 $p_{21}=p_{23}=0$.根据联合分布律与边缘分布律之间的关系,有
$$P(Y=-1)=p_{11}+0=0.25, \quad P(Y=0)=p_{12}+p_{22}=0.5,$$
$$P(Y=1)=p_{13}+0=0.25, \quad P(X=0)=p_{11}+p_{12}+p_{13}=0.5,$$
$$P(X=1)=0+p_{22}+0=0.5,$$
解得 $p_{11}=0.25,p_{12}=0,p_{13}=0.25,p_{22}=0.5$,故$(X,Y)$的联合分布律可列于下表:

p_{ij}		X	
		0	1
Y	-1	0.25	0
	0	0	0.5
	1	0.25	0

案例 3.1.3   设某购物网站有 A 和 B 两个品牌的服饰,据统计每个访问该网站的人会以 p 的概率选择 A 品牌,以 q 的概率选择 B 品牌,以 $1-p-q$ 的概率只是浏览网站而两个品牌都不选择(考虑顾客不会同时购买 A 与 B 品牌).预计在某购物节那天共有 n 个人点击该网站.假设每个人如何选择相互独立,令 X 表示"购买 A 品牌的人数";Y 表示"购买 B 品牌的人数".求随机变量 (X,Y) 的联合分布律.

解   根据题意,每个人的选择方式有三种,若令 A 表示"某人选择 A 品牌",B 表示"某人选择 B 品牌",易得 $P(B\mid \bar{A})=\dfrac{P(\bar{A}B)}{P(\bar{A})}=\dfrac{q}{1-p}$.故对任意 $i+j\leqslant n$,都有

$P(Y=j\mid X=i)=P\{i$ 个人选择 A 品牌,其余 $n-i$ 个人中恰有 j 个人选择 B 品牌$\}$

$$=C_{n-i}^{j}P(B\mid \bar{A})^{j}(1-P(B\mid \bar{A}))^{n-i-j}$$

$$=C_{n-i}^{j}\left(\frac{q}{1-p}\right)^{j}\left(1-\frac{q}{1-p}\right)^{n-i-j}$$

$$=C_{n-i}^{j}(1-p)^{-(n-i)}q^{j}(1-p-q)^{n-i-j},$$

从而

$$P(X=i,Y=j)=P(X=i)P(Y=j\mid X=i)$$

$$=C_{n}^{i}p^{i}(1-p)^{n-i}C_{n-i}^{j}(1-p)^{-(n-i)}q^{j}(1-p-q)^{n-i-j}$$

$$=\frac{n!}{i!\,j!\,(n-i-j)!}p^{i}q^{j}(1-p-q)^{n-i-j}.$$

即 (X,Y) 的联合分布律为

$$P(X=i,Y=j)=\frac{n!}{i!\,j!\,(n-i-j)!}p^{i}q^{j}(1-p-q)^{n-i-j},\quad i,j=1,2,\cdots,n,i+j\leqslant n.$$

3.1.3   二维连续型随机变量

类似于一维连续型随机变量的定义,二维连续型随机变量的定义如下:

定义 3.1.6   对于二维随机变量 (X,Y) 的分布函数 $F(x,y)$,如果存在一个二元非负可积函数 $f(x,y)$,使得对于任意一对实数 (x,y),有

$$F(x,y)=\int_{-\infty}^{x}\int_{-\infty}^{y}f(u,v)\,\mathrm{d}u\mathrm{d}v$$

成立,则称 (X,Y) 为二维连续型随机变量,并称 $f(x,y)$ 为 (X,Y) 的联合概率密度函数,简称联合概率密度或联合密度.

二维连续型随机变量的联合概率密度具有如下性质:

(1)(非负性) $f(x,y)\geqslant 0,-\infty<x<+\infty,-\infty<y<+\infty$;

（2）（规范性） $\int_{-\infty}^{+\infty}\int_{-\infty}^{+\infty}f(x,y)\mathrm{d}x\mathrm{d}y=1.$

若二元函数 $f(x,y)$ 满足上述两条性质,就可以作为某个二维随机变量 (X,Y) 的联合概率密度.

（3）设 (X,Y) 为二维连续型随机变量,则对平面上任一区域 D,有

$$P((X,Y)\in D)=\iint_D f(x,y)\mathrm{d}x\mathrm{d}y;$$

（4）在 $f(x,y)$ 的连续点处,有

$$\frac{\partial^2 F(x,y)}{\partial x\partial y}=f(x,y).$$

注 如果 (X,Y) 为二维连续型随机变量,对平面上任意一条可以求长度的曲线 L,有 $P((X,Y)\in L)=0$.

由定义,边缘分布函数 $F_X(x)$,$F_Y(y)$ 可分别表示为

$$F_X(x)=P(X\leqslant x)=P(X\leqslant x,Y\leqslant +\infty)$$

$$=\int_{-\infty}^x\int_{-\infty}^{+\infty}f(u,v)\mathrm{d}u\mathrm{d}v=\int_{-\infty}^x\left[\int_{-\infty}^{+\infty}f(u,v)\mathrm{d}v\right]\mathrm{d}u,$$

$$F_Y(y)=P(Y\leqslant y)=P(X\leqslant +\infty,Y\leqslant y)$$

$$=\int_{-\infty}^{+\infty}\int_{-\infty}^y f(u,v)\mathrm{d}u\mathrm{d}v=\int_{-\infty}^y\left[\int_{-\infty}^{+\infty}f(u,v)\mathrm{d}u\right]\mathrm{d}v.$$

从而 X,Y 也是连续型随机变量,且其概率密度分别为

$$f_X(x)=\int_{-\infty}^{+\infty}f(x,y)\mathrm{d}y,\quad f_Y(y)=\int_{-\infty}^{+\infty}f(x,y)\mathrm{d}x,$$

分别称 $f_X(x)$ 和 $f_Y(y)$ 为 (X,Y) 关于 X 和关于 Y 的边缘概率密度.

例 3.1.4 设平面区域 $G=\{(x,y)\mid x^2\leqslant y\leqslant 1,x\geqslant 0\}$,随机变量 (X,Y) 的联合概率密度为

$$f(x,y)=\begin{cases}Axy,&(x,y)\in G,\\0,&\text{其他}.\end{cases}$$

求:（1）A 的值;

（2）$P\left(X\leqslant\dfrac{1}{2},Y\leqslant\dfrac{1}{2}\right)$;

（3）(X,Y) 的边缘概率密度 $f_X(x)$,$f_Y(y)$.

解 （1）由于 $f(x,y)$ 是联合概率密度,则

$$1=\int_{-\infty}^{+\infty}\int_{-\infty}^{+\infty}f(x,y)\mathrm{d}x\mathrm{d}y=\int_0^1\int_{x^2}^1 Axy\mathrm{d}x\mathrm{d}y=\frac{A}{6},$$

故 $A=6$.

(2)
$$P\left(X\leqslant\frac{1}{2},Y\leqslant\frac{1}{2}\right)=\int_0^{\frac{1}{2}}\int_{x^2}^{\frac{1}{2}}6xy\,dx\,dy=\frac{11}{128}.$$

(3)
$$f_X(x)=\int_{-\infty}^{+\infty}f(x,y)\,dy=\begin{cases}\int_{x^2}^16xy\,dy,&0<x<1,\\0,&\text{其他}\end{cases}$$

$$=\begin{cases}3x(1-x^4),&0<x<1,\\0,&\text{其他}.\end{cases}$$

$$f_Y(y)=\int_{-\infty}^{+\infty}f(x,y)\,dx=\begin{cases}\int_0^{\sqrt{y}}6xy\,dx,&0<y<1,\\0,&\text{其他}\end{cases}$$

$$=\begin{cases}3y^2,&0<y<1,\\0,&\text{其他}.\end{cases}$$

下面介绍几个常用的二维连续型随机变量的分布.

1. 二维均匀分布

对于第一章中案例 1.2.3,当信息系统瘫痪时,认为两艘船在一昼夜内到达的时刻是完全随机的,如果记两艘船到达的时刻分别为 X,Y,那么称 (X,Y) 在平面有限区域 $D=\{(x,y)\mid 0\leqslant x<24,0\leqslant y<24\}$ 上服从均匀分布.我们给出如下一般定义:

定义 3.1.7 如果二维随机变量 (X,Y) 在二维有界区域 G 上取值,且它的联合概率密度为

$$f(x,y)=\begin{cases}\dfrac{1}{G\text{ 的面积}},&(x,y)\in G,\\0,&\text{其他}.\end{cases}$$

则称 (X,Y) 服从 G 上的均匀分布.

例 3.1.5 设 G 是由 $y=x$ 与 $y=x^2$ 所围成的区域,随机变量 (X,Y) 在区域 G 上服从均匀分布.求:

(1) (X,Y) 的联合概率密度;

(2) (X,Y) 的边缘概率密度 $f_X(x),f_Y(y)$.

解 (1) 区域 G 如图 3.1.8 阴影部分所示.

计算可得 G 的面积 $S=\int_0^1(x-x^2)\,dx=\dfrac{1}{6}$,故 $(X,$

$Y)$ 的联合概率密度

$$f(x,y)=\begin{cases}6,&(x,y)\in G,\\0,&\text{其他}.\end{cases}$$

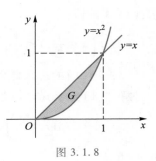

图 3.1.8

（2）由边缘概率密度的公式,有

$$f_X(x) = \int_{-\infty}^{+\infty} f(x,y)\,\mathrm{d}y = \begin{cases} \int_{x^2}^{x} 6\mathrm{d}y, & 0 \le x \le 1, \\ 0, & \text{其他} \end{cases} = \begin{cases} 6(x-x^2), & 0 \le x \le 1, \\ 0, & \text{其他}. \end{cases}$$

$$f_Y(y) = \int_{-\infty}^{+\infty} f(x,y)\,\mathrm{d}x = \begin{cases} \int_{y}^{\sqrt{y}} 6\mathrm{d}x, & 0 \le y \le 1, \\ 0, & \text{其他} \end{cases} = \begin{cases} 6(\sqrt{y}-y), & 0 \le y \le 1, \\ 0, & \text{其他}. \end{cases}$$

2. 二维正态分布

案例 3.1.4 某地区公众健康研究机构调研了与高甘油三酯血症相关的两个指标:BMI(Body Mass Index)值和甘油三酯指标.比如,为研究 25~30 岁成年男性患甘油三酯血症的情况,该研究机构调研了该群体这两个指标的分布情况.假设该群体的 BMI 值(单位:kg/m²)和甘油三酯指标(单位:mmol/L)分别用 X 和 Y 表示,这个问题在统计分析中就是研究二维随机变量 (X,Y) 的概率分布问题.为解决这个问题,研究机构选取了该群体 300 组 BMI 值和甘油三酯指标,数据在二维平面中的散点图如图 3.1.9 所示.

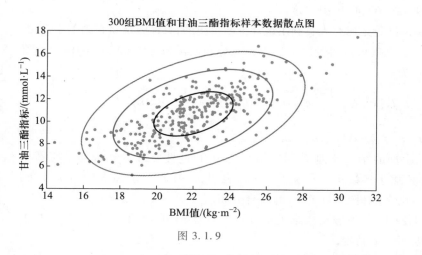

案例 3.1.4 数据表

图 3.1.9

由散点图可以看出,(X,Y) 的数据在形似椭圆的一些区域内分布,离"椭圆"的中心点越近,数据点越集中,离中心点越远,数据点越稀疏.据研究,该分布与下面将要介绍的二维正态分布比较相似.

定义 3.1.8 如果二维随机变量 (X,Y) 的联合概率密度为

$$f(x,y) = \frac{1}{2\pi\sigma_1\sigma_2\sqrt{1-\rho^2}}\exp\left\{-\frac{1}{2(1-\rho^2)}\left[\frac{(x-\mu_1)^2}{\sigma_1^2} - 2\rho\frac{(x-\mu_1)(y-\mu_2)}{\sigma_1\sigma_2} + \frac{(y-\mu_2)^2}{\sigma_2^2}\right]\right\},$$

其中 $\mu_1,\mu_2,\sigma_1,\sigma_2,\rho$ 是常数,且 $\sigma_1>0,\sigma_2>0,-1<\rho<1$,则称 (X,Y) 服从参数为 $\mu_1,\mu_2,\sigma_1,\sigma_2,\rho$ 的二维正态分布,记为

$$(X,Y) \sim N(\mu_1,\sigma_1^2;\mu_2,\sigma_2^2;\rho).$$

图 3.1.10 为二维正态分布 $N(0,1;0,1;0.8)$ 的联合概率密度的图形.

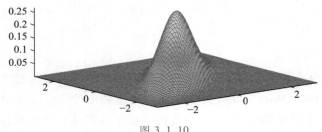

图 3.1.10

事实上,服从二维正态分布的随机变量十分常见.我们再举几个例子.

案例 3.1.5 研究机构利用案例 3.1.4 中的数据进行推断,认为该特定群体的 BMI 值和甘油三酯指标构成的二维随机变量 (X,Y) 近似服从二维正态分布 $N(21.95,7.07;10.67,4.76;0.75)$.

上述案例的结论是研究人员利用统计推断得出的,具体方法将在第七章介绍.

通过积分运算就可以得到服从二维正态分布的随机变量 (X,Y) 的两个边缘概率密度分别为

$$f_X(x) = \frac{1}{\sqrt{2\pi}\,\sigma_1}e^{-\frac{(x-\mu_1)^2}{2\sigma_1^2}}, \quad f_Y(y) = \frac{1}{\sqrt{2\pi}\,\sigma_2}e^{-\frac{(x-\mu_2)^2}{2\sigma_2^2}},$$

所以 $X \sim N(\mu_1,\sigma_1^2),Y \sim N(\mu_2,\sigma_2^2)$.

注 1 从上面的结果不难看到二维正态分布的两个边缘分布都是正态分布,并且都不依赖于参数 ρ.这一事实又一次表明,仅有关于 X 和 Y 的边缘分布,一般来说不能确定随机变量 (X,Y) 的联合分布.

注 2 即使 (X,Y) 不服从二维正态分布,其边缘分布也可能是正态分布,下面的例子说明了这一情况.

例 3.1.6 设二维随机变量 (X,Y) 的联合概率密度为

$$f(x,y) = \frac{1}{2\pi}e^{-\frac{x^2+y^2}{2}}(1+\sin x\sin y), \quad -\infty<x<+\infty,-\infty<y<+\infty,$$

求 (X,Y) 的边缘概率密度 $f_X(x)$ 和 $f_Y(y)$.

解 由边缘概率密度的公式,可得

$$f_X(x) = \int_{-\infty}^{+\infty}\frac{1}{2\pi}e^{-\frac{x^2+y^2}{2}}(1+\sin x\sin y)\,\mathrm{d}y = \frac{1}{2\pi}e^{-\frac{x^2}{2}}\int_{-\infty}^{+\infty}e^{-\frac{y^2}{2}}\mathrm{d}y = \frac{1}{\sqrt{2\pi}}e^{-\frac{x^2}{2}},$$

同理可得

$$f_Y(y) = \frac{1}{\sqrt{2\pi}} e^{-\frac{y^2}{2}}.$$

由此可见,$X \sim N(0,1)$,$Y \sim N(0,1)$,但(X,Y)并不服从二维正态分布.

3.2 二维随机变量的条件分布

随机变量的条件分布指的是在给定的条件下随机变量的概率分布.条件分布的相关问题包括在给定条件下求其中一个随机变量的概率分布,以及研究条件分布和联合分布之间的关系等.比如,当前零售商非常关注"新零售"的商业模式,商家如果想做到对市场科学布局、有的放矢,对所销售的商品,不仅需要了解线上、线下的销量分布,而且需要预测在线上销量已知的条件下线下销量的分布;再比如,对于某年龄段儿童生长发育情况的研究,不仅需要关注该群体身高、体重的整体分布情况,而且需要研究在给定身高的条件下体重的分布,或者在给定体重的条件下身高的分布等.我们仍就离散型和连续型两种情形分别讨论这类问题.

3.2.1 二维离散型随机变量的条件分布

案例 3.2.1 某零售商根据以往的销售情况的统计经验可知,某种商品一天内线上、线下的销量的联合分布律如下表所示,其中 X,Y 分别表示线上、线下的销量.

p_{ij}		X			$p_{\cdot j}$
		0	1	2	
	0	0.05	0.05	0.1	0.2
Y	1	0.1	0.2	0.2	0.5
	2	0.15	0.1	0.05	0.3
$p_{i\cdot}$		0.3	0.35	0.35	1

该零售商希望了解某日线上系统由于故障关闭时,线下销量的概率分布是怎样的?

分析 不难理解线上系统关闭相当于事件$\{X=0\}$发生,问题转化为在$\{X=0\}$的条件下求随机变量 Y 的概率分布.类似这种问题就是求离散型随机变量的条件分布问题.下面给出在一般情形下离散型随机变量的条件分布的概念.

设二维离散型随机变量(X,Y)的联合分布律为

$$P(X=x_i,Y=y_j)=p_{ij}, \quad i,j=1,2,\cdots,$$

(X,Y)关于X和关于Y的边缘分布律分别为

$$p_{i\cdot}=P(X=x_i)=\sum_j p_{ij}, \quad i=1,2,\cdots,$$

$$p_{\cdot j}=P(Y=y_j)=\sum_i p_{ij}, \quad j=1,2,\cdots.$$

当$p_{\cdot j}>0$时,在事件$\{Y=y_j\}$已经发生的条件下事件$\{X=x_i\}$发生的条件概率

$$P(X=x_i \mid Y=y_j)=\frac{P(X=x_i,Y=y_j)}{P(Y=y_j)}=\frac{p_{ij}}{p_{\cdot j}}, \quad i=1,2,\cdots,$$

故引入以下定义.

定义 3.2.1 设有二维离散型随机变量(X,Y),对于固定的j,若$P(Y=y_j)>0$,则称

$$P(X=x_i \mid Y=y_j)=\frac{P(X=x_i,Y=y_j)}{P(Y=y_j)}=\frac{p_{ij}}{p_{\cdot j}}, \quad i=1,2,\cdots$$

为在$\{Y=y_j\}$的条件下X的条件分布律.

同样,对于固定的i,若$P(X=x_i)>0$,则称

$$P(Y=y_j \mid X=x_i)=\frac{P(X=x_i,Y=y_j)}{P(X=x_i)}=\frac{p_{ij}}{p_{i\cdot}}, \quad j=1,2,\cdots$$

为在$\{X=x_i\}$的条件下Y的条件分布律.

条件分布律满足概率分布律的性质,比如:

(1) $P(X=x_i \mid Y=y_j)\geqslant 0$;

(2) $\sum_i P(X=x_i \mid Y=y_j)=\sum_i \frac{p_{ij}}{p_{\cdot j}}=\frac{1}{p_{\cdot j}}\sum_i p_{ij}=1.$

此外,条件分布律也有乘法公式和全概率公式:

(1) $P(X=x_i,Y=y_j)=P(Y=y_j)P(X=x_i \mid Y=y_j),i,j=1,2,\cdots;$

(2) $P(X=x_i)=\sum_j P(Y=y_j)P(X=x_i \mid Y=y_j),i=1,2,\cdots.$

以上仅列举了条件分布具有代表性的一些性质,它们对于计算概率有着重要的作用,其他更多性质留给读者总结.

案例 3.2.1 解

根据前面的分析,问题变为求在$\{X=0\}$的条件下随机变量Y的条件分布律.由条件分布的定义,有

$$P(Y=0 \mid X=0)=\frac{0.05}{0.3}=\frac{1}{6},$$

$$P(Y=1 \mid X=0) = \frac{0.1}{0.3} = \frac{1}{3},$$

$$P(Y=2 \mid X=0) = \frac{0.15}{0.3} = \frac{1}{2},$$

也可以用表格表示上述条件分布律:

$Y=j \mid X=0$	0	1	2
$P(Y=j \mid X=0)$	$\frac{1}{6}$	$\frac{1}{3}$	$\frac{1}{2}$

案例 3.2.2(续案例 3.1.2) 某大型超市开展促销活动,考虑"无放回摸球"的抽奖方式,求在第一次没抽到奖的条件下(获得奖励的价值为零),第二次获奖励价值的概率分布律.

解 仍然沿用案例 3.1.2 中建立的随机变量,即

$$X = \begin{cases} 200, & \text{第一次摸到红球,} \\ 0, & \text{第一次摸到白球,} \end{cases} \quad Y = \begin{cases} 200, & \text{第二次摸到红球,} \\ 0, & \text{第二次摸到白球.} \end{cases}$$

问题变为求在 $\{X=0\}$ 的条件下 Y 的条件分布律.由前述讨论知,"无放回摸球"下 (X,Y) 的联合分布律与边缘分布律如下表所示:

p_{ij}		X		$p_{\cdot j}$
		0	200	
Y	0	$\frac{89}{110}$	$\frac{1}{11}$	$\frac{9}{10}$
	200	$\frac{1}{11}$	$\frac{1}{110}$	$\frac{1}{10}$
$p_{i\cdot}$		$\frac{9}{10}$	$\frac{1}{10}$	1

容易计算在 $\{X=0\}$ 的条件下 Y 的条件分布律,即

$$P(Y=0 \mid X=0) = \frac{89/110}{9/10} = \frac{89}{99}, \quad P(Y=200 \mid X=0) = \frac{1/11}{9/10} = \frac{10}{99},$$

也可以用列表的形式表示如下:

$Y=j \mid X=0$	0	200
$P(Y=j \mid X=0)$	$\frac{89}{99}$	$\frac{10}{99}$

3.2.2 二维连续型随机变量的条件分布

案例 3.2.3(续案例 3.1.4) 根据某地区公众健康研究机构的统计结果,本地 25~30 岁成年男性的 BMI 值 X 和甘油三酯指标 Y 服从二维正态分布,即 $(X,Y) \sim N(21.95, 7.07; 10.67, 4.76; 0.75)$. 如果已知某人的 BMI 值 $X=21$,能否做到无须测量,就知道他的甘油三酯指标 Y 的概率分布情况?

分析 问题即求在 $\{X=21\}$ 的条件下 Y 的概率分布.

在解决上述案例问题之前,我们需要讨论二维连续型随机变量 (X,Y) 的条件分布问题,为了方便起见,先给出相关记号.设二维随机变量 (X,Y) 的联合概率密度为 $f(x,y)$,X 与 Y 的边缘概率密度分别为 $f_X(x)$ 与 $f_Y(y)$.对于任意实数 x,y,记 $f_{X|Y}(x|y)$ 为在 $\{Y=y\}$ 的条件下随机变量 X 的条件概率密度;$f_{Y|X}(y|x)$ 为在 $\{X=x\}$ 的条件下随机变量 Y 的条件概率密度.

我们知道,当 (X,Y) 为二维连续型随机变量时,随机事件 $\{X=x\}$ 和 $\{Y=y\}$ 发生的概率都是 0,所以无法直接用条件概率公式得到条件分布,此时可以考虑从概率密度本身的特点来讨论.首先看下面的引例.

引例 设平面区域 $G = \{(x,y) \mid x^2+y^2 \leqslant r^2\}$,二维随机变量 (X,Y) 在 G 上服从均匀分布,求条件概率密度 $f_{X|Y}(x|y)$ 与 $f_{Y|X}(y|x)$.

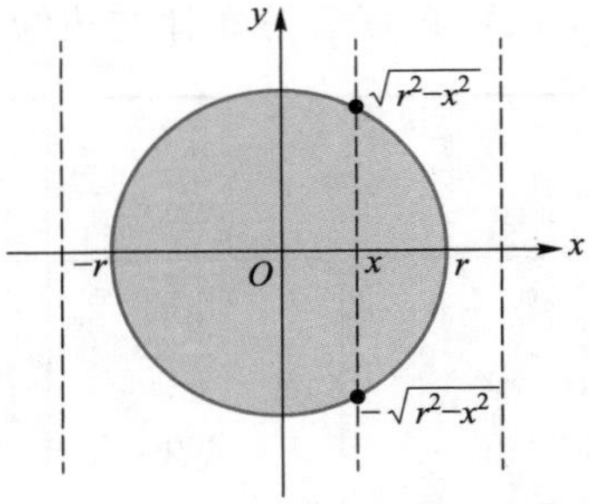

如图 3.2.1,因为 (X,Y) 在区域 G 上服从均匀分布,不难理解,在 $\{X=x\}$ 的条件下,如果 x 不在区间 $(-r,r)$ 内,随机变量 Y 几乎没有分布,这时没有必要讨论条件分布;而当 $-r<x<r$ 时,随机变量 Y 显然在 $(-\sqrt{r^2-x^2}, \sqrt{r^2-x^2})$ 内服从均匀分布,因此,不难得到:当 $-r<x<r$ 时,

图 3.2.1

$$f_{Y|X}(y|x) = \begin{cases} \dfrac{1}{2\sqrt{r^2-x^2}}, & -\sqrt{r^2-x^2} < y < \sqrt{r^2-x^2}, \\ 0, & \text{其他}. \end{cases}$$

同理,当 $-r<y<r$ 时,

$$f_{X|Y}(x|y) = \begin{cases} \dfrac{1}{2\sqrt{r^2-y^2}}, & -\sqrt{r^2-y^2} < x < \sqrt{r^2-y^2}, \\ 0, & \text{其他}. \end{cases}$$

从以上的引例可以看到,两个条件概率密度完全由 (X,Y) 在平面内服从的

分布确定,同时我们也不难验证下面的结论(验证过程留作习题):

当 $-r<y<r$ 时, $f_{Y|X}(y|x)=\dfrac{f(x,y)}{f_X(x)}$;

当 $-r<y<r$ 时, $f_{X|Y}(x|y)=\dfrac{f(x,y)}{f_Y(y)}$.

注意到引例中的均匀分布比较简单,也容易理解.一般的二维连续型随机变量的条件分布相对复杂,但同样也可以通过图形直观地给出结论.

一般地,设二维随机变量(X,Y)的联合概率密度为$f(x,y)$,如图 3.2.2 所示,当随机变量 X 取定 x 时,样本点只能是过 xOy 平面上点$(x,0)$且垂直于 x 轴的直线上的点,如图 3.2.3 所示,此时样本点仅依赖于随机变量 Y 而变化.同时这条直线上的分布显然是基于(X,Y)的联合分布的,不难理解其上各点的概率密度与原来对应点的联合概率密度 $f(x,y)$ 成比例,并且同一条直线上的概率密度必须满足规范性(即在整条直线上对 $f(x,y)$ 的积分等于1),要求该直线上的概率密度只需要将 $f(x,y)$ 除以其在整条直线上的积分 $\displaystyle\int_{-\infty}^{+\infty}f(x,y)\,\mathrm{d}y$ 即可,而这个积分正是 $f_X(x)$,由此得到在 $\{X=x\}$ 的条件下 Y 的条件概率密度为 $f_{Y|X}(y|x)=\dfrac{f(x,y)}{f_X(x)}$;同理,在 $\{Y=y\}$ 的条件下 X 的条件概率密度为 $f_{X|Y}(x|y)=\dfrac{f(x,y)}{f_Y(y)}$.由此可以给出连续型随机变量条件分布的一般定义.

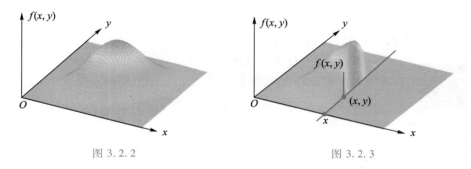

图 3.2.2   图 3.2.3

定义 3.2.2 设二维随机变量(X,Y)的联合概率密度为$f(x,y)$,X 与 Y 的边缘概率密度分别为$f_X(x)$与$f_Y(y)$.当$f_Y(y)>0$ 时,则称$\dfrac{f(x,y)}{f_Y(y)}$为在 $\{Y=y\}$ 的条件下 X 的条件概率密度,记为

$$f_{X|Y}(x \mid y) = \frac{f(x,y)}{f_Y(y)}, \quad -\infty < x < +\infty,$$

称

$$F_{X|Y}(x \mid y) = \int_{-\infty}^{x} \frac{f(u,y)}{f_Y(y)} \mathrm{d}u, \quad -\infty < x < +\infty;$$

为在$\{Y=y\}$的条件下X的条件分布函数.

当$f_X(x) > 0$时,在$\{X=x\}$的条件下Y的条件概率密度与条件分布函数分别为

$$f_{Y|X}(y \mid x) = \frac{f(x,y)}{f_X(x)}, \quad -\infty < y < +\infty,$$

$$F_{Y|X}(y \mid x) = \int_{-\infty}^{y} \frac{f(x,v)}{f_X(x)} \mathrm{d}v, \quad -\infty < y < +\infty.$$

注 连续型随机变量的条件分布问题也可以从条件分布函数的定义出发进行讨论,可查阅参考文献[1].

案例 3.2.3 解

根据连续型随机变量条件概率密度的定义,要求在$\{X=21\}$的条件下Y的分布,只要求出$f_{Y|X}(y \mid x=21)$即可.这里我们直接利用二维正态分布的条件概率密度的结论,即

$$f_{Y|X}(y \mid x) = \frac{1}{\sqrt{2\pi}\,\sigma_2\sqrt{1-\rho^2}} e^{-\frac{1}{2\sigma_2^2(1-\rho^2)}\left[y-\left(\mu_2+\rho\frac{\sigma_2}{\sigma_1}(x-\mu_1)\right)\right]^2},$$

通过代入相关参数,化简得

$$f_{Y|X}(y \mid x=21) = \frac{1}{1.44\sqrt{2\pi}} e^{-\frac{1}{4.15}(x-10.05)^2},$$

所以,当$\{X=21\}$时,甘油三酯指标Y服从正态分布$N(10.05, 1.44^2)$.

二维正态分布的条件概率密度

例 3.2.1 已知二维随机变量(X,Y),当$y>0$时,在$\{Y=y\}$的条件下X的条件概率密度为

$$f_{X|Y}(x \mid y) = \frac{f(x,y)}{f_Y(y)} = \begin{cases} \dfrac{1}{y}, & 0<x<y, \\ 0, & \text{其他}, \end{cases}$$

关于随机变量Y的边缘概率密度为

$$f_Y(y) = \int_{-\infty}^{+\infty} f(x,y)\mathrm{d}x = \begin{cases} y\mathrm{e}^{-y}, & y>0, \\ 0, & y\leqslant 0. \end{cases}$$

(1)求随机变量(X,Y)的联合概率密度;

(2)求(X,Y)关于随机变量X的边缘概率密度以及条件分布函数$F_{X|Y}(x \mid y=4)$.

解　（1）由 $f_{X\mid Y}(x\mid y)=\dfrac{f(x,y)}{f_Y(y)}$ 以及已知条件,易得 (X,Y) 的联合概率密度为

$$f(x,y)=\begin{cases} \mathrm{e}^{-y}, & 0<x<y, \\ 0, & 其他. \end{cases}$$

（2）

$$f_X(x)=\int_{-\infty}^{+\infty}f(x,y)\,\mathrm{d}y=\begin{cases}\displaystyle\int_x^{+\infty}\mathrm{e}^{-y}\mathrm{d}y, & x>0, \\ 0, & x\leqslant 0\end{cases}=\begin{cases}\mathrm{e}^{-x}, & x>0, \\ 0, & x\leqslant 0.\end{cases}$$

由已知条件易得

$$f_{X\mid Y}(x\mid y=4)=\begin{cases}\dfrac{1}{4}, & 0<x<4, \\[2mm] 0, & 其他.\end{cases}$$

由此

$$F_{X\mid Y}(x\mid y=4)=P(X<x\mid y=4)=\int_{-\infty}^{x}f_{X\mid Y}(x\mid y=4)\,\mathrm{d}x=\begin{cases}0, & x<0, \\[1mm] \dfrac{x}{4}, & 0\leqslant x<4, \\[2mm] 1, & x\geqslant 4.\end{cases}$$

3.3　随机变量的独立性

案例 3.3.1（续案例 3.1.2）　某大型超市开展促销活动,考虑"有放回摸球"的抽奖方式.请问在这种抽奖方式中,第一次抽奖获得奖励的价值与第二次抽奖获得奖励的价值相互独立吗？

解　沿用案例 3.1.2 中建立的随机变量,即

$$X=\begin{cases}200, & 第一次摸到红球, \\ 0, & 第一次摸到白球,\end{cases} \qquad Y=\begin{cases}200, & 第二次摸到红球, \\ 0, & 第二次摸到白球.\end{cases}$$

由前述讨论已知,在"有放回摸球"下 (X,Y) 的联合分布律与边缘分布律如下表所示：

p_{ij}		X		$p_{\cdot j}$
		0	200	
Y	0	$\dfrac{81}{100}$	$\dfrac{9}{100}$	$\dfrac{9}{10}$
	200	$\dfrac{9}{100}$	$\dfrac{1}{100}$	$\dfrac{1}{10}$
$p_{i\cdot}$		$\dfrac{9}{10}$	$\dfrac{1}{10}$	1

易知,在$\{X=0\}$和$\{X=200\}$的条件下Y的条件分布律分别如下表所示:

$Y=j \mid X=0$	0	200
$P(Y=j \mid X=0)$	$\dfrac{9}{10}$	$\dfrac{1}{10}$

$Y=j \mid X=200$	0	200
$P(Y=j \mid X=200)$	$\dfrac{9}{10}$	$\dfrac{1}{10}$

也就是说,无论已知X取何值,Y的条件分布律不会发生变化,即X的取值不会影响Y的分布.事实上,不难验证,Y的取值不会影响X的分布.我们称这种情况为X与Y相互独立.下面给出两个随机变量相互独立的一般定义.

  定义 3.3.1 设(X,Y)是二维随机变量,若对于任意实数x,y,都有$P(X\leqslant x,Y\leqslant y)=P(X\leqslant x)P(Y\leqslant y)$,则称随机变量$X$与$Y$相互独立.

  由定义可见,若二维随机变量(X,Y)的联合分布函数为$F(x,y)$,其关于X和Y的边缘分布函数分别为$F_X(x)$和$F_Y(y)$,则X与Y相互独立等价于对任意实数x,y,都有

$$F(x,y)=F_X(x)F_Y(y).$$

下面不加证明地给出随机变量相互独立性的一些判别方法.

  定理 3.3.1 (1)若(X,Y)为二维离散型随机变量,其联合分布律为

$$P(X=x_i,Y=y_j)=p_{ij},\quad i,j=1,2,\cdots,$$

则X和Y相互独立的充分必要条件为

$$P(X=x_i,Y=y_j)=P(X=x_i)P(Y=y_j),\quad i,j=1,2,\cdots,$$

即

$$p_{ij}=p_{i\cdot}\cdot p_{\cdot j},\quad i,j=1,2,\cdots,$$

也就是联合分布律等于边缘分布律的乘积;

  (2)设(X,Y)为二维连续型随机变量,其联合概率密度为$f(x,y)$,而关于X和Y的边缘概率密度分别为$f_X(x)$和$f_Y(y)$,则X与Y相互独立的充分必要条

件为

$$f(x,y)=f_X(x)f_Y(y)$$

在一切连续点上成立,即联合概率密度等于边缘概率密度的乘积;

(3)若随机变量 X 与 Y 相互独立, $g_1(x)$ 与 $g_2(y)$ 是两个确定函数,则 $g_1(X),g_2(Y)$ 也相互独立.

例 3.3.1 已知随机变量 (X,Y) 的联合分布律为

p_{ij}		Y		
		1	2	3
X	1	$\dfrac{1}{3}$	a	b
	2	$\dfrac{1}{6}$	$\dfrac{1}{9}$	$\dfrac{1}{18}$

试确定常数 a,b,使得 X 与 Y 相互独立.

解 先求出 (X,Y) 关于 X 与 Y 的边缘分布律,见下表的最后一行与最后一列:

p_{ij}		Y			$p_{\cdot j}$
		1	2	3	
X	1	$\dfrac{1}{3}$	a	b	$a+b+\dfrac{1}{3}$
	2	$\dfrac{1}{6}$	$\dfrac{1}{9}$	$\dfrac{1}{18}$	$\dfrac{1}{3}$
$p_{i\cdot}$		$\dfrac{1}{2}$	$a+\dfrac{1}{9}$	$b+\dfrac{1}{18}$	

要使得 X 与 Y 相互独立,可用关系

$$P(X=x_i,Y=y_j)=P(X=x_i)P(Y=y_j)$$

确定常数 a,b.由

$$P(X=2,Y=2)=P(X=2)P(Y=2),$$
$$P(X=2,Y=3)=P(X=2)P(Y=3),$$

即

$$\frac{1}{9} = \frac{1}{3} \times \left(a + \frac{1}{9} \right), \quad \frac{1}{18} = \frac{1}{3} \times \left(b + \frac{1}{18} \right),$$

解得

$$a = \frac{2}{9}, b = \frac{1}{9}.$$

案例 3.3.2(掷骰子游戏)　某游戏规定:同时掷两枚骰子,直到首次出现点数之和为 4 或者点数之和为 7 时游戏停止.如果停止时出现点数之和为 4,则甲赢;如果停止时出现点数之和为 7,则乙赢.令

$$X = \begin{cases} 1, & \text{甲赢}, \\ 0, & \text{乙赢}, \end{cases} \quad Y = \text{"游戏停止时掷骰子的总次数"},$$

试问:随机变量 X, Y 是否相互独立?

解　假设掷两枚骰子,容易计算出现点数之和为 4 的概率是 $\frac{3}{36} = \frac{1}{12}$,点数之和为 7 的概率是 $\frac{6}{36} = \frac{1}{6}$,既不是 4 也不是 7 的概率为 $1 - \frac{1}{12} - \frac{1}{6}$,并且每次都是投掷两枚骰子,各次骰子出现的结果相互独立,事件 $\{X = 1, Y = n\}$ 表示"第 n 次点数之和为 4,前 $n-1$ 次点数之和不是 4 也不是 7",故

$$P(X = 1, Y = n) = \left(1 - \frac{1}{12} - \frac{1}{6} \right)^{n-1} \cdot \frac{1}{12} = \left(\frac{3}{4} \right)^{n-1} \cdot \frac{1}{12}.$$

事件 $\{X = 0, Y = n\}$ 表示"第 n 次点数之和为 7,前 $n-1$ 次点数之和不是 4 也不是 7",故

$$P(X = 0, Y = n) = \left(1 - \frac{1}{12} - \frac{1}{6} \right)^{n-1} \cdot \frac{1}{6} = \left(\frac{3}{4} \right)^{n-1} \cdot \frac{1}{6}.$$

从而

$$P(X = 1) = \sum_{n=1}^{\infty} \left(\frac{3}{4} \right)^{n-1} \cdot \frac{1}{12} = \frac{1}{3}, \quad P(X = 0) = \sum_{n=1}^{\infty} \left(\frac{3}{4} \right)^{n-1} \cdot \frac{1}{6} = \frac{2}{3},$$

并且

$$P(Y = n) = \left(\frac{3}{4} \right)^{n-1} \cdot \frac{1}{4}, \quad n = 1, 2, \cdots,$$

于是

$$P(X = 1, Y = n) = P(X = 1) P(Y = n), \quad P(X = 0, Y = n) = P(X = 0) P(Y = n).$$

根据定义可知随机变量 X, Y 是相互独立的.

例 3.3.2　已知随机变量 (X, Y) 的联合概率密度如下:

$$(1)\ f(x, y) = \begin{cases} 6xy, & x^2 \leq y \leq 1, x \geq 0, \\ 0, & \text{其他}, \end{cases}$$

（2）$f(x,y)=\begin{cases}4xy, & 0<x<1,0<y<1,\\ 0, & 其他,\end{cases}$

试问随机变量 X 与 Y 是否相互独立？

解 （1）二维随机变量 (X,Y) 的两个边缘概率密度为

$$f_X(x)=\int_{-\infty}^{+\infty}f(x,y)\,\mathrm{d}y=\begin{cases}\int_{x^2}^{1}6xy\,\mathrm{d}y, & -1<x<1,\\ 0, & 其他\end{cases}$$

$$=\begin{cases}3x(1-x^4), & -1<x<1,\\ 0, & 其他,\end{cases}$$

$$f_Y(y)=\int_{-\infty}^{+\infty}f(x,y)\,\mathrm{d}x=\begin{cases}\int_{0}^{\sqrt{y}}6xy\,\mathrm{d}x, & 0<y<1,\\ 0, & 其他\end{cases}=\begin{cases}3y^2, & 0<y<1,\\ 0, & 其他,\end{cases}$$

显然 $f(x,y)=f_X(x)f_Y(y)$ 不成立，由定理 3.3.1，X 与 Y 不相互独立.

（2）二维随机变量 (X,Y) 的两个边缘概率密度为

$$f_X(x)=\begin{cases}2x, & 0<x<1,\\ 0, & 其他,\end{cases}\qquad f_Y(y)=\begin{cases}2y, & 0<y<1,\\ 0, & 其他,\end{cases}$$

$f(x,y)=f_X(x)f_Y(y)$ 成立，由定理 3.3.1，X 与 Y 相互独立.

注意到，在例 3.3.2 中，（2）的联合概率密度可以分离变量表示为 $f(x,y)=r(x)g(y)$，事实上，关于这种情况可以得到一般的判断两个连续型随机变量是否相互独立的方法，即下面的独立性定理.

定理 3.3.2（独立性定理） 设 (X,Y) 是二维连续型随机变量，$f(x,y)$ 是 (X,Y) 的联合概率密度，则 X 与 Y 相互独立的充分必要条件是存在非负可积函数 $r(x)$ 和 $g(y)$，使得

$$f(x,y)=r(x)g(y)$$

在一切连续点上成立.这时

$$f_X(x)=\frac{r(x)}{\displaystyle\int_{-\infty}^{+\infty}r(x)\,\mathrm{d}x},\qquad f_Y(y)=\frac{g(y)}{\displaystyle\int_{-\infty}^{+\infty}g(y)\,\mathrm{d}y}.$$

证明 必要性显然.

下面证明充分性，由边缘概率密度的公式，

$$f_X(x)=\int_{-\infty}^{+\infty}f(x,y)\,\mathrm{d}y=\int_{-\infty}^{+\infty}r(x)g(y)\,\mathrm{d}y=r(x)\int_{-\infty}^{+\infty}g(y)\,\mathrm{d}y=cr(x),$$

又因为概率密度 $f_X(x)$ 满足规范性，所以

$$\int_{-\infty}^{+\infty}f_X(x)\,\mathrm{d}x=c\int_{-\infty}^{+\infty}r(x)\,\mathrm{d}x=1,$$

即

$$c = \frac{1}{\int_{-\infty}^{+\infty} r(x)\mathrm{d}x},$$

从而得到

$$f_X(x) = \frac{r(x)}{\int_{-\infty}^{+\infty} r(x)\mathrm{d}x},$$

同理,

$$f_Y(y) = \frac{g(y)}{\int_{-\infty}^{+\infty} g(y)\mathrm{d}y},$$

再由 $f(x,y)$ 满足规范性得

$$\int_{-\infty}^{+\infty} \int_{-\infty}^{+\infty} f(x,y)\mathrm{d}x\mathrm{d}y = \int_{-\infty}^{+\infty} \int_{-\infty}^{+\infty} r(x)g(y)\mathrm{d}x\mathrm{d}y = \int_{-\infty}^{+\infty} r(x)\mathrm{d}x \int_{-\infty}^{+\infty} g(y)\mathrm{d}y = 1,$$

从而得

$$f(x,y) = f_X(x)f_Y(y),$$

因此 X 与 Y 相互独立.

例 3.3.3   已知随机变量 $(X,Y) \sim N(\mu_1, \sigma_1^2; \mu_2, \sigma_2^2; \rho)$,试证:随机变量 X 与 Y 相互独立的充分必要条件是 $\rho = 0$.

证明   因为 (X,Y) 的联合概率密度为

$$f(x,y) = \frac{1}{2\pi\sigma_1\sigma_2\sqrt{1-\rho^2}} \exp\left\{ -\frac{1}{2(1-\rho^2)}\left[\frac{(x-\mu_1)^2}{\sigma_1^2} - 2\rho\frac{(x-\mu_1)(y-\mu_2)}{\sigma_1\sigma_2} + \frac{(y-\mu_2)^2}{\sigma_2^2} \right] \right\},$$

(X,Y) 关于 X 与 Y 的边缘概率密度为

$$f_X(x) = \frac{1}{\sqrt{2\pi}\,\sigma_1}\mathrm{e}^{-\frac{(x-\mu_1)^2}{2\sigma_1^2}}, \quad f_Y(y) = \frac{1}{\sqrt{2\pi}\,\sigma_2}\mathrm{e}^{-\frac{(y-\mu_2)^2}{2\sigma_2^2}},$$

易证,对任意实数 $x,y,f(x,y) = f_X(x)f_Y(y)$ 的充分必要条件为 $\rho = 0$,所以服从二维正态分布的随机变量 (X,Y) 中 X 与 Y 相互独立的充分必要条件是参数 $\rho = 0$.

3.4 n 维随机变量

设 $X_1, X_2, \cdots, X_n$ 是定义在一个样本空间上的 n 个随机变量,则称 $(X_1, X_2, \cdots, X_n)$ 为 n 维随机变量,作为二维随机变量的自然推广,下面简述 n 维随机变量的相关定义与结论.

定义 3.4.1 设 $(X_1,X_2,\cdots,X_n)$ 为 n 维随机变量,对于任意 $x_1,x_2,\cdots,x_n\in\mathbf{R}$,称 $F(x_1,x_2,\cdots,x_n)=P(X_1\le x_2,X_2\le x_2,\cdots,X_n\le x_n)$ 为 n 维随机变量 $(X_1,X_2,\cdots,X_n)$ 的联合分布函数,或简称分布函数.

定义 3.4.2 称 n 维随机变量 $(X_1,X_2,\cdots,X_n)$ 的任意 $k(1\le k\le n)$ 个分量所构成的 k 维随机变量的联合分布函数为 $(X_1,X_2,\cdots,X_n)$ 的 k 维边缘分布函数,特别地,当 $k=1$ 时称为一维边缘分布函数,记作 $F_{X_i}(x_i)(i=1,2,\cdots,n)$.

n 个随机变量独立性的结论也是两个随机变量独立性结论的自然推广.

定义 3.4.3 若 n 维随机变量 $(X_1,X_2,\cdots,X_n)$,对于任意 $x_1,x_2,\cdots,x_n\in\mathbf{R}$,都有 $P(X_1\le x_1,X_2\le x_2,\cdots,X_n\le x_n)=\prod_{i=1}^{n}P(X_i\le x_i)$,则称 $X_1,X_2,\cdots,X_n$ 相互独立,或者,等价地,若联合分布函数 $F(x_1,x_2,\cdots,x_n)$ 与其一维边缘分布函数 $F_{X_i}(x_i)(i=1,2,\cdots,n)$ 满足 $F(x_1,x_2,\cdots,x_n)=F_{X_1}(x_1)F_{X_2}(x_2)\cdots F_{X_n}(x_n)$,其中 $x_1,x_2,\cdots,x_n\in\mathbf{R}$,则称 $X_1,X_2,\cdots,X_n$ 相互独立.

注 1 可以证明,若 n 个随机变量 $X_1,X_2,\cdots,X_n$ 相互独立,则其中任意 $k(2\le k<n)$ 个随机变量也相互独立.

注 2 请读者自行考虑 n 个随机变量与 n 个随机事件相互独立定义的区别.

与二维随机变量类似,可以定义 n 维离散型随机变量与 n 维连续型随机变量.

定义 3.4.4 当随机变量 $(X_1,X_2,\cdots,X_n)$ 在 n 维空间内的所有可能取值有限或可列时,称 $(X_1,X_2,\cdots,X_n)$ 为 n 维离散型随机变量.若 $(X_1,X_2,\cdots,X_n)$ 的所有可能取值为 $(x_{1i_1},x_{2i_2},\cdots,x_{ni_n}),i_1,i_2,\cdots,i_n=1,2,\cdots$,则称 $P(X_1=x_{1i_1},X_2=x_{2i_2},\cdots,X_n=x_{ni_n})(i_1,i_2,\cdots,i_n=1,2,\cdots)$ 为其联合分布律(联合分布列).

定理 3.4.1 n 维离散型随机变量 $(X_1,X_2,\cdots,X_n)$ 中的 n 个分量相互独立的充分必要条件是

$$P(X_1=x_1,X_2=x_2,\cdots,X_n=x_n)=P(X_1=x_1)P(X_2=x_2)\cdots P(X_n=x_n).$$

定义 3.4.5 设 $F(x_1,x_2,\cdots,x_n)$ 为 n 维随机变量的联合分布函数,如果存在非负可积函数 $f(x_1,x_2,\cdots,x_n)$,使得

$$F(x_1,x_2,\cdots,x_n)=\int_{-\infty}^{x_1}\int_{-\infty}^{x_2}\cdots\int_{-\infty}^{x_n}f(u_1,u_2,\cdots,u_n)\,\mathrm{d}u_1\mathrm{d}u_2\cdots\mathrm{d}u_n,$$

则称 $(X_1,X_2,\cdots,X_n)$ 为 n 维连续型随机变量,并称 $f(x_1,x_2,\cdots,x_n)$ 为 $(X_1,X_2,\cdots,X_n)$ 的联合概率密度函数.

定理 3.4.2 n 维连续型随机变量 $(X_1,X_2,\cdots,X_n)$ 的 n 个分量相互独立的充分必要条件是:在任意连续点 $(x_1,x_2,\cdots,x_n)$ 处有

$$f(x_1,x_2,\cdots,x_n)=f_{X_1}(x_1)f_{X_2}(x_2)\cdots f_{X_n}(x_n),\text{其中}\ x_1,x_2,\cdots,x_n\in\mathbf{R}.$$

3.5 多维随机变量函数的分布

案例 3.5.1 某全球购销商出售某种品牌的保健品,设第 i 周的销量为 X_i 件,$i=1,2,\cdots$.假设各周的销量均服从参数为 λ 的 Poisson 分布,并且各周销量相互独立,能否为购销商确定一年销量的分布,如何确定?

分析 如果一年的销量记为 X,并且一年按 52 周计算,那么本案例即当 X_1, $X_2,\cdots,X_{52}$ 的分布已知时,求其函数 $X=X_1+X_2+\cdots+X_{52}$ 的概率分布问题.

一般地,我们将研究当随机变量 $(X_1,X_2,\cdots,X_n)$ 的联合分布已知时,求函数 $Z=g(X_1,X_2,\cdots,X_n)$ 的概率分布问题.

3.5.1 多维离散型随机变量函数的分布

这里仍然以讨论二维离散型随机变量的情形为主.设 (X,Y) 的联合分布律为 $P(X=x_i,Y=y_j)=p_{ij}(i,j=1,2,\cdots)$,$z=g(x,y)$ 是一个二元函数,$Z=g(X,Y)$ 就是随机变量 (X,Y) 的函数.假设 Z 的全部不同取值记为 $z_k(k=1,2,\cdots)$,并且所有使得 $g(x,y)=z_k$ 的点记为 (x_{i_k},y_{j_k}),即 $z_k=g(x_{i_k},y_{j_k})$.不难理解,Z 的分布律可通过下式求得:

$$P(Z=z_k)=P(g(X,Y)=z_k)=\sum_{g(x_{i_k},y_{j_k})=z_k}P(X=x_{i_k},Y=y_{j_k}),k=1,2,\cdots.$$

特别地,当 $Z=X+Y$ 时,

$$P(Z=r)=P(X+Y=r)=\sum_{i=0}^{r}P(X=i,Y=r-i).$$

进一步,当 X 与 Y 相互独立时,若 $P(X=k)=a_k,P(Y=k)=b_k,k=0,1,2,\cdots$,则 $Z=X+Y$ 的分布律为

$$P(Z=r)=\sum_{i=0}^{r}P(X=i)P(Y=r-i)=\sum_{i=0}^{r}a_i b_{r-i}.$$

该公式称为**离散卷积公式**.

例 3.5.1 已知二维随机变量 (X,Y) 的联合分布律为

p_{ij}		Y		
		1	2	3
X	1	$\frac{1}{5}$	0	$\frac{1}{5}$
	2	$\frac{1}{5}$	$\frac{1}{5}$	$\frac{1}{5}$

求 $Z_1 = X + Y$ 和 $Z_2 = \max\{X, Y\}$ 的分布律.

解 易知 Z_1 的全部不同取值为 $2, 3, 4, 5$, 而

$$P(Z_1 = 2) = P(X + Y = 2) = P(X = 1, Y = 1) = \frac{1}{5},$$

$$P(Z_1 = 3) = P(X = 1, Y = 2) + P(X = 2, Y = 1) = \frac{1}{5},$$

$$P(Z_1 = 4) = P(X = 2, Y = 2) + P(X = 1, Y = 3) = \frac{2}{5},$$

$$P(Z_1 = 5) = P(X = 2, Y = 3) = \frac{1}{5},$$

所以 Z_1 的分布律为

Z_1	2	3	4	5
P	$\frac{1}{5}$	$\frac{1}{5}$	$\frac{2}{5}$	$\frac{1}{5}$

Z_2 的全部不同取值为 $1, 2, 3$, 而

$$P(Z_2 = 1) = P(X = 1, Y = 1) = \frac{1}{5},$$

$$P(Z_2 = 2) = P(X = 1, Y = 2) + P(X = 2, Y = 1) + P(X = 2, Y = 2) = \frac{2}{5},$$

$$P(Z_2 = 3) = P(X = 1, Y = 3) + P(X = 2, Y = 3) = \frac{2}{5},$$

所以 Z_2 的分布律为

Z_2	1	2	3
P	$\frac{1}{5}$	$\frac{2}{5}$	$\frac{2}{5}$

回到本节开始的案例 3.5.1, 利用离散卷积公式来解答这个问题.

案例 3.5.1 解

我们先看两周销量 $X = X_1 + X_2$ 的分布, 容易知道 X 的可能取值为 $0, 1, 2, \cdots, k, \cdots$, 并且

$$P(X = k) = P(X_1 + X_2 = k) = \sum_{i=0}^{k} P(X_1 = i, X_2 = k - i)$$

$$= \sum_{i=0}^{k} \frac{\lambda^i}{i!} e^{-\lambda} \frac{\lambda^{k-i}}{(k-i)!} e^{-\lambda} = \frac{(2\lambda)^k}{k!} e^{-2\lambda}, \quad k=0,1,2,\cdots,$$

上式的结果说明 $X_1+X_2 \sim P(2\lambda)$. 用数学归纳法,类似可证得 $X_1+X_2+\cdots+X_{52} \sim P(52\lambda)$. 事实上,这说明了 Poisson 分布具有可加性. 更一般地,我们有如下结论:

（1）Poisson 分布的可加性

若随机变量 X 与 Y 相互独立,且都服从 Poisson 分布,即 $X \sim P(\lambda_1)$, $Y \sim P(\lambda_2)$,则其和也服从 Poisson 分布,即 $X+Y \sim P(\lambda_1+\lambda_2)$.

（2）二项分布的可加性

若随机变量 X 与 Y 相互独立,且都服从二项分布,即 $X \sim B(n,p)$, $Y \sim B(m,p)$,则其和 $X+Y$ 也服从二项分布,即 $X+Y \sim B(n+m,p)$.

以上两结论的证明作为习题供读者练习.

3.5.2　多维连续型随机变量函数的分布

案例 3.5.2　令 $S(n)$ 表示从某时刻开始 $n(n \geq 1)$ 周后某证券的价格,一个比较流行的证券价格的动态规律认为股价比例 $\dfrac{S(n)}{S(n-1)}(n \geq 1)$ 为独立同分布的对数正态随机变量,即 $\ln\left(\dfrac{S(n)}{S(n-1)}\right) \sim N(\mu, \sigma^2)$. 根据统计分析的结果,某证券价格遵循这个动态规律,其中参数 $\mu = 0.016\,5$, $\sigma = 0.073\,0$. 求:

（1）接下来两周该证券价格都上涨的概率;

（2）两周后证券价格比现在高的概率.（本案例留作习题.）

对于类似上述案例中的问题,一般的解决方法需用到下面所介绍的多维连续型随机变量函数的分布. 下面我们以二维情形为例,给出一般方法（常称为分布函数法）.

设 (X,Y) 的联合概率密度为 $f(x,y)$, $z=g(x,y)$ 是一个二元函数. 令 $Z=g(X,Y)$,由分布函数的定义,不难理解 Z 的分布函数为

$$F_Z(z) = P(Z \leq z) = P(g(X,Y) \leq z) = \iint_{g(x,y) \leq z} f(x,y) \,\mathrm{d}x\mathrm{d}y.$$

如果我们求出一个非负可积函数 $f_Z(z)$,使得

$$F_Z(z) = \int_{-\infty}^{z} f_Z(u) \,\mathrm{d}u,$$

那么随机变量函数 $Z=g(X,Y)$ 的概率密度为

$$f_Z(z) = F_Z'(z).$$

然而,对于大多数的二元函数 $z=g(x,y)$, $F_Z(z)$ 的计算比较复杂, $f_Z(z)$ 也不一定存在,为此,下面就几个具体的函数进行讨论.

1. 和的分布

案例 3.5.3　医院某专家出门诊,该专家对每个患者的诊断过程包括初诊以及检查(验血、拍片等)后的复诊.假设对每个患者的初诊时间(单位:min)记为 X,复诊时间(单位:min)记为 Y,并且 $(X,Y) \sim N(\mu_1,\sigma_1^2;\mu_2,\sigma_2^2;\rho)$,你能否给出专家对每个患者诊断(初诊及复诊)需要总时长 Z 的概率分布.

分析　显然 $Z=X+Y$,案例中的问题就变为求 Z 的概率分布.这是一个典型的连续型随机变量之和的分布问题.下面我们首先给出随机变量之和的分布的一般结果.

设 (X,Y) 为连续型随机变量,其联合概率密度为 $f(x,y)$,令 $Z=X+Y$,则

$$F_Z(z) = P(Z \leqslant z) = P(X+Y \leqslant z) = \iint\limits_{x+y \leqslant z} f(x,y)\mathrm{d}x\mathrm{d}y$$

$$= \int_{-\infty}^{+\infty}\mathrm{d}x\int_{-\infty}^{z-x} f(x,y)\mathrm{d}y = \int_{-\infty}^{+\infty}\mathrm{d}y\int_{-\infty}^{z-y} f(x,y)\mathrm{d}x,$$

从而

$$f_Z(z) = \int_{-\infty}^{+\infty} f(x,z-x)\mathrm{d}x = \int_{-\infty}^{+\infty} f(z-y,y)\mathrm{d}y.$$

特别地,若 X,Y 相互独立,则

$$f_Z(z) = \int_{-\infty}^{+\infty} f_X(x)f_Y(z-x)\mathrm{d}x$$

$$= \int_{-\infty}^{+\infty} f_X(z-y)f_Y(y)\mathrm{d}y \triangleq f_X * f_Y(z),$$

函数 $f_Z(z)$ 被称为函数 $f_X(x)$ 与 $f_Y(y)$ 的卷积,记作 $f_X * f_Y(z)$.接下来我们讨论更一般的随机变量的线性函数的分布.

设 $Z=aX+bY+c$,其中 a,b,c 为常数, $a,b \neq 0$,则 Z 的概率密度为

$$f_Z(z) = \frac{1}{|b|}\int_{-\infty}^{+\infty} f\left(t,\frac{z-at-c}{b}\right)\mathrm{d}t = \frac{1}{|a|}\int_{-\infty}^{+\infty} f\left(\frac{z-bt-c}{a},t\right)\mathrm{d}t.$$

事实上,随机变量的线性函数的分布是和的分布的推广,其概率密度的推导方法类似于和的分布,留给有兴趣的读者作为练习.

下面,我们利用上述结论解决案例 3.5.3.

案例 3.5.3 解

根据案例中的假设知 $(X,Y) \sim N(\mu_1,\sigma_1^2;\mu_2,\sigma_2^2;\rho)$,则 Z 的概率密度为

$$f_Z(z) = \int_{-\infty}^{+\infty} f(x,z-x)\mathrm{d}x$$

$$= \int_{-\infty}^{+\infty} \frac{1}{2\pi\sigma_1\sigma_2\sqrt{1-\rho^2}} \exp\left\{-\frac{1}{2(1-\rho^2)}\left[\frac{(x-\mu_1)^2}{\sigma_1^2}-\right.\right.$$

$$2\rho\frac{(x-\mu_1)(z-x-\mu_2)}{\sigma_1\sigma_2}+\frac{(z-x-\mu_2)^2}{\sigma_2^2}\left]\right\}\mathrm{d}x$$

$$=\frac{1}{\sqrt{2\pi}\sqrt{\sigma_1^2+2\rho\sigma_1\sigma_2+\sigma_2^2}}e^{-\frac{[z-(\mu_1+\mu_2)]^2}{2(\sigma_1^2+2\rho\sigma_1\sigma_2+\sigma_2^2)}}.$$

于是 Z 也服从正态分布,即

$$Z\sim N(\mu_1+\mu_2,\sigma_1^2+2\rho\sigma_1\sigma_2+\sigma_2^2).$$

特别地,如果初诊时间与复诊时间相互独立,即 $X\sim N(\mu_1,\sigma_1^2)$,$Y\sim N(\mu_2,\sigma_2^2)$,并且 X 与 Y 相互独立,则

$$f_Z(z)=\int_{-\infty}^{+\infty}f_X(x)f_Y(z-x)\,\mathrm{d}x$$

$$=\int_{-\infty}^{+\infty}\frac{1}{\sqrt{2\pi}\sigma_1}e^{-\frac{(x-\mu_1)^2}{2\sigma_1^2}}\frac{1}{\sqrt{2\pi}\sigma_2}e^{-\frac{(z-x-\mu_2)^2}{2\sigma_2^2}}\mathrm{d}x=\frac{1}{\sqrt{2\pi}\sqrt{\sigma_1^2+\sigma_2^2}}e^{-\frac{[z-(\mu_1+\mu_2)]^2}{2(\sigma_1^2+\sigma_2^2)}}.$$

显然在这种情况下,Z 也服从正态分布,即 $Z\sim N(\mu_1+\mu_2,\sigma_1^2+\sigma_2^2)$.该案例的结果也说明服从二维正态分布的随机变量的分量之和仍服从正态分布.特别地,两个相互独立且服从正态分布的随机变量之和仍服从正态分布,这被称为正态分布的可加性.综上所述,关于正态分布的可加性有如下结论:

若 $(X,Y)\sim N(\mu_1,\sigma_1^2;\mu_2,\sigma_2^2;\rho)$,则

$$X+Y\sim N(\mu_1+\mu_2,\sigma_1^2+2\rho\sigma_1\sigma_2+\sigma_2^2).$$

特别地,若 X,Y 相互独立,且 $X\sim N(\mu_1,\sigma_1^2)$,$Y\sim N(\mu_2,\sigma_2^2)$,则

$$X\pm Y\sim N(\mu_1\pm\mu_2,\sigma_1^2+\sigma_2^2).$$

若 $X_1,X_2,\cdots,X_n$ 相互独立,且 $X_i\sim N(\mu_i,\sigma_i^2)$,$i=1,2,\cdots,n$,则

$$\sum_{i=1}^n X_i\sim N\left(\sum_{i=1}^n \mu_i,\ \sum_{i=1}^n \sigma_i^2\right).$$

例 3.5.2 已知随机变量 (X,Y) 的联合概率密度

$$f(x,y)=\begin{cases}3x, & 0<x<1,0<y<x,\\ 0, & \text{其他},\end{cases}$$

$Z=X+Y$,求 Z 的概率密度 $f_Z(z)$.

解

$$f_Z(z)=\int_{-\infty}^{+\infty}f(x,z-x)\,\mathrm{d}x$$

$$f(x,z-x)=\begin{cases}3x, & 0<x<1,x<z<2x,\\ 0, & \text{其他},\end{cases}$$

当 $z<0$ 或 $z>2$ 时，

$$f_Z(z) = 0,$$

当 $0<z<1$ 时，

$$f_Z(z) = \int_{z/2}^{z} 3x\mathrm{d}x = \frac{9}{8}z^2,$$

当 $1<z<2$ 时，

$$f_Z(z) = \int_{z/2}^{1} 3x\mathrm{d}x = \frac{3}{2}\left(1 - \frac{z^2}{4}\right),$$

所以

$$f_Z(z) = \begin{cases} \dfrac{9}{8}z^2, & 0<z<1, \\ \dfrac{3}{2}\left(1 - \dfrac{z^2}{4}\right), & 1<z<2, \\ 0, & \text{其他}. \end{cases}$$

综合性习题:
随机变量和
分布的分布
函数求解
方法

2. 商的分布

设随机变量 (X,Y) 的联合概率密度为 $f(x,y)$，下面给出 $Z = \dfrac{X}{Y}$ 的概率密度的推导过程.

首先考虑 Z 的分布函数

$$F_Z(z) = P(Z \leqslant z) = P\left(\frac{X}{Y} \leqslant z\right)$$

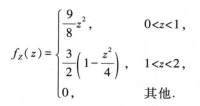

$$= \iint_{\frac{x}{y} \leqslant z} f(x,y)\mathrm{d}x\mathrm{d}y = \int_0^{+\infty} \left[\int_{-\infty}^{yz} f(x,y)\mathrm{d}x\right]\mathrm{d}y + \int_{-\infty}^{0}\left[\int_{yz}^{+\infty} f(x,y)\mathrm{d}x\right]\mathrm{d}y.$$

故 Z 的概率密度为

$$f_Z(z) = \frac{\mathrm{d}}{\mathrm{d}z}F(z) = \int_0^{+\infty} f(yz,y)y\mathrm{d}y - \int_{-\infty}^{0} f(yz,y)y\mathrm{d}y$$

$$= \int_{-\infty}^{+\infty} f(yz,y)\,|y|\,\mathrm{d}y.$$

若 X 与 Y 相互独立，则

$$f_Z(z) = \int_{-\infty}^{+\infty} f_X(yz)f_Y(y)\,|y|\,\mathrm{d}y.$$

3. 平方和的分布

案例 3.5.4 在生产实践和科学研究中，实验数据的测量是非常关键的一个环节，而由于各种各样的原因，不可避免地存在测量误差.产生误差的因素有设备质量因素、技术原因、人为因素、操作误差等.假设我们汇集了可以导致误差产生的 n 种因素,由各种因素导致的误差依次记为 $X_1, X_2, \cdots, X_n$,这 n 种因素造成的平方误差(或者均方误差)常被作为总误差的度量指标.假设各因素造成的误差值相互独立,且均服从标准正态分布,即 $X_i \sim N(0,1)$,$i = 1, 2, \cdots, n$.那么总误差 $Z = X_1^2 + X_2^2 + \cdots + X_n^2$ 服从什么分布?

分析 这一类问题研究的就是随机变量平方和的分布(在第六章将学习:Z 服从自由度为 n 的 χ^2 分布).

为简单起见,我们仅讨论当 $n = 2$ 时随机变量平方和的分布.

设 (X, Y) 的联合概率密度为 $f(x, y)$,下面给出 $Z = X^2 + Y^2$ 的概率分布的求法,首先考虑 Z 的分布函数

$$F_Z(z) = P(X^2 + Y^2 \leqslant z) = \begin{cases} 0, & z < 0, \\ \iint\limits_{x^2+y^2 \leqslant z} f(x, y) \, \mathrm{d}x\mathrm{d}y, & z \geqslant 0 \end{cases}$$

$$\xlongequal{x = r\cos\theta, y = r\sin\theta} \begin{cases} 0, & z < 0, \\ \int_0^{2\pi} \mathrm{d}\theta \int_0^{\sqrt{z}} f(r\cos\theta, r\sin\theta) r \, \mathrm{d}r, & z \geqslant 0, \end{cases}$$

故 Z 的概率密度为

$$f_Z(z) = \begin{cases} 0, & z < 0, \\ \dfrac{1}{2} \displaystyle\int_0^{2\pi} f(\sqrt{z}\cos\theta, \sqrt{z}\sin\theta) \, \mathrm{d}\theta, & z \geqslant 0. \end{cases}$$

案例 3.5.4 解

如果仅有两个因素 X, Y 造成总误差,并且 X, Y 相互独立且均服从标准正态分布,那么根据上述结论,总误差 $Z = X^2 + Y^2$ 的概率密度为

$$f_Z(z) = \begin{cases} 0, & z < 0, \\ \dfrac{1}{2} \displaystyle\int_0^{2\pi} \dfrac{1}{\sqrt{2\pi}} \mathrm{e}^{-\frac{z\cos^2\theta}{2}} \cdot \dfrac{1}{\sqrt{2\pi}} \mathrm{e}^{-\frac{z\sin^2\theta}{2}} \mathrm{d}\theta, & z \geqslant 0 \end{cases}$$

$$= \begin{cases} 0, & z < 0, \\ \dfrac{1}{2} \mathrm{e}^{-\frac{z}{2}}, & z \geqslant 0. \end{cases}$$

注 在本例中 Z 服从参数为 $\lambda = \dfrac{1}{2}$ 的指数分布,由此可以看出自由度为 2 的 χ^2 分布与参数为 $\lambda = \dfrac{1}{2}$ 的指数分布相同.自由度为 n 的 χ^2 分布的概率密度的

求法留作习题,供有兴趣的读者练习.

4. 极值的分布

案例 3.5.5 如图 3.5.1,某机器人采用并联充电电池供电系统:假设第 i 个电池充满电后的持续放电时间 X_i 是一个随机变量,并且四节充电电池的持续放电时间相互独立且服从相同的分布:$X_i \sim E(\lambda)$, $i=1,2,3,4$.那么整个供电系统持续放电时间的分布是怎样的?

图 3.5.1

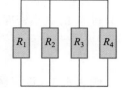

分析 从机器人采用的并联充电电池供电系统来看,整个供电系统的持续放电时间显然是各充电电池放电时间的最大值,即 $M=\max\{X_1,X_2,X_3,X_4\}$,所以问题转化为求极值的分布.实际中有许多类似的极值分布问题,下面以二维随机变量的情形为例介绍极值分布的一般结果.

设二维随机变量 (X,Y) 的联合分布函数为 $F(x,y)$, $M=\max\{X,Y\}$, $N=\min\{X,Y\}$,则 M,N 的分布函数分别为

$$F_M(z)=P(M\leqslant z)=P(\max\{X,Y\}\leqslant z)=P(X\leqslant z,Y\leqslant z)=F(z,z),$$

$$\begin{aligned}F_N(z)&=P(N\leqslant z)=P(\min\{X,Y\}\leqslant z)=1-P(\min\{X,Y\}>z)\\&=1-P(X>z,Y>z)=1-[1-F(z,+\infty)-F(+\infty,z)+F(z,z)].\end{aligned}$$

特别地,如果 X 与 Y 相互独立,且 X,Y 的分布函数分别为 $F_X(x)$, $F_Y(y)$,则 M,N 的分布函数分别为

$$F_M(z)=F_X(z)F_Y(z),$$

$$F_N(z)=1-[1-F_X(z)][1-F_Y(z)].$$

一般地,若 $X_1,X_2,\cdots,X_n$ 相互独立,且 X_i 的分布函数为 $F_{X_i}(x_i)$, $i=1,2,\cdots,n$, $M=\max\limits_{1\leqslant i\leqslant n}\{X_i\}$, $N=\min\limits_{1\leqslant i\leqslant n}\{X_i\}$,则 M,N 的分布函数分别为

$$F_M(z)=\prod_{1\leqslant i\leqslant n}F_{X_i}(z),$$

$$F_N(z)=1-\prod_{1\leqslant i\leqslant n}[1-F_{X_i}(z)].$$

特别地,若 $X_1,X_2,\cdots,X_n$ 相互独立,且具有相同的分布函数 $F(x)$ 时,则有

$$F_M(z)=[F(z)]^n,$$

$$F_N(z)=1-[1-F(z)]^n.$$

案例 3.5.5 解

由于各充电电池的持续放电时间均服从相同的分布:$X_i\sim E(\lambda)$, $i=1,2,3,4$,则 X_i 的分布函数均为

$$F(x) = \begin{cases} 1-e^{-\lambda x}, & x>0, \\ 0, & x\leqslant 0, \end{cases}$$

因此整个供电系统的持续放电时间 $M = \max\{X_1, X_2, X_3, X_4\}$ 的分布函数为

$$F_M(z) = \begin{cases} (1-e^{-\lambda z})^4, & z>0, \\ 0, & z\leqslant 0, \end{cases}$$

且易得 M 的概率密度为

$$f_M(z) = \begin{cases} 4\lambda e^{-\lambda z}(1-e^{-\lambda z})^3, & z>0, \\ 0, & z\leqslant 0. \end{cases}$$

例 3.5.3 设区域 $D = \{(x,y) \mid 0\leqslant x\leqslant 2, 0\leqslant y\leqslant 1\}$，随机变量 (X,Y) 服从 D 上的均匀分布，令 $M = \max\{X,Y\}$，$N = \min\{X,Y\}$，求 M, N 的分布函数.

解法 1 由已知条件可知，(X,Y) 的联合概率密度为

$$f(x,y) = \begin{cases} \dfrac{1}{2}, & (x,y)\in D, \\ 0, & \text{其他}, \end{cases}$$

则

$$F_M(z) = P(X\leqslant z, Y\leqslant z) \iint\limits_{\substack{x\leqslant z \\ y\leqslant z}} f(x,y)\,\mathrm{d}x\mathrm{d}y = \begin{cases} 0, & z<0, \\ \dfrac{1}{2}z^2, & 0\leqslant z<1, \\ \dfrac{1}{2}z, & 1\leqslant z<2, \\ 1, & z\geqslant 1. \end{cases}$$

$$F_N(z) = 1-P(X>z, Y>z)$$

$$= 1-\iint\limits_{\substack{x>z \\ y>z}} f(x,y)\,\mathrm{d}x\mathrm{d}y = \begin{cases} 0, & z<0, \\ 1-\dfrac{(1-z)(2-z)}{2}, & 0\leqslant z<1, \\ 1, & z\geqslant 1. \end{cases}$$

解法 2 由独立性定理不难知道在矩形区域上服从均匀分布的 X 与 Y 是相互独立的，且

$$F_X(x) = \begin{cases} 0, & x<0, \\ \dfrac{1}{2}x, & 0\leqslant x<2, \\ 1, & x\geqslant 2, \end{cases} \qquad F_Y(y) = \begin{cases} 0, & y<0, \\ y, & 0\leqslant y<1, \\ 1, & y\geqslant 1, \end{cases}$$

$$F_M(z) = F_X(z)F_Y(z) = \begin{cases} 0, & z<0, \\ \dfrac{1}{2}z^2, & 0 \leqslant z <1, \\ \dfrac{1}{2}z, & 1 \leqslant z <2, \\ 1, & z \geqslant 1, \end{cases}$$

$$F_N(z) = 1 - [1-F_X(z)][1-F_Y(z)] = \begin{cases} 0, & z<0, \\ 1 - \dfrac{(1-z)(2-z)}{2}, & 0 \leqslant z <1, \\ 1, & z \geqslant 1. \end{cases}$$

*3.5.3 多维随机变量函数的联合分布

多维随机变量函数的联合分布问题有丰富的内容,鉴于篇幅所限,这里仅介绍较为特殊且简单的一种情形.下面的定理给出了在较强条件下,计算二维随机变量函数的联合概率密度的方法.

定理 3.5.1 已知 (X,Y) 的联合概率密度 $f_{(X,Y)}(x,y)$,设 $\begin{cases} u = u(x,y), \\ v = v(x,y), \end{cases}$ $u(x,y),v(x,y)$ 有连续的偏导数,存在唯一的反函数

定理 3.5.1 的证明

$\begin{cases} x = h(u,v), \\ y = s(u,v), \end{cases}$ 并且 $\begin{vmatrix} \dfrac{\partial h}{\partial u} & \dfrac{\partial h}{\partial v} \\ \dfrac{\partial s}{\partial u} & \dfrac{\partial s}{\partial v} \end{vmatrix} \neq 0$,记

$$J(u,v) = \begin{vmatrix} \dfrac{\partial h}{\partial u} & \dfrac{\partial h}{\partial v} \\ \dfrac{\partial s}{\partial u} & \dfrac{\partial s}{\partial v} \end{vmatrix},$$

令 $\begin{cases} U = u(X,Y), \\ V = v(X,Y), \end{cases}$ 则 (U,V) 的联合概率密度

$$f_{(U,V)}(u,v) = f_{(X,Y)}[h(u,v),s(u,v)] \, |J(u,v)|.$$

例 3.5.4(二维正态随机变量的线性变换仍服从正态分布) 设随机变量 $(X,Y) \sim N(0,1;0,1;\rho)$,令

$$\begin{cases} U = X+Y, \\ V = X-Y, \end{cases}$$

则

$$\begin{cases} X = \dfrac{U+V}{2}, \\[2mm] Y = \dfrac{U-V}{2}, \end{cases}$$

由定理 3.5.1,

$$f_{(U,V)}(u,v) = \frac{1}{2\pi\sqrt{1-\rho^2}} e^{-\frac{1}{2(1-\rho^2)}\left[\left(\frac{u+v}{2}\right)^2 - 2\rho\left(\frac{u+v}{2}\right)\left(\frac{u-v}{2}\right) + \left(\frac{u-v}{2}\right)^2\right]} \mid J(u,v)\mid,$$

其中

$$J(u,v) = \begin{vmatrix} \dfrac{1}{2} & \dfrac{1}{2} \\[2mm] \dfrac{1}{2} & -\dfrac{1}{2} \end{vmatrix} = -\frac{1}{2},$$

从而

$$f_{(U,V)}(u,v) = \frac{1}{4\pi\sqrt{1-\rho^2}} e^{-\frac{1}{2(1-\rho^2)}\left[\left(\frac{u+v}{2}\right)^2 - 2\rho\left(\frac{u+v}{2}\right)\left(\frac{u-v}{2}\right) + \left(\frac{u-v}{2}\right)^2\right]}$$

$$= \frac{1}{4\pi\sqrt{1-\rho^2}} e^{-\frac{1}{2(1-\rho^2)}\left[(1-\rho)\frac{u^2}{2} + (1+\rho)\frac{v^2}{2}\right]} = \frac{1}{4\pi\sqrt{1-\rho^2}} e^{-\left[\frac{u^2}{4(1+\rho)} + \frac{v^2}{4(1-\rho)}\right]}.$$

可以看出 (U,V) 仍然是服从二维正态分布的随机变量.一般地,对多维正态随机变量实施多维线性变换后仍为多维正态随机变量,有兴趣的读者可参阅多元统计学的相关文献.

习 题 三

1. 一个盒子中装有 7 个球,其中有 3 个红球、2 个白球,其余是黑球,从中任取 4 个球,以 X 表示取到的红球个数,以 Y 表示取到的白球个数,求随机变量 (X,Y) 的联合分布律.

2. 某小学三年级从三个班级中选拔 8 名同学增补校游泳队,其中来自一班的有 2 名,来自二班和三班的各有 3 名.如果从这 8 名增补队员中随机地抽取 3 名同学测体能,用 X,Y 分别表示三名同学中来自一班、二班的人数,求随机变量 (X,Y) 的联合分布律以及边缘分布律.

3. 在集合 $\{1,2,\cdots,n\}$ 中不放回地取两次数,每次任取一数,用 X 表示第一次取到的数,用 Y 表示第二次取到的数,

(1) 求 (X,Y) 的联合分布律;

(2) 用表格形式写出当 $n=3$ 时 (X,Y) 的联合分布律.

4. 设随机变量 $X \sim U(-1,2)$，$Y_1 = \begin{cases} 0, & X < 0, \\ 1, & 0 \leqslant X < 1, \\ 2, & X \geqslant 1, \end{cases}$ $Y_2 = \begin{cases} -1, & X > 0, \\ 1, & X \leqslant 0, \end{cases}$ 求随机

变量 (Y_1, Y_2) 的联合分布律与边缘分布律.

5. 设随机变量 (X, Y) 的联合概率密度为

$$f(x,y) = \begin{cases} k e^{-2x-4y}, & x > 0, y > 0, \\ 0, & \text{其他}. \end{cases}$$

求：(1) 常数 k；

(2) $P(0 \leqslant X \leqslant 2, 0 < Y \leqslant 1)$；

(3) $P(X + Y < 1)$；

(4) 联合分布函数 $F(x, y)$.

6. 某电子元件包含两个主要组件，X 和 Y 分别表示这两个组件的使用寿命（单位：h），设随机变量 (X, Y) 的联合分布函数为

$$F(x,y) = \begin{cases} 1 - e^{-0.01x} - e^{-0.01y} + e^{-0.01(x+y)}, & x \geqslant 0, y \geqslant 0, \\ 0, & \text{其他}, \end{cases}$$

求两个组件的寿命都超过 100 h 的概率.

7. 设二维随机变量 (X, Y) 的联合概率密度为

$$f(x,y) = \begin{cases} kx, & (x,y) \in G, \\ 0, & (x,y) \notin G, \end{cases}$$

其中 G 是由 x 轴，直线 $y = \dfrac{x}{2}$ 和 $x = 2$ 所围成的区域.

求：(1) 常数 k；

(2) $P(X + Y \leqslant 2)$；

(3) 边缘概率密度 $f_X(x)$，$f_Y(y)$.

8. 设随机变量 (X, Y) 的联合概率密度为

$$f(x,y) = \begin{cases} \dfrac{21}{4} x^2 y, & x^2 \leqslant y \leqslant 1, \\ 0, & \text{其他}. \end{cases}$$

求：(1) (X, Y) 的边缘概率密度；

(2) $P(X \geqslant Y)$.

9. 设随机变量 (X, Y) 在区域 $G = \left\{ (x,y) \,\middle|\, 0 \leqslant x \leqslant 1, \dfrac{x^2}{2} \leqslant y \leqslant x^2 \right\}$ 上服从均匀分布.

求：(1) (X, Y) 的联合概率密度；

（2）(X,Y) 的边缘概率密度.

10. 随机变量 X 服从参数为 0.6 的 $(0-1)$ 分布，在 $\{X=0\}$ 及 $\{X=1\}$ 的条件下随机变量 Y 的条件分布律如下：

$Y \mid X=0$	1	2	3
$P(Y \mid X=0)$	0.25	0.5	0.25

$Y \mid X=1$	1	2	3
$P(Y \mid X=1)$	$\dfrac{1}{2}$	$\dfrac{1}{6}$	$\dfrac{1}{3}$

求在 $\{Y=1\}$ 以及 $\{Y \neq 1\}$ 的条件下随机变量 X 的条件分布律.

11. 在 n 重 Bernoulli 试验中，若事件 A 出现的概率为 p，令

$$X_i = \begin{cases} 1, & \text{在第 } i \text{ 次试验中 } A \text{ 发生}, \\ 0, & \text{在第 } i \text{ 次试验中 } A \text{ 不发生}, \end{cases} \quad i=1,2,\cdots,n,$$

求在 $\{X_1+X_2+\cdots+X_n=r\}$ $(0 \leqslant r \leqslant n)$ 的条件下 X_i $(0 \leqslant i \leqslant n)$ 的条件分布律.

12. 设一加油站有两套加油设备，设备 A 由加油站的工作人员操作，设备 B 由顾客自己操作. A，B 均有两个加油管. 随机取一时刻，A，B 正在使用的加油管根数分别记为 X,Y，它们的联合分布律为

p_{ij}		X		
		0	1	2
	0	0.10	0.08	0.06
Y	1	0.04	0.20	0.14
	2	0.02	0.06	0.30

求：（1）至少有一根加油管在使用的概率；

（2）在加油站没有工作人员操作的条件下，设备 B 正在使用的加油管根数的条件分布律；

（3）在设备 B 全被使用的条件下，设备 A 正在使用的加油管根数的条件分布律.

13.（1）在第 7 题中求条件概率密度 $f_{Y \mid X}(y \mid x)$，$f_{X \mid Y}(x \mid y)$；

（2）在第 9 题中求条件概率密度 $f_{Y \mid X}(y \mid x)$，$f_{X \mid Y}(x \mid y)$.

14. 设随机变量 (X,Y) 的联合概率密度为

$$f(x,y) = \begin{cases} \dfrac{x^3}{2} e^{-x(1+y)}, & x>0, y>0, \\ 0, & \text{其他}, \end{cases}$$

求：（1）(X,Y) 关于 X 的边缘概率密度 $f_X(x)$；

（2）条件概率密度 $f_{Y|X}(y\,|\,x)$，并写出当 $\{x=0.5\}$ 时的条件概率密度；

（3）条件概率 $P(Y\geqslant 1\,|\,X=0.5)$．

15. 设 (X,Y) 是二维随机变量，其关于 X 的边缘概率密度为

$$f_X(x)=\begin{cases}\dfrac{2+x}{6}, & 0<x<2,\\[2mm] 0, & \text{其他},\end{cases}$$

且当 $\{X=x\}\,(0<x<2)$ 时 Y 的条件概率密度为

$$f_{Y|X}(y\,|\,x)=\begin{cases}\dfrac{1+xy}{1+x/2}, & 0<y<1,\\[2mm] 0, & \text{其他}.\end{cases}$$

求：（1）(X,Y) 的联合概率密度；

（2）(X,Y) 关于 Y 的边缘概率密度；

（3）在 $\{Y=y\}$ 的条件下 X 的条件概率密度 $f_{X|Y}(x\,|\,y)$．

16. 假设一个人的数学能力测试分数 X 以及音乐天赋测试分数 Y 均是 0 和 1 之间的一个数字．并且假设在某大学生群体中，(X,Y) 的联合概率密度为

$$f(x,y)=\begin{cases}\dfrac{2}{5}(2x+3y), & 0\leqslant x\leqslant 1,0\leqslant y\leqslant 1,\\[2mm] 0, & \text{其他}.\end{cases}$$

（1）试问该大学生群体数学能力测试分数大于 0.8 的概率是多少？

（2）求 Y 取何值时，X 有条件概率密度，并写出条件概率密度 $f_{X|Y}(x\,|\,y)$；

（3）当某大学生的音乐天赋测试分数为 0.3 时，数学能力测试分数介于 0.6 到 0.8 之间的概率是多少？

17. 设随机变量 X,Y 满足 $P(XY=0)=1$，且其分布律分别如下表所示：

X	-1	0	2
P_i	$\dfrac{1}{4}$	$\dfrac{1}{2}$	$\dfrac{1}{4}$

Y	0	1
P_i	$\dfrac{1}{2}$	$\dfrac{1}{2}$

（1）求在 $\{X=0\}$ 的条件下 Y 的条件分布律；

（2）试问 X 与 Y 是否相互独立？为什么？

18. 设 Y_1,Y_2 是两个相互独立且服从相同分布的随机变量，其中

Y_1	-1	0	1
P	$\dfrac{\theta}{2}$	$1-\theta$	$\dfrac{\theta}{2}$

求 (Y_1, Y_2) 的联合分布律以及 $P(Y_1 = Y_2)$.

19. 讨论 14 题中随机变量 X, Y 的相互独立性.

20. 设随机变量 (X, Y) 的联合概率密度为

$$f(x, y) = \begin{cases} \dfrac{3}{4}x, & 0 \leqslant x \leqslant 2, 0 \leqslant y \leqslant \dfrac{x}{2}, \\ 0, & \text{其他}. \end{cases}$$

（1）求 (X, Y) 的边缘概率密度；

（2）试问 X 与 Y 是否相互独立？

21. 设 X, Y 是两个相互独立的随机变量，$X \sim U(0, 1)$，Y 的概率密度为

$$f_Y(y) = \begin{cases} \dfrac{1}{4}y, & 0 < y < 2\sqrt{2}, \\ 0, & \text{其他}, \end{cases}$$

试写出 (X, Y) 的联合概率密度，并求 $P(X > Y)$.

22. 设甲、乙两人约定 9:10 在车站见面，假设甲、乙分别在 9:00—9:30 及 9:10—9:50 间随机到达车站，且两人到达的时间相互独立. 求：

（1）甲先到的概率；

（2）先到者等待后到者的时间不超过 10 min 的概率.

23. 设随机变量 (X, Y) 的联合概率密度为

$$f(x, y) = \begin{cases} x + y, & 0 < x < 1, 0 < y < 1, \\ 0, & \text{其他}. \end{cases}$$

求在 $\left\{ 0 < X < \dfrac{1}{n} \right\}$ 的条件下 Y 的条件分布函数.

24. 某食品生产商所生产的某种食品每千克售价记为 X（单位：千元），周销量记为 Y（单位：kg），假设 X 和 Y 都是随机变量，(X, Y) 的联合概率密度为

综合性习题:
二维随机
变量分布的
应用

$$f(x, y) = \begin{cases} 10xe^{-xy}, & 0.1 < x < 0.2, y > 0, \\ 0, & \text{其他}. \end{cases}$$

（1）求生产商销售该食品周收入的概率密度；

（2）求该食品每千克售价 X 的概率密度；

（3）分别计算当售价 $\{X = 0.15\}$，$\{X = 0.2\}$ 时，周销量超过 1 kg 的概率，比较这两个结果，并说明其经济意义.

25. 设随机变量 (X, Y) 的联合分布律为

p_{ij}		X					
		0	1	2	3	4	5
Y	0	0	0.01	0.03	0.05	0.07	0.09
	1	0.01	0.02	0.04	0.05	0.06	0.08
	2	0.01	0.03	0.05	0.05	0.05	0.06
	3	0.01	0.02	0.04	0.06	0.06	0.05

分别求 $Z=X+Y, M=\max\{X,Y\}$ 和 $N=\min\{X,Y\}$ 的分布律.

26. 设随机变量 X 与 Y 相互独立,其分布律分别为

$$P(X=k)=p(k), k=0,1,2,\cdots, \quad P(Y=r)=q(r), r=0,1,2,\cdots,$$

试证明随机变量 $Z=X+Y$ 的分布律为

$$P(Z=i) = \sum_{j=0}^{i} p(j)q(i-j), i=0,1,2,\cdots.$$

27. 设随机变量 X 与 Y 相互独立,且分别服从二项分布 $B(n,p), B(m,p)$,
证明:随机变量 $Z=X+Y$ 服从二项分布 $B(n+m,p)$.

28. 设随机变量 X 与 Y 相互独立,且服从相同的分布,其概率密度均为

$$f(x) = \frac{1}{\pi(1+x^2)}, \quad -\infty < x < +\infty,$$

(此时称 X, Y 服从 Cauchy(柯西分布)).证明:$Z=\frac{1}{2}(X+Y)$ 也服从 Cauchy 分布.

29. 设随机变量 X 与 Y 相互独立,且服从相同的分布,其中 $P(X=1)=p$,
$P(X=0)=1-p$,令

$$Z = \begin{cases} 1, & \text{若 } X+Y \text{ 为偶数}, \\ 0, & \text{若 } X+Y \text{ 为奇数}, \end{cases}$$

问 p 取何值时 X 与 Z 相互独立?

30. 已知随机变量 X 与 Y 相互独立且同分布.X 的概率密度为

$$f(x) = \begin{cases} 2x, & 0<x<1, \\ 0, & \text{其他}, \end{cases}$$

求:(1) (X,Y) 的联合概率密度;

(2) $P(Y>2X)$;

(3) 随机变量 $Z=X+Y$ 的概率密度.

31. 设随机变量 X 与 Y 相互独立,且 $X\sim N(\mu,\sigma^2), Y\sim U(-b,b)$,求 $Z=X+Y$ 的概率密度.

32. 设二维随机变量 (X,Y) 的联合概率密度为

$$f(x,y) = \begin{cases} 1, & 0<x<1, 0<y<2x, \\ 0, & \text{其他}. \end{cases}$$

令 $Z=2X-Y$,求 Z 的概率密度 $f_Z(z)$.

33. 某商品在每个星期内的需求量是随机变量 T,其概率密度为

$$f(t) = \begin{cases} te^{-t}, & t>0, \\ 0, & t \leqslant 0. \end{cases}$$

设每个星期内的需求量是相互独立的,试求:

(1) 两个星期内需求量的概率密度;

(2) 三个星期内需求量的概率密度.

34. 设 X 与 Y 是相互独立且同分布的随机变量,其概率密度为

$$f_X(x) = \begin{cases} \dfrac{10}{x^2}, & x>10, \\ 0, & x \leqslant 10, \end{cases}$$

求 $Z = \dfrac{X}{Y}$ 的概率密度.

35. 设随机变量 X 与 Y 相互独立,并且都服从正态分布 $N(0,\sigma^2)$,证明 $Z = \sqrt{X^2+Y^2}$ 的概率密度为

$$f_Z(z) = \begin{cases} \dfrac{z}{\sigma^2} e^{-\frac{z^2}{2\sigma^2}}, & z \geqslant 0, \\ 0, & z<0. \end{cases}$$

(此时称 Z 服从参数为 $\sigma(\sigma>0)$ 的 Rayleigh(瑞利)分布.)

36. 若某电子设备的输出服从 $\sigma=2$ 的 Rayleigh 分布,X_1,X_2,X_3,X_4,X_5 表示相互独立的测量 5 次的输出,求:

(1) $Z = \max\{X_1,X_2,X_3,X_4,X_5\}$ 的分布函数;

(2) $P(Z>4)$.

37. 设随机变量 X 与 Y 相互独立且均服从 $(1,3)$ 内的均匀分布,试求 $Z = |X-Y|$ 的概率密度.

开放式案例分析题

某三甲医院为调整出诊专家的薪水,需考核专家诊断每个患者所需要的总时长,一般来说专家对患者的诊断包括初诊,以及初诊检查(验血、拍片等)后的复诊.假设对每个患者的初诊时间(单位:min)服从 $N(\mu_1,\sigma_1^2)$,如果需要复诊,复诊时间(单位:min)服从 $N(\mu_2,\sigma_2^2)$.

（1）假设每个患者以概率 p 需要初诊检查后的复诊，并假设每个患者是否需要复诊与初诊时间、复诊时间三者之间相互独立.请给出专家对每个患者诊断（初诊及复诊）需要的总时长的概率分布.

（2）如果没有(1)中的假设条件，这个问题你该如何考虑？

习题三答案

第四章　随机变量的数字特征

前面讨论了(一维或多维)随机变量的分布,我们看到分布函数(分布律或概率密度)能够完整地描述随机变量的统计特性.同时我们也知道,在随机变量的分布中往往有一些参数,找到了这些参数,随机变量的分布也就确定了,然而,还有很多随机变量的分布并不容易确定.事实上,在很多情况下我们并不需要完全确定随机变量的分布,而只需要确定一些反映其特征的数值即可.比如要考察一个射击手的技术水平,并不需要完全清楚命中各种环数的概率分布,况且直接从命中环数的概率分布来评价射击手的技术优劣也很难理解.换一个角度,如果我们能确定其命中环数的"平均值"以及刻画其技术的"稳定性"等特征性数量指标,那么根据这些数量指标评价射击手的技术水平就比较容易理解了.

上述"平均值"及"稳定性",是刻画单个随机变量特性的两类重要的数量指标,即随机变量的数字特征.对多维随机变量而言,还有一类刻画各分量之间关系的数字特征.鉴于篇幅所限,本章介绍最基本的一些数字特征,比如,单个随机变量的数学期望、方差,二维随机变量的协方差、相关系数等.

4.1　数学期望

案例 4.1.1　某体育比赛需要从甲、乙两名射手中选拔一名参赛.比赛组委会对两名射手分别测试了 100 次,他们在选拔测试中的命中环数与次数如下表所示:

甲命中环数 X	8	9	10
次数	30	25	45

乙命中环数 Y	8	9	10
次数	16	50	34

分析 从测试结果的命中环数与次数,很难直接对射手的技术优劣下结论,而根据这次测试结果算出的平均命中环数显然可以作为组委会的一个评判指标,并且按这个指标得到的结论得到了广泛认可.下面给出解释:

解 甲的平均命中环数为

$$\frac{8\times30+9\times25+10\times45}{100}=8\times0.3+9\times0.25+10\times0.45=9.15(环);$$

乙的平均命中环数为

$$\frac{8\times16+9\times50+10\times34}{100}=8\times0.16+9\times0.5+10\times0.34=9.18(环).$$

故从平均命中环数比较,乙的技术优于甲.

由这个案例可知,如果把甲、乙的命中环数分别看成随机变量 X 和 Y,则两个平均命中环数分别是 X 和 Y 的可能取值 8、9、10 与其频率之积的累加,即以频率为权的加权平均值.注意到,按平均命中环数,乙的技术优于甲,但这是按本次测试结果所下的结论,也就是说重新测试一次算出的平均命中环数可能会发生改变,因此根据一次测试的结果作为评判标准显然具有片面性.这个问题从随机变量的角度来看,X 和 Y 试验值的平均值具有随机性,令其作为一类特征性的数值显然是不合理的,但利用概率的统计定义,当试验次数足够多时,频率接近于概率,此时可以用频率代替概率,就得到平均值的一个确定的值,这个确定值事实上是可期望达到的平均值,即所谓的数学期望,基于此,数学期望也常称为均值,这就是接下来要介绍的第一个数字特征.

4.1.1 数学期望的概念

定义 4.1.1 设离散型随机变量 X 的分布律为

X	x_1	x_2	$\cdots$	x_k	$\cdots$
P	p_1	p_2	$\cdots$	p_k	$\cdots$

若级数 $\sum\limits_{k=1}^{+\infty} x_k p_k$ 绝对收敛,即 $\sum\limits_{k=1}^{+\infty} |x_k| p_k < +\infty$,则称

$$\sum_{k=1}^{+\infty} x_k p_k$$

为随机变量 X 的数学期望,也称为均值,记为 $E(X)$.

类似地,在连续型随机变量的情形下,以积分代替求和,也可以引入数学期望的定义.

定义 4.1.2   设 X 为连续型随机变量,其概率密度为 $f(x)$,若 $\int_{-\infty}^{+\infty} xf(x)\,\mathrm{d}x$ 绝对收敛,即 $\int_{-\infty}^{+\infty} |x|f(x)\,\mathrm{d}x < +\infty$,则称

$$\int_{-\infty}^{+\infty} xf(x)\,\mathrm{d}x$$

为随机变量 X 的数学期望,也称为均值,记为 $E(X)$.

这个定义可以用离散化的方式加以解释.如图 4.1.1 所示,在 x 轴上用划分很细的点列 $\{x_i\}$ 把 x 轴分割为很多小区间,小区间 $[x_i,$ $x_{i+1}]$ 的长度为 $\Delta x_i = x_{i+1} - x_i$,当 X 在区间 $[x_i, x_{i+1}]$ 内取值时,可以近似地认为其值是 x_i.按照概率密度的定义,X 在这个区间取值的概率近似地为 $f(x_i)\Delta x_i$,用这种方式,我们把原来的连续型随机变量 X 近似地离散化为一个取无穷多个值 $\{x_i\}$ 的离散型随机变量 X',X' 的分布律为 $P(X'=x_i) \approx f(x_i)\Delta x_i$,按定义 4.1.1,有

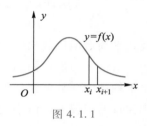

图 4.1.1

$$E(X') \approx \sum_i x_i f(x_i)\Delta x_i.$$

随着区间 Δx_i 越分越小,X' 越来越接近于 X,上式右端之和就越来越接近于 $\int_{-\infty}^{+\infty} xf(x)\,\mathrm{d}x$,如此就得到定义 4.1.2.

注 1   定义 4.1.1 要求级数 $\sum_{k=1}^{+\infty} x_k p_k$ 绝对收敛,这是为了保证 $\sum_{k=1}^{+\infty} x_k p_k$ 的和与 X 取值的排列次序无关.这是因为 $E(X)$ 作为刻画 X 的某种特性的数值,有其客观意义,而不受 X 取值的人为排序影响.若级数 $\sum_{k=1}^{+\infty} x_k p_k$ 不绝对收敛,则称 X 的数学期望不存在.也就是说,随机变量的数学期望有不存在的情形.

注 2   和离散型随机变量相类似,对连续型随机变量,也要求 $\int_{-\infty}^{+\infty} xf(x)\,\mathrm{d}x$ 绝对收敛,若广义积分 $\int_{-\infty}^{+\infty} xf(x)\,\mathrm{d}x$ 不绝对收敛,X 的数学期望不存在.

注 3   数学期望 $E(X)$ 是一个确定的数,这个数反映了随机变量 X 的平均取值.如果把 X 的概率分布看成总质量为单位 1 的质点系,则 $E(X)$ 可看成质点系的质心坐标.

下面给出数学期望的一些例题及应用案例:

案例 4.1.2   某公司在决定明年的销售策略时有三种策略可供选择,在每一种策略下所得的利润与明年的经济形势有关.据专家估计,明年经济形势为

"较差""一般"和"好"的概率及各种策略在不同形势下所能获得的利润(单位:百万元)如下表所示.问应选择哪一种策略对公司明年的经营最有利?

经济形势	较差	一般	好
概率	0.2	0.5	0.3
策略Ⅰ下的利润/百万元	−7	45	40
策略Ⅱ下的利润/百万元	−3	60	30
策略Ⅲ下的利润/百万元	−18	40	70

解　设随机变量 X_i 为第 i 种策略所能获得的利润($i=1,2,3$),则三种策略所能获得的平均利润为

$$E(X_1) = -7×0.2+45×0.5+40×0.3 = 33.1(百万元),$$
$$E(X_2) = -3×0.2+60×0.5+30×0.3 = 38.4(百万元),$$
$$E(X_3) = -18×0.2+40×0.5+70×0.3 = 37.4(百万元),$$

所以如果仅根据平均利润来选择策略的话,应选择策略Ⅱ.

例 4.1.1　据统计,每周末光顾某教育超市的人数服从参数为 λ 的 Poisson 分布,求本周末光顾该教育超市的平均人数.

解　设本周末光顾该教育超市的人数为 X,由题设易知

$$P(X=k) = \frac{\lambda^k}{k!}e^{-\lambda}, \quad k=0,1,2,\cdots,$$

故

$$E(X) = \sum_{k=1}^{+\infty} k\frac{\lambda^k}{k!}e^{-\lambda} = \lambda \sum_{k=1}^{+\infty} \frac{\lambda^{k-1}}{(k-1)!}e^{-\lambda} = \lambda,$$

从而本周末光顾该教育超市的平均人数为 λ.

例 4.1.2　假设某购物网站上的一个广告的点击率为 p,网站的每个访客是否点击该广告相互独立,X 表示首次点击这个广告时该网站的访客量,求首次点击这个广告时该网站的平均访客量.

解　根据题设,易知 X 服从参数为 p 的几何分布,即 $P(X=k) = pq^{k-1}$,其中 $q=1-p, k=1,2,\cdots$,所以

$$E(X) = \sum_{k=1}^{+\infty} kpq^{k-1} = p\frac{\mathrm{d}}{\mathrm{d}q}\left(\sum_{k=1}^{+\infty} q^k\right) = p\frac{\mathrm{d}}{\mathrm{d}q}\left(\frac{q}{1-q}\right) = \frac{1}{p}.$$

因此,首次点击这个广告时,该网站的平均访客量为 $\frac{1}{p}$.

例 4.1.3　设离散型随机变量 X 的分布律为 $P\left(X=(-1)^{k-1}\frac{2^k}{k}\right) = \frac{1}{2^k}, k=1,$

$2,\cdots,$由于

$$\sum_{k=1}^{+\infty}(-1)^{k-1}\frac{2^k}{k}\frac{1}{2^k}=\sum_{k=1}^{+\infty}(-1)^{k-1}\frac{1}{k}=\ln 2,$$

很多人会认为 $E(X)=\ln 2.$ 但这是错误的,因为

$$\sum_{k=1}^{+\infty}|x_k|p_k=\sum_{k=1}^{+\infty}\frac{1}{k}=+\infty,$$

故 X 的数学期望不存在.事实上,由幂级数的知识可知,级数 $\sum\limits_{k=1}^{+\infty}(-1)^{k-1}\dfrac{1}{k}$ 中的项交换顺序后可能收敛于不同的数,例如

$$1+\frac{1}{3}-\frac{1}{2}+\frac{1}{5}+\frac{1}{7}-\frac{1}{4}+\cdots+\frac{1}{4k-3}+\frac{1}{4k-1}-\frac{1}{2k}+\cdots=\frac{3}{2}\ln 2,$$

$$1-\frac{1}{2}-\frac{1}{4}+\frac{1}{3}-\frac{1}{6}-\frac{1}{8}+\cdots+\frac{1}{2k-1}-\frac{1}{4k-2}-\frac{1}{4k}+\cdots=\frac{1}{2}\ln 2.$$

这说明在定义数学期望时,要求绝对收敛是必要的.

例 4.1.4   已知分子速度 X 服从 Maxwell 分布,其概率密度为

$$f(x)=\begin{cases}\dfrac{4x^2}{\sigma^3\sqrt{\pi}}\mathrm{e}^{-\frac{x^2}{\sigma^2}}, & x>0,\\0, & x\leqslant 0,\end{cases}$$

其中 $\sigma>0$ 是常数,求分子的平均速度.

解

$$E(X)=\int_{-\infty}^{+\infty}xf(x)\mathrm{d}x=\frac{4}{\sigma^3\sqrt{\pi}}\int_0^{+\infty}x^3\mathrm{e}^{-\frac{x^2}{\sigma^2}}\mathrm{d}x$$

$$=\frac{2\sigma}{\sqrt{\pi}}\int_0^{+\infty}t\mathrm{e}^{-t}\mathrm{d}t=\frac{2\sigma}{\sqrt{\pi}}.$$

因此,分子的平均速度为 $\dfrac{2\sigma}{\sqrt{\pi}}.$

例 4.1.5   设某电子元件的寿命 X 服从参数为 λ 的指数分布,求该电子元件的平均寿命.

解 $E(X)=\int_0^{+\infty}x\lambda\mathrm{e}^{-\lambda x}\mathrm{d}x=-\int_0^{+\infty}x\mathrm{d}\mathrm{e}^{-\lambda x}=-[x\mathrm{e}^{-\lambda x}]_0^{+\infty}+\int_0^{+\infty}\mathrm{e}^{-\lambda x}\mathrm{d}x=\frac{1}{\lambda}.$

因此,电子元件的平均寿命为 $\dfrac{1}{\lambda}.$

例 4.1.6   假设有一批电子元件,其寿命 $X_k(k=1,2,3,\cdots)$ 服从参数为 λ 的指数分布,且下列电子设备中安装使用的这批电子元件的工作是相互独立的.

（1）若电子设备由 3 个电子元件串联组成，求电子设备寿命 N 的数学期望；

（2）若电子设备由 3 个电子元件并联组成，求电子设备寿命 M 的数学期望.

解　由随机变量函数的分布可知：

（1）易知 $N = \min\{X_1, X_2, X_3\}$，其分布函数为

$$F_N(z) = 1 - [1 - F(z)]^3 = \begin{cases} 1 - e^{-3\lambda z}, & z > 0, \\ 0, & z \leqslant 0, \end{cases}$$

易知 $N \sim E(3\lambda)$，故由例 4.1.5 的结论，$E(N) = \dfrac{1}{3\lambda}$.

（2）易知 $M = \max\{X_1, X_2, X_3\}$，其分布函数为

$$F_M(z) = [F(z)]^3 = \begin{cases} (1 - e^{-\lambda z})^3, & z > 0, \\ 0, & z \leqslant 0, \end{cases}$$

其概率密度为

$$f_M(z) = \frac{\mathrm{d}}{\mathrm{d}z} F_M(z) = \begin{cases} 3\lambda (1 - e^{-\lambda z})^2 e^{-\lambda z}, & z > 0, \\ 0, & z \leqslant 0, \end{cases}$$

从而

$$\begin{aligned}
E(M) &= \int_0^{+\infty} z f_M(z) \mathrm{d}z = \int_0^{+\infty} 3\lambda z (1 - e^{-\lambda z})^2 e^{-\lambda z} \mathrm{d}z \\
&= 3\lambda \left(\int_0^{+\infty} z e^{-\lambda z} \mathrm{d}z - 2 \int_0^{+\infty} z e^{-2\lambda z} \mathrm{d}z + \int_0^{+\infty} z e^{-3\lambda z} \mathrm{d}z \right) \\
&= 3 \left(\int_0^{+\infty} \lambda z e^{-\lambda z} \mathrm{d}z - \int_0^{+\infty} 2\lambda z e^{-2\lambda z} \mathrm{d}z + \frac{1}{3} \int_0^{+\infty} 3\lambda z e^{-3\lambda z} \mathrm{d}z \right) \\
&= 3 \left(\frac{1}{\lambda} - \frac{1}{2\lambda} + \frac{1}{9\lambda} \right) = \frac{11}{6\lambda}.
\end{aligned}$$

从这个例子可以看出，$\dfrac{E(M)}{E(N)} = \dfrac{11}{6} \times 3 = 5.5$，同样的 3 个电子元件组成的电子设备，用并联结构的平均寿命是串联结构的平均寿命的 5.5 倍.

例 4.1.7　设随机变量 X 服从 Cauchy（柯西）分布，其概率密度为

$$f(x) = \frac{1}{\pi(1 + x^2)}, \quad x \in (-\infty, +\infty),$$

证明 X 的数学期望不存在.

证明　因为

$$\int_{-\infty}^{+\infty} |x| f(x) \mathrm{d}x = \int_{-\infty}^{+\infty} \frac{|x|}{\pi(1 + x^2)} \mathrm{d}x = 2 \int_0^{+\infty} \frac{x}{\pi(1 + x^2)} \mathrm{d}x$$

$$=\frac{1}{\pi}\ln\ (1+x^2)\ \Big|_0^{+\infty} = +\infty,$$

即 $\int_{-\infty}^{+\infty} xf(x)\mathrm{d}x$ 不绝对收敛,从而 X 的数学期望不存在.

4.1.2　随机变量函数的数学期望

我们先来看一个案例.

案例 4.1.3　某水果店经销某种高档水果,按以往的经验,估计每周的市场需求量 X(单位:kg)服从 $[200,300]$ 上的均匀分布.据综合核算,水果店每售出一千克该水果可获利 5 元;若卖不出去则需要降价处理,每千克亏 2 元.对水果店来说,最关心的问题是,如果每周做一次计划,周初进货 $a$kg 时,平均利润如何?进一步的问题是,水果店的管理人员能否确定周初的进货量 a^*,使其每周的平均利润最大.

分析　我们知道当进货量 a 一定时,利润直接依赖于需求量 X,设其利润为 Y,显然 Y 是 X 的函数,具体表示如下:

$$Y = g(X) = \begin{cases} 5a, & X \geqslant a, \\ 5X-2(a-X), & X < a, \end{cases}$$

$$= \begin{cases} 5a, & X \geqslant a, \\ 7X-2a, & X < a. \end{cases}$$

不难看出本案例实际上是求随机变量函数 $Y=g(X)$ 的数学期望.客观世界中还有许多问题都与随机变量函数的数学期望有关,因此有必要引入下面的定理.

定理 4.1.1　设 X 为随机变量,$Y=g(X)$,其中 $g(x)$ 是一个确定函数.

(1) 设 X 为离散型随机变量,其分布律为 $P(X=x_k)=p_k$,$k=1,2,\cdots$,若级数 $\sum_{k=1}^{+\infty} g(x_k)p_k$ 绝对收敛,则

$$E(Y) = E[g(X)] = \sum_{k=1}^{+\infty} g(x_k)p_k.$$

(2) 设 X 为连续型随机变量,其概率密度为 $f(x)$,若级数 $\int_{-\infty}^{+\infty} g(x)f(x)\mathrm{d}x$ 绝对收敛,则

$$E(Y) = E[g(X)] = \int_{-\infty}^{+\infty} g(x)f(x)\mathrm{d}x.$$

定理的证明超出了本书的范围,此处从略.

注　此定理表明,在求 $Y=g(X)$ 的数学期望时,不必先求 Y 的分布,只需知

道 X 的分布即可.

案例 4.1.3 解

（1）设每周进货量为 a，则每周的平均利润 $E(Y)$ 为

$$E(Y)=E[g(X)]=\int_{200}^{a}(7x-2a)\frac{1}{100}dx+\int_{a}^{300}5a\frac{1}{100}dx$$

$$=-0.035a^2+19a-1\,400.$$

（2）由（1）的结果可看出，每周的平均利润是进货量的二次函数，问题转化为求这个二次函数的最大值，即当水果店管理人员每周进货量为 $a^*=\dfrac{1\,900}{7}\approx$

$271.43(\mathrm{kg})$ 时，每周的平均利润达到最大值 $1\,178.57$ 元.

例 4.1.8 设随机变量 $X\sim B(n,p)$，$Y=\mathrm{e}^{3X}-1$，求 $E(Y)$.

解 由已知条件，X 的分布律为

$$P(X=k)=C_n^k p^k (1-p)^{n-k},\quad k=0,1,\cdots,n,$$

由定理 4.1.1 可知

$$E(Y)=E(\mathrm{e}^{3X}-1)=\sum_{k=0}^{n}(\mathrm{e}^{3k}-1)C_n^k p^k (1-p)^{n-k}$$

$$=\sum_{k=0}^{n}\mathrm{e}^{3k}C_n^k p^k (1-p)^{n-k}-\sum_{k=0}^{n}C_n^k p^k (1-p)^{n-k}$$

$$=\sum_{k=0}^{n}C_n^k (p\mathrm{e}^3)^k (1-p)^{n-k}-1$$

$$=(p\mathrm{e}^3+1-p)^n-1.$$

案例 4.1.4 回顾案例 3.5.4，在该案例中关注的是两个相互独立因素所造成的总误差 $Z=X^2+Y^2$ 的分布.如果我们不需要求 Z 的分布，而只需要求均方误差 $\sqrt{X^2+Y^2}$ 的平均值，这就是一个二维随机变量函数的数学期望问题.

案例 4.1.5 回顾案例 3.5.5，如果我们希望求整个供电系统持续放电时间 $M=\max\{X_1,X_2,X_3,X_4\}$ 的平均值，这就是一个四维随机变量函数的数学期望问题.

从上述两个案例可以看出，在实际中存在许多二维及以上随机变量的函数的数学期望问题，下面仅给出二维随机变量函数的数学期望，多维的情形类似.

定理 4.1.2 设 (X,Y) 是二维随机变量，$Z=g(X,Y)$，其中 $g(x,y)$ 是一个确定的函数.

（1）设 (X,Y) 为离散型随机变量，其分布律为 $P(X=x_i,Y=y_j)=p_{ij}$，$i,j=1,2,\cdots$，若级数 $\sum_{i=1}^{+\infty}\sum_{j=1}^{+\infty}g(x_i,y_j)p_{ij}$ 绝对收敛，则

$$E(Z) = E[g(X,Y)] = \sum_{i=1}^{+\infty} \sum_{j=1}^{+\infty} g(x_i, y_j) p_{ij}.$$

（2）设 (X,Y) 为连续型随机变量，其联合概率密度为 $f(x,y)$，若积分 $\int_{-\infty}^{+\infty} \int_{-\infty}^{+\infty} g(x,y)f(x,y)\mathrm{d}x\mathrm{d}y$ 绝对收敛，则

$$E(Z) = E[g(X,Y)] = \int_{-\infty}^{+\infty} \int_{-\infty}^{+\infty} g(x,y)f(x,y)\mathrm{d}x\mathrm{d}y.$$

案例 4.1.4 解

求两个相互独立因素所造成的均方误差 $\sqrt{X^2+Y^2}$ 的平均值，也就是求 $E(\sqrt{X^2+Y^2})$. 因为 (X,Y) 的联合概率密度为 $f(x,y) = \dfrac{1}{2\pi}\mathrm{e}^{-\frac{x^2+y^2}{2}}$，由定理 4.1.2 及极坐标可得

$$E(\sqrt{X^2+Y^2}) = \int_{-\infty}^{+\infty} \int_{-\infty}^{+\infty} \sqrt{x^2+y^2}\,\frac{1}{2\pi}\mathrm{e}^{-\frac{x^2+y^2}{2}}\mathrm{d}x\mathrm{d}y$$

$$= \frac{1}{2\pi}\int_0^{2\pi}\mathrm{d}\theta \int_0^{+\infty} r^2 \mathrm{e}^{-\frac{r^2}{2}}\mathrm{d}r = \frac{\sqrt{2\pi}}{2}.$$

案例 4.1.5 解

求高维随机变量函数的数学期望，通常要先求出高维随机变量函数的分布，然后根据一维随机变量函数的数学期望来计算，由案例 3.5.5 知，M 的概率密度为

$$f_M(z) = \begin{cases} 4\lambda\mathrm{e}^{-\lambda z}(1-\mathrm{e}^{-\lambda z})^3, & z>0, \\ 0, & z\leqslant 0, \end{cases}$$

所以

$$E(M) = \int_0^{+\infty} z \cdot 4\lambda\mathrm{e}^{-\lambda z}(1-\mathrm{e}^{-\lambda z})^3 \mathrm{d}z$$

$$= \int_0^{+\infty} 4\lambda z\mathrm{e}^{-\lambda z}(-\mathrm{e}^{-3\lambda z}+3\mathrm{e}^{-2\lambda z}-3\mathrm{e}^{-\lambda z}+1)\mathrm{d}z$$

$$= \int_0^{+\infty} (-4\lambda z\mathrm{e}^{-4\lambda z}+12\lambda z\mathrm{e}^{-3\lambda z}-12\lambda z\mathrm{e}^{-2\lambda z}+4\lambda z\mathrm{e}^{-\lambda z})\mathrm{d}z$$

$$= \frac{25}{12\lambda}.$$

例 4.1.9 设二维随机变量 (X,Y) 的联合分布律为

p_{ij}		X		
		1	2	3
Y	-1	0	$\dfrac{1}{5}$	$\dfrac{2}{15}$
	2	$\dfrac{1}{6}$	$\dfrac{1}{4}$	$\dfrac{1}{4}$

求 $Z = X^2 Y$ 的数学期望.

解　由定理 4.1.2 可得

$$E(Z) = \sum_{i=1,2,3} \sum_{j=-1,2} i^2 j P(X=i, Y=j)$$

$$= 1^2 \times (-1) \times 0 + 2^2 \times (-1) \times \frac{1}{5} + 3^2 \times (-1) \times \frac{2}{15} +$$

$$1^2 \times 2 \times \frac{1}{6} + 2^2 \times 2 \times \frac{1}{4} + 3^2 \times 2 \times \frac{1}{4}$$

$$= \frac{29}{6}.$$

4.1.3　数学期望的性质

下面介绍数学期望的几个重要性质.

性质 1　设 X 是任意随机变量,则 X 的数学期望存在的充要条件是 $E(|X|) < +\infty$.

证明　由 X 的数学期望存在的定义易知.

性质 2　设 X, Y 是任意两个数学期望存在的随机变量,且 $X \leqslant Y$,则 $E(X) \leqslant E(Y)$.

性质 3　(i) 设 C 为常数,则 $E(C) = C$;

(ii) 设 X 是任意满足 $E(|X|) < +\infty$ 的随机变量,C 是任意常数,则 $E(CX) = CE(X)$;

(iii) 设 X, Y 是任意两个数学期望存在的随机变量,则 $X+Y$ 的数学期望也存在,且 $E(X+Y) = E(X) + E(Y)$;

(iv) 设 X, Y 是任意相互独立的随机变量,且 X, Y 的数学期望都存在,则 XY 的数学期望也存在,且 $E(XY) = E(X)E(Y)$.

证明　仅证明(iii)中连续型随机变量的情形,其余情形的证明类似.设 (X, Y) 的联合概率密度为 $f(x, y)$,其边缘概率密度分别为 $f_X(x), f_Y(y)$,由于 X, Y 的数学期望都存在,即

$$\int_{-\infty}^{+\infty} |xf_X(x)| \,dx < +\infty, \quad \int_{-\infty}^{+\infty} |yf_Y(y)| \,dy < +\infty,$$

从而

$$\int_{-\infty}^{+\infty} \int_{-\infty}^{+\infty} |(x+y)f(x,y)| \,dx\,dy$$

$$\le \int_{-\infty}^{+\infty} \int_{-\infty}^{+\infty} |x| f(x,y)\,dx\,dy + \int_{-\infty}^{+\infty} \int_{-\infty}^{+\infty} |y| f(x,y)\,dx\,dy$$

$$= \int_{-\infty}^{+\infty} |xf_X(x)| \,dx + \int_{-\infty}^{+\infty} |yf_Y(y)| \,dy < +\infty,$$

所以 $X+Y$ 的数学期望存在,而且

$$E(X+Y) = \int_{-\infty}^{+\infty} \int_{-\infty}^{+\infty} (x+y)f(x,y)\,dx\,dy$$

$$= \int_{-\infty}^{+\infty} \int_{-\infty}^{+\infty} xf(x,y)\,dx\,dy + \int_{-\infty}^{+\infty} \int_{-\infty}^{+\infty} yf(x,y)\,dx\,dy = E(X)+E(Y).$$

推论 （1）设 $X_1, X_2, \cdots, X_n$ 为任意 n 个数学期望存在的随机变量,则 $\sum_{i=1}^{n} X_i$ 的数学期望也存在,且 $E\left(\sum_{i=1}^{n} X_i\right) = \sum_{i=1}^{n} E(X_i)$.

（2）设 $X_1, X_2, \cdots, X_n$ 为任意 n 个相互独立的随机变量,且 $X_1, X_2, \cdots, X_n$ 的数学期望均存在,则 $\prod_{i=1}^{n} X_i$ 的数学期望也存在,且 $E\left(\prod_{i=1}^{n} X_i\right) = \prod_{i=1}^{n} E(X_i)$.

注 有些随机变量的分布比较复杂,甚至很难求出,因此难以由定义直接求其数学期望,如果可将其分解成若干个分布比较简单、容易求数学期望的随机变量之和,例如 $X = \sum_{i=1}^{n} X_i$,则由推论利用公式 $E\left(\sum_{i=1}^{n} X_i\right) = \sum_{i=1}^{n} E(X_i)$,就可以大大简化计算.我们看下面这个例子.

案例 4.1.6（验血方案的选择） 为普查某种疾病,n 个人需要验血.验血方案有如下两种:

（1）分别化验每个人的血,共需化验 n 次;

（2）分组化验,即 k 个人分成一组,将他们的血混在一起化验,若为阴性,则每组只需化验 1 次;若为阳性,则对 k 个人的血逐个化验,找出患病者,此时每组共需化验 $k+1$ 次.

设某地区每人血液呈阳性的概率为 p,且每个人的化验结果相互独立,试说明选择哪一种方案较为经济.

解 只需计算方案（2）所需化验次数 X 的数学期望,要求出 X 的分布是很困难的,故我们需要将其分解.不妨设 $n = mk+j, j < k$,那么我们把 n 个需要检查的人分成 $m+1$ 组,其中前 m 组每组 k 人,第 $m+1$ 组 j 人.设第 i 组所需的化验次数

为 $X_i, i=1,2,\cdots,m+1$，则 $X=\sum\limits_{i=1}^{m+1} X_i$，其中 $X_i(i=1,2,\cdots,m)$ 服从两点分布，即

X_i	1	$k+1$
P	$(1-p)^k$	$1-(1-p)^k$

则 $E(X_i)=(k+1)-k(1-p)^k$.

如果 $j=0$，则 $X_{m+1}=0$；而如果 $j>0$，X_{m+1} 的分布律如下：

X_{m+1}	1	$j+1$
P	$(1-p)^j$	$1-(1-p)^j$

则 $E(X_{m+1})=(j+1)-j(1-p)^j$. 从而，如果 $j=0$，

$$E(X)=E\Big(\sum_{i=1}^{m+1} X_i\Big)=\sum_{i=1}^{m} E(X_i)=m(k+1)-mk(1-p)^k;$$

如果 $j>0$，

$$E(X)=E\Big(\sum_{i=1}^{m+1} X_i\Big)=\sum_{i=1}^{m} E(X_i)+E(X_{m+1})$$
$$=m(k+1)-mk(1-p)^k+(j+1)-j(1-p)^j$$
$$=n+m+1-n(1-p)^k+j\big[(1-p)^k-(1-p)^j\big].$$

例如，当 $n=1\,006, p=0.001, k=10$ 时，

$$E(X)=1\,006+100+1-1\,006(1-0.001)^{10}+6\big[(1-0.001)^{10}-(1-0.001)^6\big]$$
$$\approx 110.99(\text{次}).$$

可看出，方案（2）比方案（1）少化验 $1\,006-110.99\approx 895$（次）.

4.2 方　　差

案例 4.2.1 一些投资分析师常常用正态分布估计风险资产的收益. 假设某投资者根据统计分析推断，某两只标的股票的收益 X,Y（单位：百分比）分别服从正态分布 $X\sim N(8,4)$ 和 $Y\sim N(8,9)$. 问该投资者应选择投资哪一只股票，其依据是什么？

分析　这两只股票收益的概率密度如图 4.2.1 所示. 事实上，从正态分布概率密度的图形可直接看出，或者根据数学期望的定义直接计算知两只股票的平均收益都为 8（请读者自行计算）. 因此从平均收益这个指标无法区分应选择投资哪只股票更好. 事实上，影响投资者决策的将是 $N(\mu,\sigma^2)$ 的第二个参数 σ^2，那么 σ^2 反映了随机变量的什么特征？

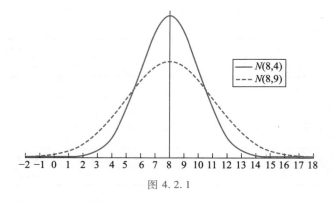

图 4.2.1

从这个概率密度的图形来看,σ^2 越小,其概率密度在均值 μ 处越大,相应的收益在均值附近的可能性就越大;反之,σ^2 越大,其概率密度在均值 μ 处越小,收益在均值附近的可能性就越小.对投资者来说,追求稳定收益者自然会选择收益服从 $N(8,4)$ 的股票,在这种意义下,σ^2 常常被认为是度量收益的风险的一个指标.对于服从 $N(\mu,\sigma^2)$ 的随机变量来说,参数 σ^2 反映的是随机变量的取值对 μ 的偏离程度.

随机变量的取值对其数学期望的偏离程度是十分重要的,接下来介绍的就是度量这一偏离程度的数字特征,即方差.

4.2.1   方差的概念

如果随机变量 X 的数学期望 $E(X)$ 存在,不难理解 $X-E(X)$ 为 X 相对于 $E(X)$ 的离差.我们知道离差有可能为负,为了消除符号的影响,通常考虑 $[X-E(X)]^2$,称 $[X-E(X)]^2$ 为 X 的**平方离差**,但是这个平方离差是随机变量,所以考虑其平均值.因此有如下定义:

定义 4.2.1   设 X 是一个随机变量,若 $E\{[X-E(X)]^2\}$ 存在,则称其为 X 的方差,记为 $D(X)$ 或 $\mathrm{Var}(X)$,即

$$D(X)=E\{[X-E(X)]^2\},$$

称 $\sigma_X=\sqrt{D(X)}$ 为 X 的均方差或标准差.

不难理解方差 $D(X)$ 的量纲是原随机变量 X 量纲的平方,而 σ_X 与 X 的量纲相同.方差 $D(X)$ 反映了随机变量 X 偏离其"分布重心"$E(X)$ 的程度:$D(X)$ 越大,X 偏离 $E(X)$ 的程度就越大,其分布就越分散;反之,其分布就比较集中.可以说,$D(X)$ 在某种意义上反映了 X 的"随机性"的大小,$D(X)$ 越大,X 的"随机性"越大.

从方差的定义可以看出,$D(X)$ 实际上是随机变量 X 的函数 $Y=[X-E(X)]^2$

的数学期望,故方差可以用定义计算,也可以通过简单推导用公式计算.

（1）用定义计算

当 X 是离散型随机变量时,

$$D(X) = \sum_{i=1}^{+\infty} [x_i - E(X)]^2 p_i,$$

其中 $P(X=x_i) = p_i, i = 1, 2, \cdots$ 是 X 的分布律.

当 X 是连续型随机变量时,

$$D(X) = \int_{-\infty}^{+\infty} [x - E(X)]^2 f(x) \, dx,$$

其中 $f(x)$ 是 X 的概率密度.

（2）用公式计算

我们也可用

$$D(X) = E(X^2) - [E(X)]^2$$

来计算方差,上述公式的具体推导如下:

$$D(X) = E\{[X - E(X)]^2\} = E\{X^2 - 2E(X)X + [E(X)]^2\}$$
$$= E(X^2) - 2E(X)E(X) + [E(X)]^2 = E(X^2) - [E(X)]^2.$$

例 4.2.1 设随机变量 X 服从参数为 p 的 0-1 分布,求 $D(X)$.

解 易知 $P(X=0) = 1-p, P(X=1) = p$,从而

$$E(X) = 0 \cdot (1-p) + 1 \cdot p = p, \quad E(X^2) = 0^2 \cdot (1-p) + 1^2 \cdot p = p,$$

故

$$D(X) = E(X^2) - [E(X)]^2 = p - p^2 = p(1-p).$$

例 4.2.2 设随机变量 X 服从参数为 p 的几何分布,求 $D(X)$.

解 X 的分布律为

$$P(X=k) = p(1-p)^{k-1}, \quad k = 1, 2, \cdots, \quad 0 < p < 1.$$

由例 4.1.2 知 $E(X) = \dfrac{1}{p}$,而

$$E(X^2) = E[X(X-1) + X] = E[X(X-1)] + \frac{1}{p}$$

$$= \sum_{i=1}^{+\infty} i(i-1)p(1-p)^{i-1} + \frac{1}{p}$$

$$= p(1-p) \sum_{i=1}^{+\infty} i(i-1)(1-p)^{i-2} + \frac{1}{p}$$

$$= p(1-p) \frac{d^2}{dx^2} \left(\sum_{i=0}^{+\infty} x^i \right)_{x=1-p} + \frac{1}{p}$$

$$= p(1-p) \frac{2}{(1-x)^3} \Big|_{x=1-p} + \frac{1}{p}$$

$$= \frac{2-p}{p^2}.$$

从而,

$$D(X) = E(X^2) - [E(X)]^2 = \frac{2-p}{p^2} - \frac{1}{p^2} = \frac{1-p}{p^2}.$$

案例 4.2.2   假设某品牌热水器的寿命服从参数为 λ 的指数分布,为安全起见,该品牌销售商建议热水器用到第 m 年就要被淘汰(m 为正整数),否则会有安全隐患.如果用户按照销售商的建议至多 m 年就淘汰热水器,那么对于用户来说,热水器寿命的均值和方差各是多少?

解   设热水器的寿命用 X 表示,根据假设,X 的概率密度为

$$f(x) = \begin{cases} \lambda e^{-\lambda x}, & x>0, \\ 0, & x \leq 0, \end{cases}$$

对用户来说,热水器寿命用 Y 表示,根据题意 $Y = \min\{X, m\}$.从而

$$E(Y) = E[\min\{X, m\}] = \int_0^{+\infty} \min\{x, m\} f(x) \, dx$$

$$= \int_0^m x \lambda e^{-\lambda x} \, dx + \int_m^{+\infty} m \lambda e^{-\lambda x} \, dx = \frac{1}{\lambda}(1 - e^{-\lambda m}).$$

同理可得

$$E(Y^2) = \int_0^m x^2 \lambda e^{-\lambda x} \, dx + \int_m^{+\infty} m^2 \lambda e^{-\lambda x} \, dx$$

$$= -m^2 e^{-\lambda m} + \frac{2}{\lambda} \int_0^m x \lambda e^{-\lambda x} \, dx + m^2 e^{-\lambda m}$$

$$= \frac{2}{\lambda} \left[-m e^{-\lambda m} + \frac{1}{\lambda}(1 - e^{-\lambda m}) \right],$$

从而

$$D(Y) = E(Y^2) - [E(Y)]^2 = \frac{1}{\lambda^2} - \frac{2m}{\lambda} e^{-\lambda m} - \frac{1}{\lambda^2} e^{-2\lambda m}.$$

4.2.2   方差的性质

接下来我们给出方差的一些性质.

性质 1   设 X 为任意的随机变量,则 X 的方差存在的充要条件是 $E(X^2) < +\infty$.证明留给读者.

推论   设 X, Y 为任意的随机变量,若 X, Y 的方差都存在,则 $X \pm Y$ 的方差也

存在.

证明 由于 $(X\pm Y)^2\leqslant 2X^2+2Y^2$,知 $E[(X\pm Y)^2]\leqslant 2E(X^2)+2E(Y^2)<+\infty$,从而 $X\pm Y$ 的方差存在.

性质 2 设 C 为常数,则 $D(C)=0$.

性质 3 设 C 为常数,X 为方差存在的随机变量,则 $D(CX)=C^2D(X)$.

性质 4 设 X,Y 为相互独立的随机变量,X,Y 的方差都存在,则
$$D(X+Y)=D(X)+D(Y).$$

证明 仅证性质 4.由于 X,Y 相互独立,所以 $E(XY)=E(X)E(Y)$,从而
$$E[(X+Y)^2]=E(X^2)+2E(X)E(Y)+E(Y^2),$$
$$[E(X+Y)]^2=[E(X)]^2+2E(X)E(Y)+[E(Y)]^2,$$
故
$$\begin{aligned}D(X+Y)&=E[(X+Y)^2]-[E(X+Y)]^2\\&=E(X^2)-[E(X)]^2+E(Y^2)-[E(Y)]^2=D(X)+D(Y).\end{aligned}$$

推论 设 $X_1,X_2,\cdots,X_n$ 为相互独立的随机变量,且它们的方差均存在,则
$$D\left(\sum_{i=1}^n X_i\right)=\sum_{i=1}^n D(X_i).$$

性质 5 设 X 为一个方差存在的随机变量,则对任意实数 C,有
$$D(X)\leqslant E[(X-C)^2].$$

证明 利用数学期望的性质易知
$$\begin{aligned}E[(X-C)^2]&=E(X^2)-2CE(X)+C^2\\&=E(X^2)-[E(X)]^2+[E(X)-C]^2\geqslant E(X^2)-[E(X)]^2=D(X).\end{aligned}$$

性质 6 设 X 为一个随机变量,则 $D(X)=0$ 的充要条件是存在一个常数 C,使得 $P(X=C)=1$,其中 $C=E(X)$.

□ 方差性质 6
的证明

例 4.2.3 设随机变量 $X\sim B(n,p)$,求 $E(X),D(X)$.

解 根据二项分布的定义,我们可以把 X 看成 n 重 Bernoulli 试验中事件 A 发生的次数.为此构造随机试验:设独立重复进行 n 次试验,每次试验中事件 A 或 $\bar{A}$ 发生,并且每次试验中 A 发生的概率为 p,令
$$X_i=\begin{cases}1,&A\text{ 在第 }i\text{ 次试验中发生},\\0,&\bar{A}\text{ 在第 }i\text{ 次试验中发生},\end{cases}\quad i=1,2,\cdots,n,$$

易知,$P(X_i=1)=p,P(X_i=0)=1-p,X_1,X_2,\cdots,X_n$ 相互独立,而且 $X=\sum_{i=1}^n X_i$.由例 4.2.1 知 $D(X_i)=p(1-p)$.再由数学期望和方差的性质,有
$$E(X)=\sum_{i=1}^n E(X_i)=np,$$

$$D(X) = \sum_{i=1}^{n} D(X_i) = np(1-p).$$

从上例看出,如果我们可以将一个复杂的随机变量 X 分解成若干个简单的随机变量之和,利用数学期望和方差的性质,往往可以简化计算.读者不妨按照方差的定义直接计算二项分布的数学期望和方差,由此体会利用性质计算的效果.

在概率论中,常常需要将随机变量"标准化",即对任意随机变量 X,若 $E(X),D(X)$ 存在,且 $D(X)>0$,则称

$$X^* = \frac{X-E(X)}{\sqrt{D(X)}}$$

为 X 的**标准化随机变量**.显然,$E(X^*)=0$,

$$D(X^*) = D\left(\frac{X-E(X)}{\sqrt{D(X)}}\right) = \frac{1}{D(X)}D[X-E(X)] = \frac{1}{D(X)}D(X) = 1.$$

任何随机变量经过标准化后,其均值为 0,方差为 1.设 X 为任意随机变量,令 $Y=aX+b(a>0)$,则 X 和 Y 有相同的标准化随机变量,即 $X^*=Y^*$.这说明标准化了的随机变量清除了"原点"和"尺度"的影响,不再有量纲,这就是标准化的原因.

4.3   重要随机变量的数学期望和方差

接下来,我们总结几种重要的随机变量的数学期望和方差,其中 0-1 分布、几何分布、二项分布的期望与方差已经在前面章节的例题中计算得到,其余分布的情形留给读者作为练习.

分布	分布律或概率密度	期望	方差
0-1 分布 $B(1,p)$	$P(X=k)=p^k(1-p)^{1-k}$, $k=0,1,\quad 0<p<1$	p	$p(1-p)$
二项分布 $B(n,p)$	$P(X=k)=C_n^k p^k (1-p)^{n-k}$, $k=0,1,2,\cdots,n,\quad 0<p<1$	np	$np(1-p)$
泊松分布 $P(\lambda)$	$P(X=k)=\dfrac{\lambda^k}{k!}e^{-\lambda}$, $k=0,1,2,\cdots,\quad \lambda>0$	λ	λ

续表

分布	分布律或概率密度	期望	方差
几何分布 $G(p)$	$P(X=k)=p(1-p)^{k-1}$, $\quad k=1,2,\cdots,\quad 0<p<1$	$\dfrac{1}{p}$	$\dfrac{1-p}{p^2}$
超几何分布 $H(n,M,N)$	$P(X=k)=\dfrac{C_M^k C_{N-M}^{n-k}}{C_N^n}$, $\quad \max\{0,n-N+M\}\leqslant k\leqslant \min\{n,M\}$	$n\dfrac{M}{N}$	$n\dfrac{M}{N}\left(1-\dfrac{M}{N}\right)\left(\dfrac{N-n}{N-1}\right)$
负二项分布 （Pascal 分布）	$P(X=k)=C_{k-1}^{r-1}p^r(1-p)^{k-r}$, $\quad k=r,r+1,\cdots,\quad 0<p<1$	$\dfrac{r}{p}$	$\dfrac{r(1-p)}{p^2}$
均匀分布 $U(a,b)$	$f(x)=\begin{cases}\dfrac{1}{b-a}, & a<x<b \\ 0, & \text{其他}\end{cases}$	$\dfrac{a+b}{2}$	$\dfrac{(b-a)^2}{12}$
指数分布 $E(\lambda)$	$f(x)=\begin{cases}\lambda e^{-\lambda x}, & x>0 \\ 0, & \text{其他}\end{cases}$	$\dfrac{1}{\lambda}$	$\dfrac{1}{\lambda^2}$
正态分布 $N(\mu,\sigma^2)$	$f(x,y)=\dfrac{1}{\sqrt{2\pi}\sigma}e^{-\frac{(x-\mu)^2}{2\sigma^2}}$, $\quad -\infty<x<+\infty,\ -\infty<\mu<+\infty,\ \sigma>0$	μ	σ^2

4.4　协方差和相关系数

4.4.1　协方差和相关系数的概念

案例 4.4.1　继续以特定人群的 BMI 值 X 和甘油三酯指标 Y 为研究对象.

（1）回顾第三章中的案例 3.1.4，选取某地区 25～30 岁成年男性的 300 组 BMI 值 X 和甘油三酯指标 Y 的数据，其在平面上的散点图如图 4.4.1 所示，这些点虽然杂乱无章，但大体呈现一种当 X 的值越大时 Y 的值越大的趋势，我们大致画了一条能较好地表示这些点的走向的直线（称为趋势线）.这使我们想到这两个指标可能存在一定的关系.如果有某种关系，如何用一些数字特征刻画这种关系？

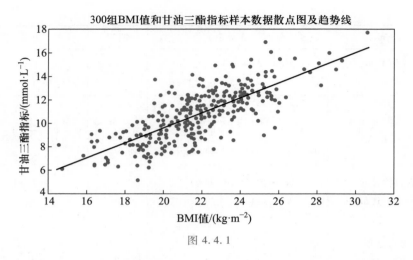

图 4.4.1

（2）观察由服从二维正态分布 $N(21.95, 7.07; 10.67, 4.76; 0.91)$ 的 300 组样本数据（此处略去详细数据）生成的散点图（如图 4.4.2 所示），类似地，我们也大致画了一条趋势线.如果这个二维正态分布是描述另外一个群体的 BMI 值 X 和甘油三酯指标 Y 的分布，类似（1）中的问题，是否也可以由某个数字特征刻画 X, Y 之间的关系？

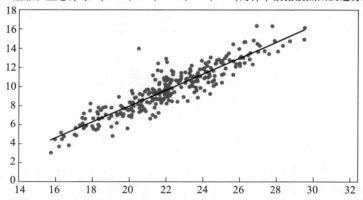

图 4.4.2

（3）进一步讨论（1）（2）中两个群体是否有区别和相同点？如果有区别，用什么数字特征可以刻画这种区别？

分析   从这两个样本数据的散点图及趋势线大致可以看出，两个群体的指标具有如下特点：

BMI 值 X 越高,甘油三酯指标 Y "往往"越大,也就是 X 和 Y 存在某种关系,怎么刻画这种关系呢?

实际上,BMI 值 X 相对于其均值 $E(X)$ 高的人,甘油三酯指标 Y 往往也比其均值 $E(Y)$ 高,那么 $[X-E(X)][Y-E(Y)]$ 会大于零;BMI 值 X 相对于其均值 $E(X)$ 低的人,甘油三酯指标 Y 往往也比其均值 $E(Y)$ 低,$[X-E(X)][Y-E(Y)]$ 也会大于零.另一方面,我们也看到对于不同的群体,这种关联程度又是不同的.接下来介绍的随机变量 (X,Y) 的协方差和相关系数就是用于刻画两个随机变量的相关性的数字特征.下面我们给出一般的定义.

定义 4.4.1 若 $E[(X-E(X))(Y-E(Y))]$ 存在,则称它为随机变量 X,Y 的协方差,记为 $\mathrm{cov}(X,Y)$,即

$$\mathrm{cov}(X,Y)=E[(X-E(X))(Y-E(Y))].$$

当 $D(X)>0,D(Y)>0$ 时,称

$$\rho_{XY}=\frac{\mathrm{cov}(X,Y)}{\sqrt{D(X)}\sqrt{D(Y)}}$$

为随机变量 X 与 Y 的相关系数.

注 1 当 $\rho_{XY}=0$ 时,则称 X 与 Y 是不相关的.

注 2 $\mathrm{cov}(X,Y)$ 依赖于随机变量 X,Y 的量纲,而 ρ_{XY} 是一个无量纲的数.相关系数实质上是"标准化"了的协方差,即 $\rho_{XY}=\mathrm{cov}(X^*,Y^*)$,其中 X^*,Y^* 为 X, Y 的标准化随机变量.

注 3 由定义可知方差是协方差的特例:$D(X)=\mathrm{cov}(X,X)$.

注 4 从协方差的定义可以看出,协方差是随机变量 (X,Y) 的函数的数学期望,故协方差可以由定义计算,也可以通过简单推导由公式计算.

(1) 用定义计算

当 (X,Y) 是离散型随机变量时,

$$\mathrm{cov}(X,Y)=\sum_{i=1}^{+\infty}\sum_{j=1}^{+\infty}[x_i-E(X)][y_j-E(Y)]p_{ij},$$

其中 $P(X=x_i,Y=y_j)=p_{ij}$, $i,j=1,2,\cdots$ 是 (X,Y) 的联合分布律.

当 (X,Y) 是连续型随机变量时,

$$\mathrm{cov}(X,Y)=\int_{-\infty}^{+\infty}\int_{-\infty}^{+\infty}[x-E(X)][y-E(Y)]f(x,y)\mathrm{d}x\mathrm{d}y,$$

其中 $f(x,y)$ 是 (X,Y) 的联合概率密度.

(2) 用公式计算

我们也可用

$$\mathrm{cov}(X,Y)=E(XY)-E(X)E(Y)$$

来计算协方差.

注 5　$D(X \pm Y) = D(X) + D(Y) \pm 2\mathrm{cov}(X, Y)$.

事实上,

$$
\begin{aligned}
\mathrm{cov}(X, Y) &= E\{[X - E(X)][Y - E(Y)]\} \\
&= E[XY - XE(Y) - YE(X) - E(X)E(Y)] = E(XY) - E(X)E(Y),
\end{aligned}
$$

$$
\begin{aligned}
D(X \pm Y) &= E\{[(X \pm Y) - (E(X) \pm E(Y))]^2\} \\
&= E\{[(X - E(X)) \pm (Y - E(Y))]^2\} \\
&= E\{[X - E(X)]^2\} + E\{[Y - E(Y)]^2\} \pm 2E\{[X - E(X)][Y - E(Y)]\} \\
&= D(X) + D(Y) \pm 2\mathrm{cov}(X, Y).
\end{aligned}
$$

为了解决案例中的问题,我们先用一个例子计算一般正态分布的协方差与相关系数.

例 4.4.1　设 $(X, Y) \sim N(\mu_1, \sigma_1^2; \mu_2, \sigma_2^2; \rho)$,求协方差 $\mathrm{cov}(X, Y)$ 和相关系数 ρ_{XY}.

解　对这个分布采用定义计算协方差.由 4.3 节知 $E(X) = \mu_1, D(X) = \sigma_1^2$; $E(Y) = \mu_2, D(Y) = \sigma_2^2$.令

$$
\frac{x - \mu_1}{\sigma_1} = s, \quad \frac{y - \mu_2}{\sigma_2} = t,
$$

则

$$
\begin{aligned}
\mathrm{cov}(X, Y) &= E\{[X - E(X)][Y - E(Y)]\} \\
&= \int_{-\infty}^{+\infty} \int_{-\infty}^{+\infty} (x - \mu_1)(y - \mu_2) \frac{1}{2\pi\sigma_1\sigma_2\sqrt{1-\rho^2}} \cdot \\
&\quad \mathrm{e}^{-\frac{1}{2(1-\rho^2)}\left[\frac{(x-\mu_1)^2}{\sigma_1^2} - 2\rho\left(\frac{x-\mu_1}{\sigma_1}\right)\left(\frac{y-\mu_2}{\sigma_2}\right) + \frac{(y-\mu_2)^2}{\sigma_2^2}\right]} \mathrm{d}x\mathrm{d}y \\
&= \frac{\sigma_1\sigma_2}{2\pi\sqrt{1-\rho^2}} \int_{-\infty}^{+\infty} \int_{-\infty}^{+\infty} st\,\mathrm{e}^{-\frac{1}{2(1-\rho^2)}(s^2 - 2\rho st + t^2)} \mathrm{d}s\mathrm{d}t \\
&\xlongequal{s - \rho t = u} \frac{\sigma_1\sigma_2}{2\pi\sqrt{1-\rho^2}} \int_{-\infty}^{+\infty} \int_{-\infty}^{+\infty} (u + \rho t)t\,\mathrm{e}^{-\frac{u^2}{2(1-\rho^2)} - \frac{t^2}{2}} \mathrm{d}s\mathrm{d}t \\
&= \sigma_1\sigma_2\rho \frac{1}{2\pi\sqrt{1-\rho^2}} \int_{-\infty}^{+\infty} \mathrm{e}^{-\frac{u^2}{2(1-\rho^2)}} \mathrm{d}u \int_{-\infty}^{+\infty} t^2\mathrm{e}^{-\frac{t^2}{2}} \mathrm{d}t = \sigma_1\sigma_2\rho,
\end{aligned}
$$

从而

$$
\rho_{XY} = \frac{\mathrm{cov}(X, Y)}{\sqrt{D(X)}\sqrt{D(Y)}} = \rho.
$$

注　从上例可以看出,二维正态分布中的参数 ρ 是两个随机变量的相关系数.

(1) 二维正态分布完全由两个随机变量的数学期望 μ_1, μ_2,方差 σ_1^2, σ_2^2 及相

关系数 ρ 唯一确定;

（2）由第三章可知,对于服从二维正态分布的随机变量(X,Y),X 与 Y 相互独立的充要条件是 $\rho=0$.现在又知 $\rho_{XY}=\rho$,所以此时,X 与 Y 不相关等价于 X 与 Y 相互独立,这个性质是二维正态分布所特有的.

案例 4.4.1 解

（1）中 BMI 值和甘油三酯指标分别记为 X_1 与 Y_1;（2）中 BMI 值和甘油三酯指标分别记为 X_2 与 Y_2.根据案例 3.1.5 的结论,$(X_1,Y_1)\sim N(21.95,7.07;10.67,4.76;0.75)$,而 $(X_2,Y_2)\sim N(21.95,7.07;10.67,4.76;0.91)$.再由例 4.4.1,$\rho_{X_1Y_1}=0.75$,$\rho_{X_2Y_2}=0.91$.不难发现（1）（2）中两个群体的指标 X,Y 各自的均值以及方差都相等,但相关系数却不同,这就是两个群体的区别.这些数字特征可以使得研究机构更深入地了解问题的本质,从而给出更合理、科学的分析结果.

例 4.4.2 设二维随机变量(X,Y)的联合分布律为

p_{ij}		X	
		1	2
Y	-1	$\dfrac{1}{4}$	$\dfrac{1}{2}$
	1	0	$\dfrac{1}{4}$

求 $\mathrm{cov}(X,Y)$ 和 ρ_{XY}.

解 由题意知

$$E(X)=1\times\frac{1}{4}+2\times\left(\frac{1}{2}+\frac{1}{4}\right)=\frac{7}{4},\quad E(X^2)=1^2\times\frac{1}{4}+2^2\times\left(\frac{1}{2}+\frac{1}{4}\right)=\frac{13}{4},$$

$$D(X)=E(X^2)-[E(X)]^2=\frac{13}{4}-\frac{49}{16}=\frac{3}{16},$$

$$E(Y)=-1\times\left(\frac{1}{4}+\frac{1}{2}\right)+1\times\frac{1}{4}=-\frac{1}{2},E(Y^2)=(-1)^2\times\left(\frac{1}{4}+\frac{1}{2}\right)+1^2\times\frac{1}{4}=1,$$

$$D(Y)=E(Y^2)-[E(Y)]^2=1-\left(-\frac{1}{2}\right)^2=\frac{3}{4},$$

$$E(XY)=1\times(-1)\times\frac{1}{4}+1\times1\times0+2\times(-1)\times\frac{1}{2}+2\times1\times\frac{1}{4}=-\frac{3}{4},$$

从而

$$\mathrm{cov}(X,Y)=E(XY)-E(X)E(Y)=-\frac{3}{4}-\frac{7}{4}\times\left(-\frac{1}{2}\right)=\frac{1}{8},$$

$$\rho_{XY} = \frac{\mathrm{cov}(X,Y)}{\sqrt{D(X)}\sqrt{D(Y)}} = \frac{\dfrac{1}{8}}{\sqrt{\dfrac{3}{16}}\sqrt{\dfrac{3}{4}}} = \frac{1}{3}.$$

例 4.4.3（续案例 3.1.3）　设某购物网站有 A 和 B 两个品牌的服饰,据统计每个访问该网站的人会以 p 的概率选择 A 品牌,以 q 的概率选择 B 品牌,以 $1-p-q$ 的概率只是浏览网站而两个品牌都不选择(考虑顾客不会同时购买 A 与 B 品牌).预计在某购物节那天共有 n 个人点击该网站.假设每个人如何选择相互独立,令 X 表示"购买 A 品牌的人数"; Y 表示"购买 B 品牌的人数".求 $\mathrm{cov}(X,Y)$ 与 ρ_{XY}.

解　易知 $X+Y$ 表示购买 A 品牌以及 B 品牌的总人数,并且
$$X \sim B(n,p), Y \sim B(n,q), \quad X+Y \sim B(n,p+q),$$
由二项分布的方差,有
$$D(X) = np(1-p), \quad D(Y) = nq(1-q), \quad D(X+Y) = n(p+q)(1-p-q),$$
利用关系式 $D(X+Y) = D(X) + D(Y) + 2\mathrm{cov}(X,Y)$,得

$$\mathrm{cov}(X,Y) = \frac{1}{2}\big[n(p+q)(1-p-q) - np(1-p) - nq(1-q)\big]$$

$$= \frac{1}{2}\big[np + nq - n(p+q)^2 - np + np^2 - nq + nq^2\big] = -npq,$$

从而

$$\rho_{XY} = \frac{\mathrm{cov}(X,Y)}{\sqrt{D(X)D(Y)}} = -\frac{npq}{\sqrt{np(1-p) \times nq(1-q)}} = -\sqrt{\frac{pq}{(1-p)(1-q)}},$$

我们可以看出 X,Y 是相关的,且相关系数不依赖于 n.

例 4.4.4　设二维连续型随机变量 (X,Y) 的联合概率密度为
$$f(x,y) = \begin{cases} ye^{-x-y}, & x>0, y>0, \\ 0, & \text{其他}, \end{cases}$$

计算 ρ_{XY}.

解
$$E(X) = \int_{-\infty}^{+\infty} \int_{-\infty}^{+\infty} xf(x,y)\,\mathrm{d}x\mathrm{d}y$$

$$= \int_0^{+\infty} \int_0^{+\infty} xye^{-x-y}\,\mathrm{d}x\mathrm{d}y = \int_0^{+\infty} xe^{-x}\,\mathrm{d}x \int_0^{+\infty} ye^{-y}\,\mathrm{d}y = 1,$$

同理,

$$E(Y) = \int_0^{+\infty} e^{-x}\,\mathrm{d}x \int_0^{+\infty} y^2 e^{-y}\,\mathrm{d}y = 1 \times 2 = 2,$$

$$E(XY) = \int_0^{+\infty} x e^{-x} dx \int_0^{+\infty} y^2 e^{-y} dy = 1 \times 2 = 2,$$

从而,$\mathrm{cov}(X,Y) = E(XY) - E(X)E(Y) = 2 - 1 \times 2 = 0$,故 $\rho_{XY} = 0$.

4.4.2 协方差和相关系数的性质

协方差具有下述性质:

性质 1 若随机变量 X,Y 的协方差存在,则 $\mathrm{cov}(X,Y) = \mathrm{cov}(Y,X)$;

性质 2 若随机变量 X,Y 的协方差存在,a,b 为任意常数,则 $\mathrm{cov}(aX,bY) = ab\mathrm{cov}(X,Y)$;

性质 3 若随机变量 X,Y,Z 满足协方差 $\mathrm{cov}(X,Z)$ 与 $\mathrm{cov}(Y,Z)$ 都存在,则 $\mathrm{cov}(X+Y,Z)$ 也存在,且 $\mathrm{cov}(X+Y,Z) = \mathrm{cov}(X,Z) + \mathrm{cov}(Y,Z)$.

上述这些性质利用定义易证,证明略去.

性质 4(Cauchy-Schwarz(柯西-施瓦茨)不等式) 设 (X,Y) 为二维随机变量,若 X,Y 的方差存在,则 X,Y 的协方差也存在,且

$$|\mathrm{cov}(X,Y)| \leqslant \sqrt{D(X)}\sqrt{D(Y)}.$$

当 $D(X) > 0, D(Y) > 0$ 时,上式等号成立的充要条件为:存在常数 t_0,使得

$$P(Y - E(Y) = t_0(X - E(X))) = 1.$$

证明 X,Y 的方差存在,由方差的性质可知,对任意常数 $t, tX+Y$ 的方差也存在,进而 $\mathrm{cov}(X,Y) = \dfrac{1}{2}[D(X+Y) - D(X) - D(Y)]$ 也存在.令

$$g(t) = D(-tX+Y) = D(-tX) + 2\mathrm{cov}(-tX,Y) + D(Y),$$

易得 $g(t) = t^2 D(X) - 2t\mathrm{cov}(X,Y) + D(Y)$.显然,$g(t)$ 为关于 t 的二次函数,而且对任意实数 $t, g(t) \geqslant 0$ 意味着

$$\Delta = 4[\mathrm{cov}(X,Y)]^2 - 4D(X)D(Y) \leqslant 0, \qquad (*)$$

从而,$|\mathrm{cov}(X,Y)| \leqslant \sqrt{D(X)}\sqrt{D(Y)}$.

当 $D(X) > 0, D(Y) > 0$ 时,$(*)$ 中等式成立等价于 $\Delta = 0$,即 $g(t) = 0$ 有两个相等的实根

$$t_0 = \frac{\mathrm{cov}(X,Y)}{D(X)} = \pm\sqrt{\frac{D(Y)}{D(X)}},$$

亦即 $g(t_0) = D(-t_0 X + Y) = 0$ 等价于存在常数 C,使得 $P(-t_0 X + Y = C) = 1$,也就是

$$P(-t_0 X + Y = E(-t_0 X + Y)) = 1,$$

即

$$P(Y - E(Y) = t_0(X - E(X))) = 1.$$

随机变量 X,Y 的相关系数 ρ_{XY} 具有下述性质:

性质 1 $|\rho_{XY}| \leqslant 1$;

性质 2 $|\rho_{XY}| = 1$ 的充要条件为 $P(Y^* = \pm X^*) = 1$,其中 X^*,Y^* 为 X,Y 的标准化随机变量,此时也称两个随机变量完全相关,并且

（ⅰ）$\rho_{XY} = 1$ 的充要条件为 $P(Y^* = X^*) = 1$,此时称 X,Y 完全正相关;

（ⅱ）$\rho_{XY} = -1$ 的充要条件为 $P(Y^* = -X^*) = 1$,此时称 X,Y 完全负相关.

证明 性质 1 由 Cauchy-Schwarz 不等式显然可得.仅证性质 2,由 Cauchy-Schwarz 不等式的证明过程可知,$\rho_{XY} = \pm 1$ 当且仅当

$$P(Y - E(Y) = t_0(X - E(X))) = 1,$$

其中 $t_0 = \pm\sqrt{\dfrac{D(Y)}{D(X)}}$,故 $P\left(\dfrac{Y-E(Y)}{\sqrt{D(Y)}} = \pm\dfrac{X-E(X)}{\sqrt{D(X)}}\right) = 1$,所以,当 $\rho_{XY} = \pm 1$ 时,

$$P(Y^* = \pm X^*) = 1.$$

注 1 $|\rho_{XY}|$ 的大小一定程度反映了 X 与 Y 之间的线性关系强弱.具体来说,$|\rho_{XY}|$ 反映了由 X 的线性函数 $aX+b$ 估计 Y 所产生的均方误差的大小.解释如下:

设 $g(a,b) = E[(Y-aX-b)^2]$,称 $\min\limits_{a,b} g(a,b)$ 为 Y 关于 X 的线性均方误差.

$g(a,b) = E(Y^2) - 2aE(XY) + a^2E(X^2) - 2bE(Y) + 2abE(X) + b^2$,

利用微积分的相关知识,当

$$\begin{cases} \hat{a} = \dfrac{\text{cov}(X,Y)}{D(X)} = \rho_{XY}\sqrt{\dfrac{D(Y)}{D(X)}}, \\ \hat{b} = E(Y) - \hat{a}E(X) = E(Y) - \rho_{XY}\sqrt{\dfrac{D(Y)}{D(X)}}E(X) \end{cases}$$

时,$g(a,b)$ 达到最小,并且

$$g(\hat{a},\hat{b}) = \min_{a,b} g(a,b) = \min_{a,b} E[(Y-aX-b)^2] = D(Y)(1-\rho_{XY}^2).$$

由此可见,$|\rho_{XY}|$ 越大,Y 关于 X 的线性均方误差就越小,Y 和 X 的线性关系就越强.特别地,当 $|\rho_{XY}| = 1$ 时,Y 关于 X 的线性均方误差为 0,也就是 X 的线性函数 $aX+b$“完全”能估计出 Y,从而 Y 和 X 以概率 1 线性相关.反之,$|\rho_{XY}|$ 越小,Y 关于 X 的线性均方误差就越大,Y 和 X 的线性关系就越弱.特别地,当 $|\rho_{XY}| = 0$ 时,Y 和 X 不线性相关.这说明,$|\rho_{XY}|$ 的大小是 Y 与 X 之间的线性关系强弱的一种度量.

注 2 关于 X 与 Y 不相关,我们有如下的等价命题:

设随机变量 X 与 Y 的方差都存在,且 $D(X)>0,D(Y)>0$,则下列命题等价:

（ⅰ）X 与 Y 不相关;

（ⅱ）$\rho_{XY} = 0$;

（ⅲ）$\mathrm{cov}(X,Y)=0$；

（ⅳ）$E(XY)=E(X)E(Y)$；

（ⅴ）$D(X\pm Y)=D(X)+D(Y)$；

（ⅵ）$D(X+Y)=D(X-Y)$.

注3 设随机变量 X 与 Y 的方差都存在,若 X 与 Y 相互独立,则 X 与 Y 一定不相关,但反之不然.我们看下面的例子.

例 4.4.5 设随机变量 $X\sim N(0,1)$，$Y=X^2$，试证明 X 与 Y 不相关且不相互独立.

证明 由于 $X\sim N(0,1)$,其概率密度

$$f(x)=\frac{1}{\sqrt{2\pi}}\mathrm{e}^{-\frac{x^2}{2}},\quad -\infty<x<+\infty$$

为偶函数,从而 $E(X)=0$,且

$$E(XY)=E(X^3)=\int_{-\infty}^{+\infty}x^3\frac{1}{\sqrt{2\pi}}\mathrm{e}^{-\frac{x^2}{2}}\mathrm{d}x=0,$$

从而

$$\mathrm{cov}(X,Y)=E(XY)-E(X)E(Y)=0-0\cdot E(Y)=0,$$

故 X 与 Y 不相关.又因为

$$P(X\leqslant 2,Y\leqslant 4)=P(X\leqslant 2,X^2\leqslant 4)=P(X\leqslant 2,-2\leqslant X\leqslant 2)=P(-2\leqslant X\leqslant 2)$$
$$\neq P(X\leqslant 2)P(-2\leqslant X\leqslant 2)=P(X\leqslant 2)P(Y\leqslant 4),$$

所以,X 与 Y 不相互独立.

本节的最后,我们再通过两个案例来说明方差和协方差的应用.

案例 4.4.2(续案例 1.2.5) 如果幼儿园要为最佳默契奖获奖者颁发奖品,最佳默契奖的平均获奖数自然是幼儿园所关注的,求最佳默契奖获奖数的均值和方差.

解 为解决案例中的问题,我们引入一些随机变量,设 X 表示"最佳默契奖的获奖数".令

$$X_i=\begin{cases}1,&\text{第 }i\text{ 个孩子与家长配对,}\\0,&\text{第 }i\text{ 个孩子与家长没有配对,}\end{cases}\quad i=1,2,\cdots,n,$$

则 $X=\sum_{i=1}^{n}X_i$.根据 X_i 的定义,不难得到下列分布律：

X_i	1	0
P	$\dfrac{1}{n}$	$1-\dfrac{1}{n}$

X_iX_j	1	0
P	$\dfrac{1}{n(n-1)}$	$1-\dfrac{1}{n(n-1)}$

由此得出

$$E(X_i) = E(X_i^2) = \frac{1}{n}, \quad i=1,2,\cdots,n, \quad E(X_iX_j) = \frac{1}{n(n-1)}, \quad i,j=1,2,\cdots,n.$$

根据数学期望的性质,

$$E(X) = \sum_{i=1}^{n} E(X_i) = n \cdot \frac{1}{n} = 1.$$

$$E(X^2) = E\left(\sum_{i=1}^{n} X_i\right)^2 = E\left(\sum_{i=1}^{n} X_i^2 + 2\sum_{1 \le i < j \le n} X_iX_j\right)$$

$$= \sum_{i=1}^{n} E(X_i^2) + 2\sum_{1 \le i < j \le n} E(X_iX_j)$$

$$= \sum_{i=1}^{n} \frac{1}{n} + 2\sum_{1 \le i < j \le n} \frac{1}{n(n-1)} = n \cdot \frac{1}{n} + 2 \cdot C_n^2 \cdot \frac{1}{n(n-1)} = 2,$$

综合性习题:
数字特征在
投资决策中
的应用   则

$$D(X) = E(X^2) - E^2(X) = 1.$$

4.5   随机变量的高阶矩

定义 4.5.1   设 X, Y 都是随机变量.

(1) 若 $E(|X|^k) < +\infty$ $(k=1,2,\cdots)$,则称 $E(X^k)$ 为 X 的 k 阶原点矩,$E\{[X-E(X)]^k\}$ 为 X 的 k 阶中心矩;

(2) 若 $E(|X|^k|Y|^l) < +\infty$ $(k,l=1,2,\cdots)$,则称 $E(X^kY^l)$ 为 X 和 Y 的 $k+l$ 阶混合原点矩,$E\{[X-E(X)]^k[Y-E(Y)]^l\}$ 为 X 的 $k+l$ 阶混合中心矩.

由定义可知,X 的数学期望 $E(X)$ 是 X 的一阶原点矩,方差 $D(X)$ 是 X 的二阶中心矩,协方差 $\mathrm{cov}(X,Y)$ 是 X 和 Y 的二阶混合中心矩.

定义 4.5.2   设 $(X_1, X_2, \cdots, X_n)$ 是 n 维随机变量,$X_1, X_2, \cdots, X_n$ 的二阶矩都存在,记

$$c_{ij} = \mathrm{cov}(X_i, X_j), \quad i,j=1,2,\cdots,n,$$

则称矩阵

$$C = \begin{pmatrix} c_{11} & c_{12} & \cdots & c_{1n} \\ c_{21} & c_{22} & \cdots & c_{2n} \\ \vdots & \vdots & & \vdots \\ c_{n1} & c_{n2} & \cdots & c_{nn} \end{pmatrix}$$

为 n 维随机变量 $(X_1, X_2, \cdots, X_n)$ 的协方差矩阵.由于 $c_{ij} = c_{ji}$,故协方差矩阵 C 是

一个对称矩阵.

性质 1 设 $(X_1, X_2, \cdots, X_n)$ 是 n 维随机变量, $X_1, X_2, \cdots, X_n$ 的二阶矩都存在, C 是其协方差矩阵, 则

(1) 对任意实数 $t_1, t_2, \cdots, t_n$, $D(t_1 X_1 + t_2 X_2 + \cdots + t_n X_n) = (t_1, t_2, \cdots, t_n) C \begin{pmatrix} t_1 \\ t_2 \\ \vdots \\ t_n \end{pmatrix}$;

(2) C 是一个半正定矩阵.

证明 对任意实数 $t_1, t_2, \cdots, t_n$,

$$D(t_1 X_1 + t_2 X_2 + \cdots + t_n X_n) = \operatorname{cov}\left(\sum_{i=1}^{n} t_i X_i, \sum_{j=1}^{n} t_j X_j \right)$$

$$= \sum_{i=1}^{n} \sum_{j=1}^{n} t_i t_j \operatorname{cov}(X_i, X_j) = \sum_{i=1}^{n} \sum_{j=1}^{n} t_i t_j c_{ij}$$

$$= (t_1, t_2, \cdots, t_n) C \begin{pmatrix} t_1 \\ t_2 \\ \vdots \\ t_n \end{pmatrix},$$

由于 $D(t_1 X_1 + t_2 X_2 + \cdots + t_n X_n) \geqslant 0$, 所以 C 为半正定矩阵.

下面我们利用协方差矩阵给出多维正态随机变量的概率密度. 首先看二维正态随机变量的概率密度:

$$f(x_1, x_2) = \frac{1}{2\pi \sigma_1 \sigma_2 \sqrt{1-\rho^2}} e^{-\frac{1}{2(1-\rho^2)} \left[\frac{(x_1-\mu_1)^2}{\sigma_1^2} - 2\rho \left(\frac{x_1-\mu_1}{\sigma_1} \right) \left(\frac{x_2-\mu_2}{\sigma_2} \right) + \frac{(x_2-\mu_2)^2}{\sigma_2^2} \right]},$$

它可以由矩阵表示为

$$f(x_1, x_2) = \frac{1}{2\pi |C|^{1/2}} e^{-\frac{1}{2}(x-\mu)^{\mathrm{T}} C^{-1}(x-\mu)},$$

其中 $\mu = (\mu_1, \mu_2)^{\mathrm{T}}$, $C = \begin{pmatrix} \sigma_1^2 & \sigma_1 \sigma_2 \rho \\ \sigma_1 \sigma_2 \rho & \sigma_2^2 \end{pmatrix}$ 分别是二维正态分布的均值向量和协方差矩阵, $|C|$, C^{-1} 分别是 C 的行列式和逆矩阵, $x = (x_1, x_2)^{\mathrm{T}}$. 类似于这个概率密度的形式, 我们定义 n 维正态随机变量.

定义 4.5.3 设 $(X_1, X_2, \cdots, X_n)$ 为 n 维随机变量, 如果 $(X_1, X_2, \cdots, X_n)$ 的联合概率密度满足

$$f(x_1, x_2, \cdots, x_n) = \frac{1}{(2\pi)^{n/2} |C|^{1/2}} e^{-\frac{1}{2}(x-\mu)^{\mathrm{T}} C^{-1}(x-\mu)},$$

其中 C 是一个正定矩阵, $\boldsymbol{\mu} = (\mu_1, \mu_2, \cdots, \mu_n)^T$, $\boldsymbol{x} = (x_1, x_2, \cdots, x_n)^T$ 均为 n 维列向量,则称 $(X_1, X_2, \cdots, X_n)$ 服从均值向量为 $\boldsymbol{\mu} = (\mu_1, \mu_2, \cdots, \mu_n)^T$、协方差矩阵为 C 的 n 维正态分布,记作 $(X_1, X_2, \cdots, X_n) \sim N(\boldsymbol{\mu}, C)$.

性质 2   设 $X_1, X_2, \cdots, X_n$ 服从均值向量为 $\boldsymbol{\mu} = (\mu_1, \mu_2, \cdots, \mu_n)^T$、协方差矩阵为 C 的 n 维正态分布,则

(1) $X_1, X_2, \cdots, X_n$ 相互独立的充要条件是 C 为对角矩阵;

(2) $X_1, X_2, \cdots, X_n$ 的任意线性组合仍服从正态分布.

证明略.

习 题 四

1. 将 3 个相同的球逐个独立随机地放入编号为 1,2,3,4 的 4 个盒子中,以 X 表示有球盒子的最小号码(例如,$X=2$ 表示 1 号盒子空,2 号盒子中有球).求 $E(X)$.

2. 某射击运动员每次射击时的命中率为 0.99,假设一次训练需要射击 5 000 发子弹,求该运动员在一次训练中命中次数的数学期望.

3. 甲、乙两人进行乒乓球预选赛,预选赛为 5 局 3 胜制,且有一方先胜 3 局比赛就结束.假设每人每局获胜概率相同,求比赛局数的数学期望.

4. 某电子元件按 12 件一盒包装,假设每盒中有 9 件正品、3 件次品,对每盒的检测都是按不放回抽取、一次抽一个进行.对每一盒检测时,首次检测到正品前平均检测到的次品数是多少?

5. 设一个办公楼有 n 层,m 个人在一楼进入电梯.若每个人在第 2 至 n 层楼走出电梯的概率相同,直到电梯中的人走空为止.求电梯需停次数的数学期望.

6. 某保险公司打算设立交通事故意外险,若交通事故导致死亡发生,保险公司的赔付额是 m 元.据保险公司调查,该险种受众群体发生交通事故死亡的概率为 p,要使保险公司期望收益达到赔付金额的 5%,公司要求客户缴纳的最低保费是多少?

7. 用天平称量某种物品的质量(砝码仅允许放在一个秤盘中),物品的质量只可能为 1 g,2 g,$\cdots$,10 g,并且各种情形发生的概率相同,现有三组砝码(砝码重量以 g 计):

第一组:1,2,2,5,10

第二组:1,2,3,4,10

第三组:1,1,2,5,10

每次称重只能用一组砝码.问哪一组砝码称重时所用的平均砝码数最少?

8. 某生产线上有三台大型设备,现对三台设备进行检测,假设每台设备发生

故障是相互独立的,且概率分别为 p_1,p_2,p_3.试证明该生产线上发生故障的设备数的数学期望是 $p_1+p_2+p_3$.

9. 已知离散型随机变量 X 的可能取值为 $-1,0,1$,且 $E(X)=0.1,E(X^2)=0.9$,求 X 的分布律.

10. 某个边长为 $500\ \mathrm{m}$ 的正方形场地,用航空摄影测量法测得边长的误差,记为 X,其概率密度为

$$f(x)=\begin{cases}k(1-x^2),&|x|<1,\\0,&\text{其他}.\end{cases}$$

求场地面积的数学期望.

11. 设随机变量 X 的概率密度

$$f(x)=\begin{cases}x,&0<x\leqslant1,\\2-x,&1<x<2,\\0,&\text{其他},\end{cases}$$

求 $E(X),E(2X+1),E(\mathrm{e}^{-X})$.

12. 设随机变量 X 服从标准正态分布,求 $E(|X|),E(X^4)$.

13. 设由自动流水线加工的某种零件内径 X(单位:mm)服从正态分布 $N(\mu,1)$,内径小于 $10\ \mathrm{mm}$ 或大于 $12\ \mathrm{mm}$ 的零件为次品,销售次品要亏损,已知销售利润 T(单位:元)与销售零件的内径 X 有如下关系:

$$T=\begin{cases}-1,&X<10,\\20,&10\leqslant X\leqslant12,\\-5,&X>12.\end{cases}$$

问平均内径 μ 为何值时,销售一个零件的平均利润最大?

14. 汽车始发站分别于每小时的 10 分,30 分和 55 分发车.若乘客不知道发车时间,在每小时内的任意时刻随机到达车站,求乘客等候时间的数学期望(精确到秒).

15. 某人有 n 把钥匙,其中只有一把能打开门,从中任取一把试开,试过则不重复试,直至把门打开为止.求试开次数的数学期望与方差.

16. 设随机变量 X 的概率密度为

$$f(x)=\begin{cases}ax,&0<x<2,\\cx+b,&2\leqslant x\leqslant4,\\0,&\text{其他},\end{cases}$$

已知 $E(X)=2,P(1<X<3)=\dfrac{3}{4}$,求:

(1) a,b,c 的值;

(2) 随机变量 $Y = \mathrm{e}^X$ 的数学期望与方差.

17. 设随机变量 X 与 Y 相互独立, $X \sim U(0,1)$, Y 的概率密度为

$$f_Y(y) = \begin{cases} \mathrm{e}^{-(y-5)}, & y > 5, \\ 0, & \text{其他}, \end{cases}$$

求 $E(XY)$, $D(XY)$, $D(2X-Y)$.

18. 设二维随机变量的联合概率密度为

$$f(x,y) = \begin{cases} 6xy^2, & 0 < x < 1, 0 < y < 1, \\ 0, & \text{其他}, \end{cases}$$

求 $E(XY)$, $E(2X^2+3Y)$, $D(X+Y)$.

19. 设随机变量 X 与 Y 相互独立, 它们的概率密度分别是

$$f_X(x) = \frac{1}{2\sqrt{\pi}} \mathrm{e}^{\frac{-x^2+2x-1}{4}}, \quad -\infty < x < +\infty,$$

$$f_Y(y) = \frac{1}{\sqrt{2\pi}} \mathrm{e}^{-(0.5y^2+2y+2)}, \quad -\infty < y < +\infty,$$

设随机变量 $Z = 2X - Y + 8$, 求 Z 的数学期望和方差.

20. 在长为 l 的线段上任取两点, 求两点间的距离的数学期望与方差.

21. 证明: 在一次试验中, 事件 A 发生的次数 X 的方差满足 $D(X) \leqslant \dfrac{1}{4}$.

22. 设连续型随机变量 X 的一切可能取值在区间 $[a,b]$ 内, 且其概率密度为 $f(x)$. 证明:

(1) $a \leqslant E(X) \leqslant b$;

(2) $D(X) \leqslant \dfrac{(b-a)^2}{4}$.

23. 设随机变量 X, Y 相互独立, 且其方差均存在, 证明: $D(XY) \geqslant D(X)D(Y)$.

24. 设随机变量 X, Y 相互独立, 且 $X \sim U(1,3)$, $Y \sim N(0,1)$, 计算 $D(XY)$.

25. 设二维随机变量的联合分布律为

p_{ij}		X	
		0	1
Y	0	0.1	0.3
	1	0.2	0.4

求 $E(X)$, $E(Y)$, $D(X)$, $D(Y)$, $\mathrm{cov}(X,Y)$, ρ_{XY} 及 (X,Y) 的协方差矩阵 $\boldsymbol{C}$.

26. 设二维随机变量 (X,Y) 的联合概率密度为

$$f(x,y) = \begin{cases} e^{-(x+y)}, & x>0, y>0, \\ 0, & 其他, \end{cases}$$

求 $E(X), E(Y), D(X), D(Y), \mathrm{cov}(X,Y), \rho_{XY}$ 及 (X,Y) 的协方差矩阵 $\boldsymbol{C}$.

27. 设二维随机变量的联合分布律为

p_{ij}		X		
		-1	0	1
Y	-1	$\frac{1}{8}$	$\frac{1}{8}$	$\frac{1}{8}$
	0	$\frac{1}{8}$	0	$\frac{1}{8}$
	1	$\frac{1}{8}$	$\frac{1}{8}$	$\frac{1}{8}$

试验证 X 和 Y 既不相关,也不相互独立.

28. 设 A, B 是试验 E 的两个随机事件,且 $P(A)>0, P(B)>0$,并定义随机变量 X 与 Y 如下:

$$X = \begin{cases} 1, & A 发生, \\ 0, & \bar{A} 发生, \end{cases} \qquad Y = \begin{cases} 1, & B 发生, \\ 0, & \bar{B} 发生, \end{cases}$$

证明:若 X 与 Y 不相关,则 X 与 Y 必定相互独立.

29. 设二维随机变量 $(X,Y) \sim N(1,9;0,16;-0.5)$,令 $Z = \dfrac{X}{3} + \dfrac{Y}{2}$.求 $E(Z)$, $D(Z), \rho_{XZ}$.

30. 设二维随机变量 (X,Y) 在单位圆盘内服从均匀分布,试证 X 与 Y 不相关,但 X 与 Y 不是相互独立的.

31. 设二维随机变量 (X,Y) 的协方差矩阵为 $\begin{pmatrix} 1 & 2 \\ 2 & 5 \end{pmatrix}$,令 $U = X - 2Y, V = 2X - Y$,求 ρ_{UV}.

开放式案例分析题

1. 假设某地区每户家庭拥有的汽车数为随机变量 X,其分布律为

X	0	1	2
P	0.1	0.75	0.15

（1）求该地区每户家庭拥有汽车数的数学期望 $E(X)$；

（2）为什么一个地区每户家庭拥有的汽车数可以假设为随机变量？请叙述你的观点？并根据你的观点进行数学建模，分析计算你所在地区每户家庭的平均车辆数.

2. 某种盒装食品销售商计划下周进行产品的促销推广活动，促销方式如下：

购买数/盒	1	2	3	≥4
每盒折扣额度/元	0	2	3	4

根据前期的统计数据，每位顾客购买的盒数 X 服从 Poisson 分布，即 $X \sim P(\lambda)$，请根据不同的参数 λ 给出该商家促销周利润的平均损失.

□ 习题四答案

第五章　大数定律和中心极限定理

本章研究的大数定律与中心极限定理是概率论中两类极限定理的统称.我们知道,随机现象在一次试验中出现什么结果具有偶然性,但在大量的重复观察或试验下,往往呈现几乎必然的规律,即所谓的统计规律.大数定律是随机现象统计规律性的一般理论,而中心极限定理则证明了大量相互独立且同分布的随机变量之和近似服从正态分布.两类极限定理都包含"大数",也就是都涉及大量的观察量(或者观测值),因而本章研究的现象只有在大量观察和试验之下才能成立.大数定律与中心极限定理揭示了随机现象的重要统计规律,不仅有理论价值,也有着极其重要的应用价值,是后续统计方法的理论基础.

5.1　预　备　知　识

5.1.1　Chebyshev 不等式

Chebyshev(切比雪夫)不等式是概率极限理论中基本且重要的不等式,是证明大数定律的重要工具和理论基础,而且利用 Chebyshev 不等式还可以对某些随机事件的概率进行估计.

定理 5.1.1(Chebyshev 不等式)　设随机变量 X 的数学期望 $E(X)=\mu$,方差 $D(X)=\sigma^2$,则对于任意正数 ε,恒有不等式

$$P(|X-\mu| \geqslant \varepsilon) \leqslant \frac{\sigma^2}{\varepsilon^2},$$

或

$$P(|X-\mu| < \varepsilon) > 1 - \frac{\sigma^2}{\varepsilon^2}.$$

证明　这里仅证明连续型随机变量的情形,设随机变量 X 的概率密度为

$f(x)$,则

$$P(\,|\,X-\mu\,|\geqslant\varepsilon)=\int_{|x-\mu|\geqslant\varepsilon}f(x)\,\mathrm{d}x,$$

容易看到当 $|x-\mu|\geqslant\varepsilon$ 时,$\left(\dfrac{x-\mu}{\varepsilon}\right)^2\geqslant1$,因此

$$P(\,|\,X-\mu\,|\geqslant\varepsilon)\leqslant\int_{|x-\mu|\geqslant\varepsilon}\left(\frac{x-\mu}{\varepsilon}\right)^2f(x)\,\mathrm{d}x\leqslant\int_{-\infty}^{+\infty}\left(\frac{x-\mu}{\varepsilon}\right)^2f(x)\,\mathrm{d}x.$$

根据方差的定义,$\sigma^2=D(X)=\displaystyle\int_{-\infty}^{+\infty}(x-\mu)^2f(x)\,\mathrm{d}x$,所以

$$P(\,|\,X-\mu\,|\geqslant\varepsilon)\leqslant\frac{\sigma^2}{\varepsilon^2}.$$

对于离散型随机变量的情形,只要把其中的概率密度替换为分布律,积分替换为求和即可得证.

案例 5.1.1   智能手机在为人们提供人性化服务的同时,其负面影响也不容忽视.对在校学生来说,如何合理使用智能手机受到各方面的关注,比如,希望了解某个学生群体每天使用智能手机的时间情况.是否可以估算出该学生群体每天使用智能手机时间的大概率区间(比如概率大于 80% 的区间)或小概率区间(比如概率小于 20% 的区间)呢? 假设该学生群体每天使用智能手机的时间记为 X,据统计,$E(X)=170,D(X)=400$.请估计该学生群体使用智能手机的时间介于 120 min 与 220 min 之间以及区间(120,220)外的概率.

解 X 显然是随机变量,根据 Chebyshev 不等式的结果,只要能获取 X 的数学期望和方差,就可以解决案例的问题.由条件知 $E(X)=170,D(X)=400$.可得该学生群体每天使用智能手机的时间 X 介于(120,220)内的概率为

$$P(120<X<220)=P(\,|\,X-170\,|<50)>1-\frac{400}{2\,500}=0.84,$$

介于区间(120,220)之外的概率为

$$P(\{X\leqslant120\}\cup\{X\geqslant220\})\leqslant0.16.$$

从上面的结果,我们估计该学生群体每天使用智能手机的时间有 84% 的可能性在区间(120,220)内,有 16% 的可能性在区间(120,220)外,其实也可以有其他结果,留给有兴趣的读者思考.

事实上,当随机变量的分布未知时,只要能确定随机变量的数学期望和方差,根据 Chebyshev 不等式就可以估计随机变量在以数学期望值为中心的任何区间内取值的概率,而且随机变量的取值大多集中在数学期望值附近,当然集中程度与方差有关.

对于任意随机变量 X,无论其分布如何,由 Chebyshev 不等式可知,

当 $\varepsilon = 3\sigma$ 时,$P(\,|\,X-\mu\,|\,<3\sigma) > 1 - \dfrac{\sigma^2}{9\sigma^2} = \dfrac{8}{9} \approx 88.89\%$;

当 $\varepsilon = 4\sigma$ 时,$P(\,|\,X-\mu\,|\,<4\sigma) > 1 - \dfrac{\sigma^2}{16\sigma^2} = \dfrac{15}{16} = 93.75\%$.

一般地,$P(\,|\,X-\mu\,|\,<k\sigma) > 1 - \dfrac{1}{k^2}$(其中 $k>0$).

不难理解 σ 越大,对相同的 k,由 $|\,X-\mu\,|\,<k\sigma$ 确定的 X 的取值范围就越大,即 X 的分布偏离其均值 μ 的程度越大,这也说明了方差是反映随机变量偏离其均值程度的度量.

例 5.1.1 假设某地区有 10 000 盏电灯,各盏灯是否开启相互独立,并且夜晚每盏灯开灯的概率均为 0.7.试用 Chebyshev 不等式估计夜晚同时开灯数在 6 800 到 7 200 盏之间的概率.

解 令 X 表示夜晚同时开灯数,则 $X \sim B(10\ 000, 0.7)$,此时
$$E(X) = np = 7\ 000, \quad D(X) = np(1-p) = 2\ 100,$$
由 Chebyshev 不等式知
$$P(6\ 800 < X < 7\ 200) = P(\,|\,X-7\ 000\,|\,<200) > 1 - \dfrac{2\ 100}{200^2} = 0.947\ 5.$$

若直接利用二项分布可算得
$$P(6\ 800 < X < 7\ 200) = \sum_{i=6\ 801}^{7\ 199} C_{10\ 000}^{i}\, 0.7^i\, 0.3^{10\ 000-i} = 0.999\ 9.$$

从案例 5.1.1 与例 5.1.1 可以看到,只要能获得随机变量的数学期望与方差,Chebyshev 不等式为我们提供了一种估计概率的简单方法.另外,从例 5.1.1 的结果也可以看到,虽然 Chebyshev 不等式可以估计概率,但精度不够高;并且在数学期望、方差都存在的情况下,用该不等式估计 $P(a<X<b)$ 的概率,最好满足条件 $b-\mu=\mu-a$,否则估计效果较差.虽然 Chebyshev 不等式对于概率的估计不尽如人意,但读者在接下来可以看到它在理论上有着十分重要的应用.

5.1.2 依概率收敛

为后续描述方便,我们先给出概率统计中的一个极限定义.

定义 5.1.1 设 $Y_1, Y_2, \cdots, Y_n, \cdots$ 是一个随机变量序列,X 是一个随机变量,若 $\forall\, \varepsilon > 0$,有
$$\lim_{n \to +\infty} P(\,|\,Y_n - X\,|\,\geqslant \varepsilon) = 0 \text{ 或 } \lim_{n \to +\infty} P(\,|\,Y_n - X\,|\,<\varepsilon) = 1,$$
则称随机变量序列 $Y_1, Y_2, \cdots, Y_n, \cdots$ 依概率收敛于 X,记作 $Y_n \xrightarrow[n \to +\infty]{P} X$.

X 也可以是一个常数 a，下面以 X 是常数 a 为例给这个定义一些直观解释.

如图 5.1.1 所示的曲线是随机变量序列 $Y_1,Y_2,\cdots,Y_n,\cdots$ 的概率密度曲线，我们发现随着 n 越来越大，曲线的图形越来越集中于 a 点附近.比如，取区间 $(a-0.01,a+0.01)$，可以清楚地看到，随着 n 越来越大，随机变量 Y_n 取值在该区间中的概率越来越大，也就是图 5.1.1 中的概率密度曲线与横轴及两条铅直虚线所围成的面积越来越大.事实上，我们还可以把虚线的区间宽度取任意小，只要 n 充分大，Y_n 取值在这个区间里的概率会越来越接近于 1，这就是依概率收敛的直观现象.需要说明的是依概率收敛不同于微积分中数列收敛于 a，即使 n 再大，Y_n 的取值不在 a 的 ε 邻域内还是有可能的；但是当 n 很大时，Y_n 的取值不在 a 的 ε 邻域内的可能性就会很小，所以我们有很大（但不是百分之百）的把握断言 Y_n 越来越接近于 a.下面给出大数定律.

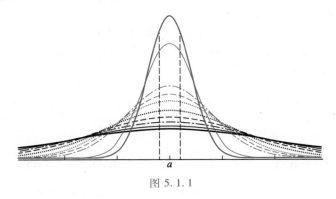

图 5.1.1

5.2　大　数　定　律

引例　抛硬币是概率论中最经典的试验之一，图 5.2.1 是用 MATLAB 程序模拟重复抛掷一枚均匀硬币 1 到 1 000 次出现"正面朝上"的频率趋势图.

从图中不难看出，随着试验次数越来越多，出现"正面朝上"的频率越来越稳定在 0.5 附近，也就是越来越稳定在该事件的概率 0.5 附近.

正像引例一样，在大量重复试验中往往呈现出几乎必然的规律.除了抛硬币，现实中还有许多这样的例子，像掷骰子、Buffon 投针试验等.这些试验给我们传达了一个共同的信息，那就是大量重复试验的最终结果都会趋于稳定，我们自然会问这种稳定性会不会有某种规律？是必然的还是偶然的？怎样用数学语言把它表达出来？随机变量序列的极限是描述这类统计规律性比较有效的数学语

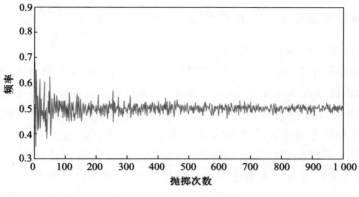

图 5.2.1

言之一.下面首先介绍 Bernoulli 大数定律.

定理 5.2.1(Bernoulli(伯努利)大数定律)　设 n_A 表示 n 次独立重复试验中事件 A 发生的次数,p 是每次试验中 A 发生的概率,则 $\forall \varepsilon > 0$,有

$$\lim_{n \to +\infty} P\left(\left| \frac{n_A}{n} - p \right| \geqslant \varepsilon \right) = 0 \text{ 或 } \lim_{n \to +\infty} P\left(\left| \frac{n_A}{n} - p \right| < \varepsilon \right) = 1,$$

即,随机事件 A 在 n 次试验中发生的频率 $\dfrac{n_A}{n}$ 依概率收敛于 A 在一次试验中发生的概率 p.

证明　为证明此结论,引入随机变量序列 $X_1, X_2, \cdots, X_n, \cdots$,其中

$$X_k = \begin{cases} 1, & A \text{ 在第 } k \text{ 次试验发生}, \\ 0, & A \text{ 在第 } k \text{ 次试验不发生}, \end{cases} \quad k = 1, 2, \cdots, n, \cdots;$$

易知 $P(X_k = 1) = p$,$X_1, X_2, \cdots, X_n, \cdots$ 相互独立,且 $n_A = \displaystyle\sum_{k=1}^{n} X_k$,则

$$E(X_k) = p, D(X_k) = pq, \quad E\left(\frac{n_A}{n} \right) = p, \quad D\left(\frac{n_A}{n} \right) = \frac{pq}{n}.$$

由 Chebyshev 不等式,有

$$0 \leqslant P\left(\left| \frac{n_A}{n} - p \right| \geqslant \varepsilon \right) = P\left(\left| \frac{n_A}{n} - E\left(\frac{n_A}{n} \right) \right| \geqslant \varepsilon \right) \leqslant \frac{1}{\varepsilon^2} \cdot \frac{pq}{n},$$

故

$$\lim_{n \to +\infty} P\left(\left| \frac{n_A}{n} - p \right| \geqslant \varepsilon \right) = 0.$$

注　这个定律事实上解释了事件 A 发生的频率"稳定于"事件 A 在一次试验中发生的概率这件事情.正像由定理的结论所看到的,当 n 足够大时,频率 $\dfrac{n_A}{n}$

与概率 p 有较大偏差是小概率事件.比如,当 n 足够大时,$\left\{\left|\dfrac{n_A}{n}-p\right|\geqslant\varepsilon\right\}$ 是小概率事件,因而当 n 足够大时,可用频率近似代替 p.

Bernoulli 早在 1713 年就已经发现该定理的结论,他观察到当大量重复某一试验时,随着试验次数越来越多,某个随机事件的频率会稳定于该随机事件的概率.为了纪念他所做的贡献,该结果称为 Bernoulli 大数定律.而且他成功地通过数学语言将现实生活中这种现象表示出来,赋予其确切的数学含义,让人们对于这一类问题有了新的认识和深刻的理解,为后来研究大数定律问题奠定了基础.除 Bernoulli 之外,还有很多数学家为大数定律的发展做出了重要的贡献,像 Laplace(拉普拉斯)、Lyapunov(李雅普诺夫)、Lindeberg(林德伯格)、Feller(费勒)、Chebyshev、Khintchine(辛钦)等,他们对于大数定律乃至概率论的进步所起的作用都是不可估量的.

定义 5.2.1 若随机变量序列 $X_1,X_2,\cdots,X_n,\cdots$ 满足:$\forall\,\varepsilon>0$,有

$$\lim_{n\to+\infty}P\left(\left|\frac{1}{n}\sum_{k=1}^{n}X_k-\frac{1}{n}\sum_{k=1}^{n}E(X_k)\right|<\varepsilon\right)=1,$$

则称该序列服从大数定律.

定理 5.2.2(Chebyshev 大数定律) 设随机变量序列 $X_1,X_2,\cdots,X_n,\cdots$ 两两不相关,它们的方差存在,且有共同的上界,即 $\rho_{X_iX_j}=0,i\neq j,D(X_k)=\sigma_k^2\leqslant\sigma^2,k=1,2,\cdots,n,\cdots$,记 $E(X_i)=a_i$,则该序列服从大数定律,即

$$\lim_{n\to+\infty}P\left(\left|\frac{1}{n}\sum_{i=1}^{n}X_i-\frac{1}{n}\sum_{i=1}^{n}a_i\right|<\varepsilon\right)=1.$$

证明 由定理的条件易得

$$E\left(\frac{1}{n}\sum_{i=1}^{n}X_i\right)=\frac{1}{n}\sum_{i=1}^{n}a_i,\quad D\left(\frac{1}{n}\sum_{k=1}^{n}X_k\right)=\frac{1}{n^2}\sum_{k=1}^{n}\sigma_k^2\leqslant\frac{1}{n}\sigma^2,$$

由 Chebyshev 不等式,有

$$0\leqslant P\left(\left|\frac{1}{n}\sum_{i=1}^{n}X_i-\frac{1}{n}\sum_{i=1}^{n}a_i\right|\geqslant\varepsilon\right)$$

$$=P\left(\left|\frac{1}{n}\sum_{i=1}^{n}X_i-E\left(\frac{1}{n}\sum_{i=1}^{n}X_i\right)\right|\geqslant\varepsilon\right)\leqslant\frac{1}{\varepsilon^2}\cdot\frac{\sigma^2}{n},$$

故

$$\lim_{n\to+\infty}P\left(\left|\frac{1}{n}\sum_{i=1}^{n}X_i-\frac{1}{n}\sum_{i=1}^{n}a_i\right|\geqslant\varepsilon\right)=0,$$

结论得证.

注 $X_1,X_2,\cdots,X_n,\cdots$两两不相关的条件可以去掉,代之以$\dfrac{1}{n^2}D\left(\displaystyle\sum_{k=1}^{n}X_k\right)\xrightarrow{n\to+\infty}$ 0 的条件.

定理 5.2.3(Khintchine 大数定律)   设随机变量序列 $X_1,X_2,\cdots,X_n,\cdots$独立同分布,且它们的数学期望存在,$E(X_k)=\mu,k=1,2,\cdots$,则该序列服从大数定律,即 $\forall\,\varepsilon>0$,有

$$\lim_{n\to+\infty}P\left(\left|\frac{1}{n}\sum_{k=1}^{n}X_k-\mu\right|\geqslant\varepsilon\right)=0\ 或\ \lim_{n\to+\infty}P\left(\left|\frac{1}{n}\sum_{k=1}^{n}X_k-\mu\right|<\varepsilon\right)=1.$$

注 1   该定理的证明超出本书的范围,略去.

注 2   定理的意义是当 n 足够大时,算术平均值几乎就是一个常数.换句话说,如果对同一个指标重复观察,随着观察次数的增多,可以用算术平均值近似代替该指标的数学期望.

注 3   设随机变量序列 $X_1,X_2,\cdots,X_n,\cdots$独立同分布,且 $E(X_i^k)=\mu_k,i=1,2,\cdots$,则 $\forall\,\varepsilon>0$,有

$$\lim_{n\to+\infty}P\left(\left|\frac{1}{n}\sum_{i=1}^{n}X_i^k-\mu_k\right|\geqslant\varepsilon\right)=0,$$

记 $\dfrac{1}{n}\displaystyle\sum_{i=1}^{n}X_i^k=M_k$,则 $M_k\xrightarrow[n\to+\infty]{P}\mu_k,k=1,2,\cdots$.

注 4   大数定律是统计分析的理论基础,注 2、注 3 分别是第七章中依据样本均值估计总体均值、样本的原点矩估计总体的原点矩的理论依据.

案例 5.2.1   以下是随机抽查某高校 60 个学生每天使用智能手机上网的时间(单位:min):

148	192	140	217	166	142	166	176	154	165	147	222	168	134	172	158	204	153	189	131
171	201	155	158	188	142	166	174	184	174	172	157	131	187	159	180	166	197	172	166
181	172	149	185	155	180	198	202	187	147	184	174	161	152	176	185	127	149	199	146

将该高校学生使用智能手机上网的时间记为 X,能估计 $E(X)$ 和 $E(X^3)$ 吗?

分析   把 60 个数据观测值记为 $x_1,x_2,\cdots,x_{60}$,由于是从同一个群体中随机抽查所得,因此可以看作是与 X 服从相同分布且相互独立的 60 个随机变量 $X_1,X_2,\cdots,X_{60}$ 的一组观测值.由 Khintchine 大数定律,$\dfrac{1}{n}\displaystyle\sum_{i=1}^{n}X_i\xrightarrow[n\to+\infty]{P}E(X)$,因此得到 $E(X)$ 的估计值为

$$E(X) \approx \frac{1}{60} \sum_{i=1}^{60} x_i = 169.22,$$

同理,$X_1^k, X_2^k, \cdots, X_{60}^k$ 也是独立同分布的随机变量序列,如果 $E(X_i^k)$ 存在,由 Khintchine 大数定律,有

$$\frac{1}{n} \sum_{i=1}^{n} X_i^k \xrightarrow[n \to +\infty]{P} E(X^k).$$

因此 $E(X^3)$ 的估计值为

$$E(X^3) \approx \frac{1}{60} \sum_{i=1}^{60} x_i^3 = 5\ 077\ 074.8.$$

案例 5.2.2 假设某保险公司在某地区销售一项汽车保险,每年保费 200 元,如果投保车辆发生索赔,赔付金额为 5 万元,据历史数据估计该地区一年内该险种发生索赔的概率为 0.05%,请你按照大数定律评估一下该保险公司的收益或者风险.

解 为了方便解释,我们可以将投保的车辆排序,同时设 X_n 为保险公司在第 n 个投保车辆上的收益,$n = 1, 2, \cdots$. 据题设,容易知道 X_n 的分布律如下表:

X_n	200	−49 800
P	0.999 5	0.000 5

经计算得 $E(X_n) = 175$. 同时可以假设各投保车辆是否发生索赔相互独立,即 $X_1, X_2, \cdots, X_n, \cdots$ 相互独立,由 Khintchine 大数定律知 $\frac{1}{n} \sum_{i=1}^{n} X_i \xrightarrow[n \to +\infty]{P} 175$,也就是说,只要投保车辆足够多,保险公司为客户提供担保的同时能获得稳定收益. 然而,如果投保车辆较少,风险会很大,比如,投保车辆只有 100 辆时,其中有一辆发生索赔,保险公司将亏损 3 万元.

Khintchine 大数定律是建立近代保险业的数理基础,保险公司正是利用个别情形下存在的不确定性在大数中消失的这种规律来经营的. 按照大数定律,保险公司承保的每类标的数目必须足够大,保险公司才能维持正常运营.

5.3   中心极限定理

1733 年,De Moivre(棣莫弗)在发表的论文中使用正态分布去估计大量抛掷硬币出现正面次数的分布,1812 年,Laplace 得出了二项分布的极限分布是正态

分布的结论.后人又在此基础上做了改进,证明了不仅仅是二项分布,其他任何分布都具有这个性质,为中心极限定理的发展做出了巨大的贡献.1901 年,Lyapunov(李雅普诺夫)利用特征函数法,将中心极限定理的研究延伸到函数层面,这对中心极限定理的发展有着重要的意义.随后,数学家们开始探讨中心极限定理在什么条件下普遍成立,由此得到 Lindeberg(林德伯格)条件和 Feller(费勒)条件,这些成果对中心极限定理的发展都功不可没,本书只介绍其中最基本的结论.首先请读者看下面的案例.

案例 5.3.1 某公司生产电动车零件,据统计每个零件所需要的检测时间(单位:min)服从参数为 $\lambda=0.5$ 的指数分布,为科学化管理,公司人力资源部需要估计:

(1)检测每 100 件零件所需总耗时的分布;

(2)按每天 8 h 工作计算,给每个员工指派多少检测任务能使其以 99% 的概率完工.

分析 记 $X_1, X_2, \cdots, X_{100}$ 是任意取出的 100 件零件所需要的检测耗时(单位:min),可以认为它们都是服从参数 $\lambda=0.5$ 的指数分布并且相互独立的随机变量.

(1)根据问题,需要求 100 个独立同分布的随机变量之和 $\sum\limits_{k=1}^{100} X_k$ 服从的分布.

(2)假设每天给每个员工指派 h 件的检测任务,则问题变为求满足如下条件的 h:

$$P\left(\sum_{k=1}^{h} X_k \leqslant 8\times 60 \right) \geqslant 99\%.$$

这就需要确定 h 个独立同分布的随机变量之和 $\sum\limits_{k=1}^{h} X_k$ 的分布或者近似分布.为给出解决本案例问题的一般结论,首先看下述引例.

引例 观察一个参数为 $\lambda=2$ 的指数分布,其概率密度曲线如图 5.3.1 所示.

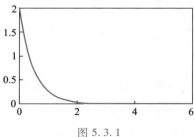

图 5.3.1

如果 $X_1, X_2, \cdots, X_n$ 相互独立,而且都服从参数为 $\lambda = 2$ 的指数分布.对任意 n,由第三章二维随机变量函数的分布,通过数学归纳的方法可以计算出 $Y_n = \sum\limits_{k=1}^{n} X_k$ 的概率密度,图 5.3.2 画出了当 $n = 2,5,15,20,30,50$ 时 Y_n 的概率密度曲线.记 $Z_n = \dfrac{1}{n} \sum\limits_{k=1}^{n} X_k$,图 5.3.3 是当 $n = 2,5,15,20,30,50$ 时 Z_n 的概率密度曲线.不难发现,随着 n 越来越大,不论是 Y_n 还是 Z_n,其概率密度曲线越来越趋向于一个对称图形,而区别在于 Y_n 的主要分布区域越来越大,其对称中心位置越来越向右偏移;而 Z_n 的主要分布区域却越来越集中,并且 Z_n 的对称中心位置越来越接近于 $\dfrac{1}{\lambda} = 0.5$(这正是 Z_n 的数学期望),Y_n 与 Z_n 分布的这种变化趋势就是中心极限定理所揭示的统计规律.中心极限定理从数学上证明了,随着 n 越来越大,不论是 Y_n 还是 Z_n 的分布都越来越趋向于正态分布.接下来我们给出中心极限定理的一般结论.

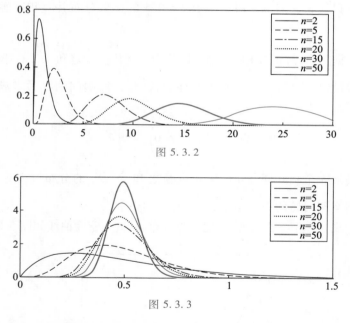

图 5.3.2

图 5.3.3

定理 5.3.1(独立同分布的中心极限定理)   设 $X_1, X_2, \cdots, X_n, \cdots$ 为独立同分布的随机变量序列,它们的数学期望和方差都存在,$E(X_k) = \mu$,$D(X_k) = \sigma^2$,$k = 1, 2, \cdots, n, \cdots$,则对于任意实数 x,有

$$\lim_{n \to \infty} P\left(\frac{\sum\limits_{k=1}^{n} X_k - n\mu}{\sqrt{n}\,\sigma} \leqslant x \right) = \Phi(x),$$

其中 $\Phi(x) = \dfrac{1}{\sqrt{2\pi}} \displaystyle\int_{-\infty}^{x} \mathrm{e}^{-\frac{t^2}{2}} \mathrm{d}t.$

记 $Y_n = \dfrac{\sum\limits_{k=1}^{n} X_k - n\mu}{\sqrt{n}\,\sigma}$，显然 Y_n 是 $\sum\limits_{k=1}^{n} X_k$ 的标准化随机变量，定理的结果可简

写为 $\lim\limits_{n \to \infty} P(Y_n \leqslant x) = \Phi(x)$，即当 n 足够大时，Y_n 的分布函数近似于标准正态随
机变量的分布函数 $\Phi(x)$，Y_n 的概率密度近似于标准正态分布的概率密度，即
Y_n 近似服从标准正态分布 $N(0,1)$，所以 $P(Y_n \leqslant y) \approx \Phi(y)$ 是一个自然的结
果. 显然 $\sum\limits_{k=1}^{n} X_k = \sqrt{n}\,\sigma Y_n + n\mu$，由第二章正态随机变量的线性函数仍然服从正态

分 布 的 结 论，可 知 $\sum\limits_{k=1}^{n} X_k$ 近 似 服 从 $N(n\mu, n\sigma^2)$，由 此 $P\left(\sum\limits_{k=1}^{n} X_k \leqslant x \right) \approx$

$\Phi\left(\dfrac{x-n\mu}{\sqrt{n}\,\sigma} \right)$. 由上述结论不难理解，我们可以近似计算出 Y_n 与 $\sum\limits_{k=1}^{n} X_k$ 在任何区
间上的概率. 例如

$$P\left(a < \sum_{k=1}^{n} X_k \leqslant b \right) = \Phi\left(\frac{b-n\mu}{\sqrt{n}\,\sigma} \right) - \Phi\left(\frac{a-n\mu}{\sqrt{n}\,\sigma} \right).$$

案例 5.3.1 解

（1）由案例中给出的条件，每个零件所需的检测时间服从参数为 $\lambda = 0.5$ 的
指数分布，所以 $E(X_k) = 2$，$D(X_k) = 4$，根据前面的分析与定理 5.3.1 知，检测每
100 件零件所需总耗时近似服从正态分布，即

$$\sum_{k=1}^{100} X_k \overset{\text{近似}}{\sim} N(200, 400),$$

读者也可以按照引例的方法画出检测每 100 件零件所需总耗时的概率密度
曲线，并观察其特点.

（2）同理

$$\sum_{k=1}^{h} X_k \overset{\text{近似}}{\sim} N(2h, 4h),$$

要使得下列不等式成立：

$$P\left(\sum_{k=1}^{h} X_k \leqslant 8 \times 60 \right) \approx \Phi\left(\frac{8 \times 60 - 2h}{\sqrt{4h}} \right) \geqslant 99\%,$$

只要 $\dfrac{8\times 60-2h}{\sqrt{4h}}\geqslant 2.33$，解得 $h\leqslant 206.52$，也就是要以 99% 的概率保证完工，每天 8 h 至多指派 206 个零件的检测任务.

定理 5.3.2（De Moivre-Laplace 中心极限定理）　设随机变量 $Y_n\sim B(n,p)$，$0<p<1,n=1,2,\cdots$，则对任一实数 x，有

$$\lim_{n\to\infty}P\left(\frac{Y_n-np}{\sqrt{np(1-p)}}\leqslant x\right)=\frac{1}{\sqrt{2\pi}}\int_{-\infty}^{x}\mathrm{e}^{-\frac{t^2}{2}}\mathrm{d}t,$$

即

$$\frac{Y_n-np}{\sqrt{np(1-p)}}\overset{近似}{\sim}N(0,1)\text{ 或 }Y_n\overset{近似}{\sim}N(np,np(1-p)).$$

从而对任意 $a<b$，有

$$\lim_{n\to\infty}P\left(a<\frac{Y_n-np}{\sqrt{np(1-p)}}\leqslant b\right)=\frac{1}{\sqrt{2\pi}}\int_{a}^{b}\mathrm{e}^{-\frac{t^2}{2}}\mathrm{d}t.$$

注　对于二项分布 $B(n,p)$ 的相关计算，我们总结了以下方法：

当 n 较小，比如 $n<10$ 时，直接用二项分布公式计算；

当 n 较大而 p 较小（或 $1-p$ 较小）时，可利用 Poisson 分布近似计算（事实上，要求 np 适中）；

当 n 较大，$0.1<p<0.9$，或 $n>100$，$p<0.1$ 时，可利用正态分布近似计算.

例 5.3.1　假设某教学楼每天大约有 3 000 名学生上课，学生课间休息用饮水机水龙头接水喝，经常出现同学排长队的现象，为此校学生会向后勤集团提议增设饮水机水龙头总数.假设后勤集团经过调查，发现每个学生在课间一般有 1% 的时间要占用一个水龙头，现有水龙头 25 个，后勤集团遇到的问题是：

（1）未增设水龙头前，需要排队的概率是多少？

（2）至少要装多少个水龙头，才能以 95% 以上的概率保证不需要排队等候？

解　设同一时刻，3 000 个学生中占用水龙头的人数为 X，则

$$X\sim B(3\ 000,0.01),$$

由定理 5.3.2，易知 $X\overset{近似}{\sim}N(30,29.7)$.

（1）需要排队的概率

$$P(X>25)\geqslant 1-\Phi\left(\frac{25-30}{\sqrt{29.7}}\right)=\Phi\left(\frac{5}{\sqrt{29.7}}\right)=\Phi(0.917\ 5)=0.82.$$

（2）设至少要装 m 个水龙头，则问题转化为求 m，使得下式成立：

$$P(0 \leqslant X \leqslant m) \geqslant 0.95.$$

根据定理 5.3.2,有

$$P(0 \leqslant X \leqslant m) = \Phi\left(\frac{m-30}{\sqrt{29.7}}\right) - \Phi\left(\frac{0-30}{\sqrt{29.7}}\right) \approx \Phi\left(\frac{m-30}{\sqrt{29.7}}\right) \geqslant 0.95,$$

注意上式中 $\Phi\left(\frac{0-30}{\sqrt{29.7}}\right) \approx 0$,查正态分布函数值表,可得 $\frac{m-30}{\sqrt{29.7}} \geqslant 1.645$,解得 $m \geqslant$ 38.96,即 $m \approx 39$,因此至少要装 39 个水龙头,才能以 95% 以上的概率保证不需要排队等候.

例 5.3.2 某毕业生在一家保险公司应聘时,面试官给他的问题是:假设当地正在销售一项疾病保险,客户的数目大概是 1 万人左右(按 1 万人计),投保人每年交 200 元保费,一旦发生索赔,赔付金额为 5 万元,据估计当地该疾病的发病率为 0.25% 左右,请帮毕业生给出保险公司的年收益情况.

解 显然保险公司的年收益依赖于投保人中患有该疾病的人数,设 1 万人中患有该疾病的人数为 X,则公司的收益为 $2\,000\,000-50\,000X$.这里 X 可以认为服从二项分布,即 $X \sim B(10\,000, 0.002\,5)$,容易计算,$E(X) = 25$,$D(X) = 24.937\,5$.为简单起见,我们按 $D(X) = 25$ 计算,根据中心极限定理,X 近似服从正态分布,即 $X \overset{近似}{\sim} N(25, 5^2)$,该问题可以简单看作一个中心极限定理的应用案例.由正态分布的特点,以及保险公司年收益和患有该疾病人数 X 的关系,能够比较容易地给出保险公司在这项业务中的收益情况,例如,收益在 50 到 100 万元之间的概率为

$$P(500\,000 \leqslant 2\,000\,000 - 50\,000X \leqslant 1\,000\,000)$$

$$= P(20 \leqslant X \leqslant 30) = P\left(-1 \leqslant \frac{X-25}{5} \leqslant 1\right) = 2\Phi(1) - 1 = 68.26\%.$$

没有收益的概率为

$$P(2\,000\,000 - 50\,000X \leqslant 0) = P(X \geqslant 40) = P\left(\frac{X-25}{5} \geqslant 3\right) = 0.13\%.$$

类似地,可以算出收益达到 150 万元以上的概率也是 0.13%,图 5.3.4 清楚地显示了公司收益与患病人数之间的关系.

中心极限定理的意义在于:在实际问题中,若随机变量可以看作是由相互独立的大量随机变量综合作用的结果,每一个因素在总的影响中的作用都很微小,则综合作用的结果服从正态分布.

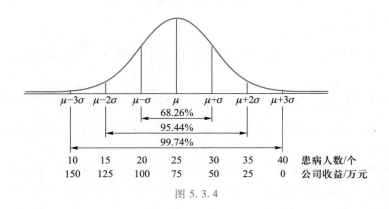

| 10 | 15 | 20 | 25 | 30 | 35 | 40 | 患病人数/个 |
| 150 | 125 | 100 | 75 | 50 | 25 | 0 | 公司收益/万元 |

图 5.3.4

习 题 五

1. 已知 $E(X)=4, D(X)=1$, 利用 Chebyshev 不等式估计概率 $P(1<X<7)$ 的值.

2. 已知正常成人男性每毫升血液中所含白细胞的平均数是 7 300, 标准差是 700. 试利用 Chebyshev 不等式估计每毫升血液中所含白细胞数在 5 200 到 9 400 之间的概率.

3. 设 $\{X_n\}$ $(n \geqslant 1)$ 为相互独立的随机变量序列, 且
$$P(X_n=0)=1-p_n, P(X_n=1)=p_n, n=1,2,\cdots,$$
证明 $\{X_n\}$ 服从大数定律.

4. 设 $\{X_n\}$ $(n \geqslant 1)$ 为相互独立的随机变量序列, 且
$$P(X_1=0)=1, P(X_n=0)=1-\frac{2}{n}, P(X_n=\pm\sqrt{n})=\frac{1}{n}, n=2,3,\cdots,$$
证明 $\{X_n\}$ 服从大数定律.

5. 设 $\{X_n\}$ $(n \geqslant 1)$ 为相互独立的随机变量序列, 且其分布律为

X_n	$-\sqrt{\ln n}$	$\sqrt{\ln n}$
P	0.5	0.5

其中 $n=1,2,\cdots$, 证明 $\{X_n\}$ 服从大数定律.

6. 设 $\{X_n\}$ $(n \geqslant 1)$ 为独立同分布的随机变量序列, 且 $X_n \sim U(a,b)$, $f(x)$ 是 (a,b) 上的连续函数, 证明当 $n \to \infty$ 时, $\dfrac{b-a}{n} \displaystyle\sum_{i=1}^{n} f(X_i)$ 依概率收敛于 $\displaystyle\int_a^b f(x)\mathrm{d}x$.

7. 设随机变量序列 $X_1, X_2, \cdots, X_n, \cdots$ 服从方差有限的同一分布,且当 $|j-i| \geqslant 2$ 时,X_j 与 X_i 相互独立,证明:$\forall \varepsilon > 0$,

$$\lim_{n\to\infty} P\left(\left| \frac{1}{n} \sum_{i=1}^n X_i - \mu \right| < \varepsilon \right) = 1,$$

其中 $\mu = E(X_i)$,$D(X_i) = \sigma^2 < +\infty$,$i = 1, 2, \cdots$.

8. 某电力公司供应其所在地区 7 500 户居民用电,假设各户用电情况相互独立,并且每户每日用电量(单位:kW·h)在 $[0,20]$ 上服从均匀分布,请利用中心极限定理估计:

(1) 这 7 500 户居民每日用电总量超过 76 000 kW·h 的概率;

(2) 要以 99.9% 的概率保证该地区居民用电的需求,该电力公司每天至少需向该地区供应多少电量?

9. 据统计数据可知某商店出售一种贵重商品,每周销售量(单位:件)的分布律如下:

X	0	1	2
P	0.2	0.6	0.2

假定每周销售量相互独立.

(1) 用 Chebyshev 不等式估计一年(按照 52 周算)的累积销售量在 42 到 62 之间的概率;

(2) 用中心极限定理估计一年累积销售量在 42 到 62 之间的概率.

10. 设 ξ_n 为 n 重 Bernoulli 试验中成功的次数,$p(0<p<1)$ 为每次试验成功的概率,当 n 充分大时,$\forall \varepsilon > 0$,使用 De Moivre-Laplace 中心极限定理证明

$$P\left(\left| \frac{\xi_n}{n} - p \right| < \varepsilon \right) \approx 2\Phi\left(\varepsilon \sqrt{\frac{n}{p(1-p)}} \right) - 1.$$

11. 假设某便利店每天接待顾客数按 200 位计,每位顾客的消费额 X(单位:元)的概率密度为

$$f(x) = \begin{cases} k(30 - |x-30|), & x \in [0,60], \\ 0, & \text{其他}, \end{cases}$$

且各顾客的消费额相互独立.

(1) 求 k;

(2) 用 Chebyshev 不等式估计该便利店每天的营业额在 5 800 到 6 200 元之间的概率.

(3) 用中心极限定理估计该便利店每天的营业额在 5 800 到 6 200 元之间

的概率.

综合性习题:
中心极限定
理的应用

12. 假设某个重要的系统为保证其使用寿命,采用多个电子元件备用的设计.如图,按照次序从 R_1 开始一个元件损坏立即启用下一个,直到全部损坏,以保证从 L 端到 R 端的使用寿命.各电子元件由相同厂家生产,其使用寿命(单位:h)均服从参数为 0.1 的指数分布.

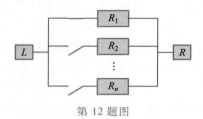

第 12 题图

（1）如果是 30 个电子元件构成的系统,从 L 端到 R 端的使用寿命超过 320 h 的概率是多少?

（2）如果以 99% 的概率保证从 L 端到 R 端的使用寿命超过 320 h,需要多少个电子元件构成系统?

（3）能否通过增加备用电子元件的数量使得使用寿命百分之百地超过 320 h?请给出简单论证.

习题五答案

第六章　数理统计的预备知识

　　统计学是 17 世纪中叶产生并逐步发展起来的一门学科,它是通过整理分析数据,并由数据做出决策的综合性学科,其应用范围几乎覆盖了社会科学、自然科学、人文科学、工商业和政府的情报决策等各个领域.近年来随着大数据和机器学习理论的发展,统计学与信息科学、计算机等领域密切结合,成为数据科学中最重要的内容之一.

　　统计学主要分为描述统计学和推断统计学两大类.描述统计学研究的是如何取得反映客观现象的数据,主要通过图表形式对所搜集的数据进行加工处理和显示,进而综合概括并分析得出反映客观现象规律性的结论,其主要内容包括统计数据的收集方法、数据的加工处理方法、数据的显示方法、数据分布特征的概括与分析方法等.推断统计学研究的是如何根据样本数据去推断总体数量特征的方法,它是在对样本数据进行描述的基础上,以概率论为基础,用随机样本的数量特征信息来推断总体的数量特征,从而做出具有一定可靠性的估计或检验.推断统计学的理论认为,虽然我们不知道总体的数量特征,但并不一定需要搜集总体所有的数据,或者说搜集所有数据存在客观困难,而只要根据样本统计量的概率分布与总体参数之间存在的客观联系,就能用样本数据按一定的概率模型对总体的数量特征做出符合一定精度的估计或检验.例如,在审计大公司的金融记录时,检查所有的记录是不现实的,一般要采用抽样方法.本教材仅介绍推断统计学的相关基本理论、基本方法和统计模型等.本章首先介绍一些预备知识.

6.1 数理统计的基本概念

6.1.1 总体与个体

我们先给出两个案例.

案例 6.1.1 随着技术的快速更新及社会的迅猛发展,对职业的选择受到从业者的高度关注.比如职业发展研究人员做特定职业满意度调查时,把满意度分为四类:"特别不满意""不满意""基本满意""满意",同时给出量化评级体系,把这四类满意度对应得分 0,1,3,5.我们知道,对某一职业,全国可能有数十万、数百万,甚至数千万的从业者,所以只能采取抽样调查,比如随机抽查了全国 100 个某职业的从业者,其对职业满意度的得分数据如下:

0	3	3	5	0	5	3	0	5	0	5	0	3	3	3	0	1	0	3	1	5	1
3	1	0	3	5	0	5	5	3	1	0	1	1	5	1	3	1	1	3	3
1	3	1	5	0	1	1	3	1	0	5	5	1	5	3	3	3	3	3	3
3	5	0	3	0	1	1	3	1	5	1	3	3	0	3	1	3	3	3	3
0	3	0	3	3	3	0	0	1	1	3	0	0	0	0	3	3	0	3	3

试问能由这 100 个数据给出该职业满意度得分的概率分布吗?用什么方法?理论依据又是什么?

案例 6.1.2 某高校教务处希望了解近年来各学院的学风情况,其中公共基础课的成绩是非常重要的参照指标.以高等数学成绩为例,需了解:(1)各学院学生的平均成绩情况如何?(2)各学院学生的成绩差异是否很大?(3)各学院学生的成绩服从什么分布?(4)各学院学生的成绩是否服从正态分布?(5)某两个学院学生的成绩相比较差异大吗?由于学生人数比较多,采用随机抽样完成.下表是随机抽查的两个学院的 60 位和 55 位学生的成绩数据,根据这些数据能否回答上述问题?能做出什么推断,用什么方法推断?其理论依据又是什么?

学院 I	76	92	70	71	61	69	88	71	70	66	70	71	73	98	69	82	56	83	64	72
	60	30	68	73	60	73	63	70	10	52	76	76	66	72	64	62	76	22	76	70
	74	40	78	76	71	86	66	40	60	70	58	95	70	90	70	55	73	57	75	56
学院 II	79	71	81	23	84	73	81	79	54	82	84	77	77	85	63	74	69	75	83	84
	71	95	79	76	80	81	71	97	63	86	74	60	76	68	77	74	93	86	61	81
	68	36	79	83	76	89	75	80	83	79	84	80	73	65	91					

在统计问题中,我们把研究对象的全体称为总体.组成总体的每一个元素称为一个个体.比如,对于案例 6.1.1,在对特定职业满意度的研究中,我们关心的是所有从业者对该职业满意度的打分.因此,全国所有该职业的从业者构成问题的总体,每一个从业者就是个体,而在该问题中,关注的是该职业的满意度得分这个数量指标,为了方便,不再区分总体和相应的数量指标,此时总体就是 0, 1, 3, 5 这几个得分的全体,而每个满意度得分就是个体.如果抛开背景,总体就是一堆数据,在这些数据中,有的出现的机会多,有的出现的机会小,案例 6.1.1 中的调查数据也显示出这种特点.理论上,用一个概率分布来描述或者刻画这些数据是比较恰当的.从这个层面来说,总体中的数量指标就是服从这个分布的随机变量的所有可能取值.

一般地,所研究对象的某个(或某些)数量指标的全体称为总体.如果所研究的问题只有一个数量指标,就是一个随机变量,如果所研究的问题有多个数量指标,就是多维随机变量.本章主要讨论一个随机变量的情形.而个体就是总体的每个数量指标.

6.1.2 样本与统计量

正如上述两个案例,数理统计常常通过抽样调查完成问题的研究,因为所研究的对象往往是非常大的总体,所以我们只能抽查一部分个体完成研究.在案例 6.1.1 中,如果把满意度得分记为 X,那么 X 的所有可能取值为 0, 1, 3, 5,同时我们知道 X 的每个取值都可能有很多个,并一定能知道确切有多少个,而我们所关注的就是 X 的取值及其概率分布,表中的 100 个数据就是为了研究这个问题随机抽取的一部分个体,称其为一个样本,我们希望利用数理统计的方法根据这个样本推断出整个行业对该职业的满意度得分的分布,即由部分推断总体.案例 6.1.2 的总体也是非常大的,理论上认为成绩的所有可能取值为 0 到 100 的全体整数,从两个学院分别抽取的 60 个和 55 个数据同样也是样本.另外,为了回答案例中的问题,比如,案例 6.1.1 中的满意度得分的分布是什么?案例 6.1.2 中平均成绩是多少,成绩之间的差异用什么指标刻画,等等,就需要对数据进行分析整理.为此,我们首先引入一些相关的概念.

一般地,为研究总体的特征,从总体中抽取部分个体,称为样本.若从某个总体 X 中抽取了 n 个个体,记为 $(X_1, X_2, \cdots, X_n)$,则称其为总体 X 的一个容量为 n 的样本.依次对它们进行观察得到 n 个数据 $(x_1, x_2, \cdots, x_n)$,称这 n 个数据(n 维实向量)为总体 X 的一个容量为 n 的样本观测值,简称样本值.可以将它们看作 n 维随机向量 $(X_1, X_2, \cdots, X_n)$ 的一组可能的取值,样本 $(X_1, X_2, \cdots, X_n)$ 的所有可能取值的集合称为样本空间,记为 $\mathcal{X}$.

若来自总体 X 的一个样本 $(X_1, X_2, \cdots, X_n)$，满足：

（1）同分布性，即 $X_1, X_2, \cdots, X_n$ 都与 X 服从相同的分布；

（2）独立性，即 $X_1, X_2, \cdots, X_n$ 相互独立，

则称 $(X_1, X_2, \cdots, X_n)$ 为取自总体 X 的简单随机样本.

设总体 X 的分布函数为 $F(x)$，$(X_1, X_2, \cdots, X_n)$ 为总体 X 的简单随机样本，则 $(X_1, X_2, \cdots, X_n)$ 的联合分布函数为

$$F(x_1, x_2, \cdots, x_n) = \prod_{i=1}^{n} F(x_i),$$

若总体 X 的概率密度为 $f(x)$，则 $(X_1, X_2, \cdots, X_n)$ 的联合概率密度为

$$f(x_1, x_2, \cdots, x_n) = \prod_{i=1}^{n} f(x_i).$$

定义 6.1.1 设 $(X_1, X_2, \cdots, X_n)$ 为总体 X 的简单随机样本，$g(r_1, r_2, \cdots, r_n)$ 是一个实值连续函数，且不含除自变量之外的未知参数，则称随机变量 $g(X_1, X_2, \cdots, X_n)$ 为统计量. 如果 $(x_1, x_2, \cdots, x_n)$ 是一个样本值，则称 $g(x_1, x_2, \cdots, x_n)$ 为统计量 $g(X_1, X_2, \cdots, X_n)$ 的一个样本值.

案例 6.1.1 分析

如果设职业满意度得分为 X，总体就是 X 取值的全体，100 个得分就是来自这个总体的一个样本，样本容量是 100，如果这 100 个得分是完全随机抽查的 100 个从业者的打分，可以认为这是一个简单随机样本，100 个值就是该样本的一组取值.

案例 6.1.2 分析

如果设学院Ⅰ、学院Ⅱ学生的高等数学成绩分别为 X, Y，总体就是两个学院全体学生的成绩，这是个二维随机变量，其中 60 个学生的成绩是 X 的一个容量为 60 的样本值，55 个学生的成绩是 Y 的一个容量为 55 的样本值. 如果进一步假定 $X \sim N(\mu, \sigma^2)$，而且 $(X_1, X_2, \cdots, X_n)$ 是 X 的一个样本，其中参数 μ, σ^2 未知，那么 $\bar{X} = \dfrac{1}{n} \sum_{i=1}^{n} X_i$ 和 $S^2 = \dfrac{1}{n-1} \sum_{i=1}^{n} (X_i - \bar{X})^2$ 都是统计量，而 $\dfrac{1}{\sigma^2} \sum_{i=1}^{n} (X_i - \mu)^2$ 不是统计量.

统计量常常用来对总体做出推断和统计分析，下面我们给出一些常用的统计量.

设 $(X_1, X_2, \cdots, X_n)$ 为总体 X 的一个容量为 n 的样本.

（1）$\bar{X} = \dfrac{1}{n} \sum_{i=1}^{n} X_i$ 称为样本均值，$\bar{X}$ 的样本值记为 $\bar{x}$；

（2）$S^2 = \dfrac{1}{n-1} \sum_{i=1}^{n} (X_i - \bar{X})^2$ 称为样本方差，S^2 的样本值记为 s^2，

$S = \sqrt{\dfrac{1}{n-1} \sum\limits_{i=1}^{n} (X_i - \bar{X})^2}$ 称为样本标准差, S 的样本值记为 s;

(3) $M_k = \dfrac{1}{n} \sum\limits_{i=1}^{n} X_i^k (k=1,2,\cdots)$ 称为样本 k 阶原点矩, M_k 的样本值记为 m_k;

(4) $(CM)_k = \dfrac{1}{n} \sum\limits_{i=1}^{n} (X_i - \bar{X})^k (k=1,2,\cdots)$ 称为样本 k 阶中心矩, $(CM)_k$ 的样本值记为 $(cm)_k$;

(5) 设 $(X_1, X_2, \cdots, X_n)$ 为来自总体 X 的一个容量为 n 的样本, 如果其样本值为 $(x_1, x_2, \cdots, x_n)$, 且 $x_1, x_2, \cdots, x_n$ 按从小到大排序后记为 $x_1^* \leqslant x_2^* \leqslant \cdots \leqslant x_n^*$, 定义随机变量 $X_{(k)} = x_k^*$, $k = 1, 2, \cdots, n$, 即 $X_{(k)}$ 的取值是样本中的由小到大排第 k 位的数, 显然 $X_{(1)} = \min\limits_{1 \leqslant k \leqslant n} \{X_k\}$, $X_{(n)} = \max\limits_{1 \leqslant k \leqslant n} \{X_k\}$, 称统计量 $X_{(1)}, X_{(2)}, \cdots, X_{(n)}$ 为顺序统计量, 并且称 $D_n = X_{(n)} - X_{(1)}$ 为极差.

比如在案例 6.1.2 中对于学院 I 中 60 个学生的高等数学成绩这个样本, 上述部分统计量的样本值为

(1) $\bar{x} = \dfrac{1}{60} \sum\limits_{i=1}^{60} x_i = 67.6$;

(2) $s^2 = \dfrac{1}{59} \sum\limits_{i=1}^{60} (x_i - \bar{x})^2 = 244.28$;

(3) $m_4 = \dfrac{1}{60} \sum\limits_{i=1}^{60} x_i^4 = 26\,506\,971.8$;

(4) $(cm)_3 = \dfrac{1}{60} \sum\limits_{i=1}^{60} (x_i - \bar{x})^3 = -5\,248$.

注 1 若总体 X 的 k 阶矩 $E(X^k) = \mu_k (k=1,2,\cdots)$ 存在, 根据第五章 Khintchine 大数定律, 易得

$$M_k = \dfrac{1}{n} \sum\limits_{i=1}^{n} X_i^k \xrightarrow[n \to +\infty]{P} \mu_k,$$

即 $\forall \varepsilon > 0$,

$$\lim_{n \to \infty} P\left(\left| \dfrac{1}{n} \sum\limits_{i=1}^{n} X_i^k - \mu_k \right| \geqslant \varepsilon \right) = 0, \quad k = 1, 2, \cdots.$$

注 2 样本方差 S^2 与样本二阶中心矩 $(CM)_2$ 的区别与关系如下:
由于

$$\sum\limits_{i=1}^{n} (X_i - \bar{X})^2 = \sum\limits_{i=1}^{n} (X_i^2 - 2X_i\bar{X} + \bar{X}^2) = \sum\limits_{i=1}^{n} X_i^2 - 2\bar{X} \sum\limits_{i=1}^{n} X_i + \sum\limits_{i=1}^{n} \bar{X}^2$$

$$= \sum_{i=1}^{n} X_i^2 - 2n\overline{X}^2 + n\overline{X}^2 = \sum_{i=1}^{n} X_i^2 - n\overline{X}^2 = n(M_2 - \overline{X}^2),$$

故 $(CM)_2 = M_2 - \overline{X}^2, S^2 = \dfrac{n}{n-1}(M_2 - \overline{X}^2) = \dfrac{n}{n-1}(CM)_2.$

例 6.1.1   设总体 X 的期望与方差存在，$E(X) = \mu, D(X) = \sigma^2, (X_1, X_2, \cdots, X_n)$ 是来自总体 X 的一个容量为 n 的简单样本，$\overline{X}, S^2$ 分别为样本均值和样本方差，试证：

$$E(\overline{X}) = \mu, \quad D(\overline{X}) = \frac{1}{n}\sigma^2, \quad E(S^2) = \sigma^2.$$

证明
$$E(\overline{X}) = E\left(\frac{1}{n}\sum_{i=1}^{n} X_i\right) = \mu,$$

$$D(\overline{X}) = D\left(\frac{1}{n}\sum_{i=1}^{n} X_i\right) = \frac{1}{n^2}\sum_{i=1}^{n} D(X_i) = \frac{1}{n}\sigma^2,$$

$$E(S^2) = \frac{1}{n-1}E\left(\sum_{i=1}^{n} X_i^2 - n\overline{X}^2\right) = \frac{1}{n-1}\left[\sum_{i=1}^{n} E(X_i^2) - nE(\overline{X}^2)\right]$$

$$= \frac{1}{n-1}\left\{\sum_{i=1}^{n}\left[D(X) + E^2(X)\right] - n\left[D(\overline{X}) + E^2(\overline{X})\right]\right\}$$

$$= \sigma^2.$$

例 6.1.2   设总体 X 的概率密度为

$$f(x) = \begin{cases} |x|, & |x| < 1, \\ 0, & |x| \geqslant 1, \end{cases}$$

$(X_1, X_2, \cdots, X_{50})$ 是来自总体 X 的一个样本，$\overline{X}, S^2$ 分别为样本均值与样本方差，求 $E(\overline{X}), D(\overline{X}), E(S^2).$

综合性习题：
统计量与总
体的关系

解   由已知条件容易计算，
$$E(X) = \int_{-1}^{1} x|x|\,\mathrm{d}x = 0,$$

$$D(X) = E(X^2) - E^2(X) = \int_{-1}^{1} x^2|x|\,\mathrm{d}x = \frac{1}{2}.$$

由例 6.1.1 的结果，$E(\overline{X}) = E(X) = 0, D(\overline{X}) = \dfrac{1}{50}D(X) = \dfrac{1}{100},$

$E(S^2) = \dfrac{1}{2}.$

例 6.1.3   设总体 X 的分布律如下表所示：

X	0	1	2
P	$\dfrac{1}{3}$	$\dfrac{1}{3}$	$\dfrac{1}{3}$

X_1, X_2, X_3 是来自该总体的样本. 求 $X_{(1)}, X_{(3)}$ 的分布律.

解　$P(X_{(1)} = 0) = P(X_1, X_2, X_3$ 至少有一个取值为 $0) = \dfrac{19}{27}$;

$P(X_{(1)} = 1) = P(X_1, X_2, X_3$ 均取值 $1) + P(X_1, X_2, X_3$ 有两个取值为 1, 一个取值为 $2) + P(X_1, X_2, X_3$ 有两个取值为 2, 一个取值为 $1) = \dfrac{7}{27}$;

$P(X_{(1)} = 2) = P(X_1, X_2, X_3$ 均取值 $2) = \dfrac{1}{27}$;

$P(X_{(3)} = 0) = P(X_1, X_2, X_3$ 均取值 $0) = \dfrac{1}{27}$;

$P(X_{(3)} = 1) = P(X_1, X_2, X_3$ 均取值 $1) + P(X_1, X_2, X_3$ 有两个取值为 0, 一个取值为 $1) + P(X_1, X_2, X_3$ 有两个取值为 1, 一个取值为 $0) = \dfrac{7}{27}$;

$P(X_{(3)} = 2) = P(X_1, X_2, X_3$ 至少有一个取值为 $2) = \dfrac{19}{27}$.

于是, $X_{(1)}, X_{(3)}$ 的分布律列表如下:

$X_{(1)}$	0	1	2
P	$\dfrac{19}{27}$	$\dfrac{7}{27}$	$\dfrac{1}{27}$

$X_{(3)}$	0	1	2
P	$\dfrac{1}{27}$	$\dfrac{7}{27}$	$\dfrac{19}{27}$

为后续学习统计估计和统计检验, 我们给出如下分位数的概念.

定义 6.1.2　若 X 是连续型随机变量, 其概率密度为 $f(x)$, α 为给定常数, $0 < \alpha < 1$, 若 $P(X > x_\alpha) = \alpha$, 则称 x_α 为 X 所服从分布的上侧 α 分位数. 如果 X 的概率密度为偶函数, 则对于满足 $0 < \alpha < 1$ 的 α, 若 $P(|X| > x_{\alpha/2}) = \alpha$, 则称 $x_{\alpha/2}$ 为 X 所服从分布的双侧 α 分位数.

6.2　几个常用统计量的分布

本节我们将介绍几个常用统计量的分布.

6.2.1　正态分布

若随机变量 $X_1, X_2, \cdots, X_n$ 相互独立,且 $X_i \sim N(\mu_i, \sigma_i^2)\,(i=1,2,\cdots,n)$,则

$$\sum_{i=1}^{n} a_i X_i \sim N\left(\sum_{i=1}^{n} a_i \mu_i, \ \sum_{i=1}^{n} a_i^2 \sigma_i^2 \right),$$

特别地,当 $X_i \sim N(\mu, \sigma^2)\,(i=1,2,\cdots,n)$ 时,有

$$\frac{1}{n} \sum_{i=1}^{n} X_i \sim N\left(\mu, \frac{\sigma^2}{n} \right).$$

6.2.2　χ^2 分布

定义 6.2.1　设随机变量 $X_1, X_2, \cdots, X_n$ 相互独立,且均服从标准正态分布 $N(0,1)$,则称统计量 $\chi^2 = \sum\limits_{i=1}^{n} X_i^2$ 服从自由度为 n 的 χ^2 分布,记为 $\sum\limits_{i=1}^{n} X_i^2 \sim \chi^2(n)$,其概率密度为

$$f_{\chi^2}(x) = \begin{cases} \dfrac{1}{2^{\frac{n}{2}} \Gamma\left(\dfrac{n}{2} \right)} \mathrm{e}^{-\frac{x}{2}} x^{\frac{n}{2}-1}, & x>0, \\ 0, & x \leqslant 0, \end{cases}$$

其中 $\Gamma(x) = \displaystyle\int_0^{+\infty} t^{x-1} \mathrm{e}^{-t} \mathrm{d}t$.图 6.2.1 是不同自由度的 χ^2 分布的概率密度曲线.

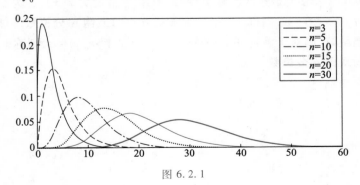

图 6.2.1

χ^2 分布的性质如下:

（1）对于 $\chi^2 = \sum\limits_{i=1}^{n} X_i^2, X_i \sim N(0,1), i = 1,2,\cdots,n$，有 $E(\chi^2) = n$，$D(\chi^2) = 2n$；

χ^2 分布的性质(1)的证明

（2）若 $X_1 \sim \chi^2(n_1), X_2 \sim \chi^2(n_2)$，且两者相互独立，则 $X_1 + X_2 \sim \chi^2(n_1 + n_2)$；

（3）当 n 很大时，$\chi^2 = \sum\limits_{i=1}^{n} X_i^2$ 近似服从正态分布 $N(n, 2n)$，如图 6.2.1 所示.

性质(1)的证明可见网上资源，其余性质的证明留给有兴趣的读者. $\chi^2(n)$ 的上侧 α 分位数 $\chi_\alpha^2(n)$ $(P(\chi^2 > \chi_\alpha^2(n)) = \alpha)$ 可查附表.

6.2.3 t 分布

定义 6.2.2 设 $X \sim N(0,1), Y \sim \chi^2(n)$ 且 X, Y 相互独立，则称随机变量 $T = \dfrac{X}{\sqrt{Y/n}}$ 服从自由度为 n 的 t 分布（又称为 student（学生氏）分布），记为 $T \sim t(n)$，其概率密度为

$$f(t) = \frac{\Gamma\left(\dfrac{n+1}{2}\right)}{\sqrt{n\pi}\,\Gamma\left(\dfrac{n}{2}\right)}\left(1 + \frac{t^2}{n}\right)^{-\frac{n+1}{2}}, \quad -\infty < t < +\infty.$$

t 分布的性质如下:

（1）t 分布的概率密度 $f(t)$ 为偶函数，且当 $n \to +\infty$ 时，

$$f(t) \to \varphi(t) = \frac{1}{\sqrt{2\pi}} e^{-\frac{t^2}{2}}.$$

即当自由度 n 充分大时，t 分布近似服从标准正态分布，如图 6.2.2 所示.

（2）t 分布的上侧 α 分位数 $t_\alpha(n)$ $(P(T > t_\alpha(n)) = \alpha)$ 可查附表，且

$$t_{1-\alpha}(n) = -t_\alpha(n).$$

当 $n > 45$ 时，t 分布可用标准正态分布近似.

6.2.4 F 分布

定义 6.2.3 设 $U \sim \chi^2(m), V \sim \chi^2(n)$，且 U 与 V 相互独立，则称随机变量

$$F = \frac{U/m}{V/n}$$

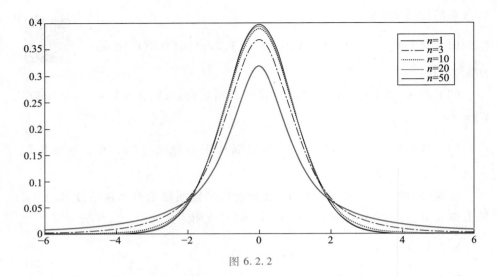

图 6.2.2

服从第一自由度为 m，第二自由度为 n 的 F 分布，记为 $F \sim F(m, n)$，其概率密度为

$$f_F(t) = \begin{cases} \dfrac{\Gamma\left(\dfrac{m+n}{2}\right)}{\Gamma\left(\dfrac{m}{2}\right)\Gamma\left(\dfrac{n}{2}\right)}\left(\dfrac{m}{n}\right)^{\frac{m}{2}} t^{\frac{m}{2}-1}\left(1+\dfrac{m}{n}t\right)^{-\frac{m+n}{2}}, & t>0, \\ 0, & t \leqslant 0. \end{cases}$$

F 分布的性质如下：

（1）若 $F \sim F(m, n)$，则 $\dfrac{1}{F} \sim F(n, m)$；

（2）$F(m, n)$ 的上侧 α 分位数 $F_\alpha(m, n)$（$P(F > F_\alpha(m, n)) = \alpha$）可查附表，且

$$F_{1-\alpha}(m, n) = \frac{1}{F_\alpha(n, m)}.$$

例如，$F_{0.05}(4, 5) = 5.19$，$F_{0.95}(5, 4) = \dfrac{1}{F_{0.05}(4, 5)} = \dfrac{1}{5.19}$.

性质（2）证明

由上侧 α 分位数的定义，$P(F > F_{1-\alpha}(m, n)) = 1-\alpha$，所以

$$1-\alpha = P\left(\frac{1}{F} < \frac{1}{F_{1-\alpha}(m, n)}\right) = 1 - P\left(\frac{1}{F} \geqslant \frac{1}{F_{1-\alpha}(m, n)}\right),$$

故 $P\left(\dfrac{1}{F} \geqslant \dfrac{1}{F_{1-\alpha}(m, n)}\right) = \alpha$，又由于 $\dfrac{1}{F} \sim F(n, m)$，因而

$$\frac{1}{F_{1-\alpha}(m, n)} = F_\alpha(n, m).$$

例 6.2.1　证明 $t_{1-\frac{\alpha}{2}}^{2}(n)=F_{\alpha}(1,n)$

证明　设 $G\sim N(0,1)$, $H\sim\chi^{2}(n)$, 且 G 与 H 相互独立. 由 χ^{2} 分布的定义有 $G^{2}\sim\chi^{2}(1)$. 由 t 分布的定义, $X=\dfrac{G}{\sqrt{H/n}}\sim t(n)$. 令 $Y=X^{2}$, 即 $Y=\dfrac{G^{2}}{H/n}$, 再由 F 分布的定义知 $Y\sim F(1,n)$. 由 t 分布的性质知

$$P(\,|X|>|\,t_{1-\frac{\alpha}{2}}(n)\,|\,)=P(\,|X|>t_{\frac{\alpha}{2}}(n)\,)=\alpha,$$

从而

$$P(\,X^{2}>t_{\frac{\alpha}{2}}^{2}(n)\,)=P(\,Y>t_{1-\frac{\alpha}{2}}^{2}(n)\,)=\alpha,$$

所以 $t_{1-\frac{\alpha}{2}}^{2}(n)$ 是 Y 的上侧 α 分位数 $F_{\alpha}(1,n)$, 即

$$t_{1-\frac{\alpha}{2}}^{2}(n)=F_{\alpha}(1,n).$$

6.3　正态总体的抽样分布

所谓抽样分布是指统计量的分布, 在实际问题中我们常常遇到正态总体, 因此下面主要介绍来自正态总体的抽样分布.

6.3.1　单个正态总体的抽样分布

定理 6.3.1　设 $X\sim N(\mu,\sigma^{2})$, $(X_{1},X_{2},\cdots,X_{n})$ 是来自总体 X 的一个简单随机样本, $\bar{X},S^{2}$ 分别是样本均值与样本方差, 则

(1) $\bar{X}\sim N\!\left(\mu,\dfrac{\sigma^{2}}{n}\right)$, 或者 $\dfrac{\bar{X}-\mu}{\sigma/\sqrt{n}}\sim N(0,1)$;

(2) $\dfrac{(n-1)S^{2}}{\sigma^{2}}=\displaystyle\sum_{i=1}^{n}\left(\dfrac{X_{i}-\bar{X}}{\sigma}\right)^{2}\sim\chi^{2}(n-1)$;

(3) $\dfrac{(n-1)S^{2}}{\sigma^{2}}$ 与 $\bar{X}$ 相互独立.

□ 定理 6.3.1
的证明

由定理 6.3.1 以及 t 分布的定义, 容易得到以下推论.

推论　设 $X\sim N(\mu,\sigma^{2})$, $(X_{1},X_{2},\cdots,X_{n})$ 是来自总体 X 的一个简单随机样本, $\bar{X},S^{2}$ 分别是样本均值与样本方差, 则

$$\dfrac{\bar{X}-\mu}{S/\sqrt{n}}\sim t(n-1).$$

请读者自行证明.

6.3.2 两个正态总体的抽样分布

定理 6.3.2 设 $X \sim N(\mu_1, \sigma_1^2)$, $(X_1, X_2, \cdots, X_n)$ 是来自总体 X 的一个简单随机样本;$Y \sim N(\mu_2, \sigma_2^2)$, $(Y_1, Y_2, \cdots, Y_m)$ 是来自总体 Y 的一个简单随机样本,并且 X 与 Y 相互独立. 令 $\overline{X} = \dfrac{1}{n} \sum\limits_{i=1}^{n} X_i$, $S_1^2 = \dfrac{1}{n-1} \sum\limits_{i=1}^{n} (X_i - \overline{X})^2$, $\overline{Y} = \dfrac{1}{m} \sum\limits_{j=1}^{m} Y_j$, $S_2^2 = \dfrac{1}{m-1} \sum\limits_{j=1}^{m} (Y_j - \overline{Y})^2$,则

(1) $\dfrac{S_1^2}{S_2^2} \Big/ \dfrac{\sigma_1^2}{\sigma_2^2} \sim F(n-1, m-1)$,特别地,当 $\sigma_1 = \sigma_2$ 时,$\dfrac{S_1^2}{S_2^2} \sim F(n-1, m-1)$.

(2) 当 $\sigma_1 = \sigma_2 = \sigma$ 时,

$$\frac{(\overline{X} - \overline{Y}) - (\mu_1 - \mu_2)}{\sqrt{\dfrac{1}{n} + \dfrac{1}{m}} \sqrt{\dfrac{(n-1)S_1^2 + (m-1)S_2^2}{n+m-2}}} \sim t(n+m-2).$$

证明 (1) 由定理 6.3.1(2)易知

$$\frac{(n-1)S_1^2}{\sigma_1^2} \sim \chi^2(n-1), \quad \frac{(m-1)S_2^2}{\sigma_2^2} \sim \chi^2(m-1),$$

由 F 分布的定义得

$$\frac{\dfrac{(n-1)S_1^2}{\sigma_1^2} \Big/ (n-1)}{\dfrac{(m-1)S_2^2}{\sigma_2^2} \Big/ (m-1)} \sim F(n-1, m-1),$$

即

$$\frac{S_1^2}{S_2^2} \Big/ \frac{\sigma_1^2}{\sigma_2^2} \sim F(n-1, m-1).$$

(2) 由定理 6.3.1(1)易知 $\overline{X} = \dfrac{1}{n} \sum\limits_{i=1}^{n} X_i \sim N\left(\mu_1, \dfrac{\sigma^2}{n}\right)$, $\overline{Y} = \dfrac{1}{m} \sum\limits_{j=1}^{m} Y_j \sim N\left(\mu_2, \dfrac{\sigma^2}{m}\right)$,所以

$$\overline{X} - \overline{Y} \sim N\left(\mu_1 - \mu_2, \frac{\sigma^2}{n} + \frac{\sigma^2}{m}\right),$$

从而

$$\frac{(\overline{X} - \overline{Y}) - (\mu_1 - \mu_2)}{\sqrt{\frac{\sigma^2}{n} + \frac{\sigma^2}{m}}} \sim N(0, 1),$$

又由定理 6.3.1(2)可知

$$\frac{(n-1)S_1^2}{\sigma^2} \sim \chi^2(n-1), \quad \frac{(m-1)S_2^2}{\sigma^2} \sim \chi^2(m-1),$$

所以

$$\frac{(n-1)S_1^2}{\sigma^2} + \frac{(m-1)S_2^2}{\sigma^2} \sim \chi^2(n+m-2),$$

又由定理 6.3.1(3)可知 $\overline{X} - \overline{Y}$ 与 $\dfrac{(n-1)S_1^2}{\sigma^2} + \dfrac{(m-1)S_2^2}{\sigma^2}$ 相互独立,所以

$$\frac{\dfrac{(\overline{X} - \overline{Y}) - (\mu_1 - \mu_2)}{\sqrt{\dfrac{\sigma^2}{n} + \dfrac{\sigma^2}{m}}}}{\sqrt{\dfrac{\dfrac{(n-1)S_1^2}{\sigma^2} + \dfrac{(m-1)S_2^2}{\sigma^2}}{n+m-2}}} = \frac{(\overline{X} - \overline{Y}) - (\mu_1 - \mu_2)}{\sqrt{\dfrac{1}{n} + \dfrac{1}{m}} \sqrt{\dfrac{(n-1)S_1^2 + (m-1)S_2^2}{n+m-2}}} \sim t(n+m-2).$$

案例 6.3.1　设某制造企业希望对生产流水线进行科学管理,所以需要了解产品的市场需求.根据过去的统计结果,该企业所生产的某零件的周销量 X(单位:千只)服从 $N(52, 6.3^2)$,企划部调取了最近 36 周的销量数据,如下所示:

55.4	43.8	54	49.3	62.5	43.5	56.6	56.5	51.2	62.9	56.2	56.5
63.6	57.4	40.8	54.2	69.4	67.1	51.6	50.7	61.4	60.9	40.4	62.3
55.1	56.6	53.9	57.6	45.3	39.5	62.5	50.1	47	44.8	46.9	61.1

(1) 求表中这个样本的样本均值以及样本方差;

(2) 如果 $(X_1, X_2, \cdots, X_n)$ 是来自总体 X 的一个样本,求样本均值 $\overline{X} = \dfrac{1}{36} \sum_{i=1}^{36} X_i$ 落在 49.5 到 54.5 之间的概率.

解　(1) 经计算 $\bar{x} = 54.13$;$s^2 = 60.27$;

(2) 由定理 6.3.1 知,$\overline{X} \sim N\left(52, \dfrac{6.3^2}{36}\right)$,所以

$$P(49.5 < \overline{X} < 54.5) = F_{\overline{X}}(54.5) - F_{\overline{X}}(49.5)$$

$$= \Phi\left(\frac{54.5-52}{6.3/6}\right) - \Phi\left(\frac{49.5-52}{6.3/6}\right) = 2\Phi(2.38) - 1 = 0.982\,6.$$

例 6.3.1 设 $X \sim N(52, 6.3^2)$，$(X_1, X_2, \cdots, X_n)$ 是来自总体 X 的一个样本.

(1) 求 $S_1 = \sum\limits_{i=1}^{36} (X_i - 52)^2$ 的概率密度；

(2) 求 $S_2 = \sum\limits_{i=1}^{36} (X_i - \overline{X})^2$ 的概率密度；

(3) 求常数 c，使得 $c \dfrac{(\overline{X}-52)^2}{\sum\limits_{i=1}^{36}(X_i - \overline{X})^2}$ 服从 F 分布.

解 (1) 令 $Y = \dfrac{1}{6.3^2} \sum\limits_{i=1}^{36} (X_i - 52)^2$，由 χ^2 分布的定义，不难知道 $Y \sim \chi^2(36)$，所以 Y 的概率密度为

$$f_Y(y) = \begin{cases} \dfrac{(1/2)^{18}}{\Gamma(18)} y^{17} e^{-\frac{1}{2}y}, & y > 0, \\ 0, & \text{其他}, \end{cases}$$

而 $S_1 = 6.3^2 Y$，不难计算 S_1 的概率密度为

$$f_{S_1}(s) = \begin{cases} \dfrac{1}{\Gamma(18)} \left(\dfrac{1}{2 \times 6.3^2}\right)^{18} s^{17} e^{-\frac{s}{2 \times 6.3^2}}, & s > 0, \\ 0, & \text{其他}. \end{cases}$$

(2) 令 $Z = \dfrac{1}{6.3^2} \sum\limits_{i=1}^{36} (X_i - \overline{X})^2$，由定理 6.3.1 可知，$Z \sim \chi^2(35)$，所以

$$f_Z(z) = \begin{cases} \dfrac{(1/2)^{17.5}}{\Gamma(17.5)} z^{16.5} e^{-\frac{1}{2}z}, & z > 0, \\ 0, & \text{其他}, \end{cases}$$

而 $S_2 = 6.3^2 Y$，所以 S_2 的概率密度为

$$f_{S_2}(s) = \begin{cases} \dfrac{1}{\Gamma(17.5)} \left(\dfrac{1}{2 \times 6.3^2}\right)^{17.5} s^{16.5} e^{-\frac{s}{2 \times 6.3^2}}, & s > 0, \\ 0, & \text{其他}. \end{cases}$$

(3) 由定理 6.3.1，不难得出 $\dfrac{\overline{X}-52}{6.3/6} \sim N(0,1)$，故

$$\left(\frac{\overline{X}-52}{6.3/6}\right)^2 \sim \chi^2(1).$$

又因为 $\dfrac{1}{6.3^2}\displaystyle\sum_{i=1}^{36}(X_i-\overline{X})^2\sim\chi^2(35)$，且 $\dfrac{\overline{X}-52}{6.3/6}$ 和 $\displaystyle\sum_{i=1}^{36}(X_i-\overline{X})^2$ 相互独立，于是

$$\dfrac{\left(\dfrac{\overline{X}-52}{6.3/6}\right)^2}{\dfrac{1}{6.3^2}\displaystyle\sum_{i=1}^{36}(X_i-\overline{X})^2\Big/35}=35\times36\times\dfrac{(\overline{X}-52)^2}{\displaystyle\sum_{i=1}^{36}(X_i-\overline{X})^2}\sim F(1,35),$$

从而 $c=35\times36=1\,260$.

习 题 六

1. 为了解计算机专业本科生就业后的薪酬情况，某高校就业办公室调查了所在地区近三年 200 名毕业生现在的月薪情况.

（1）该项研究的总体是什么？

（2）该项研究的样本是什么？

（3）该项研究的样本容量是多少？

2. 设 X_1,X_2,X_3,X_4 是来自正态总体 $N(\mu,\sigma^2)$ 的一个样本，其中 μ,σ^2 未知，已知 $X_{(1)},X_{(2)},X_{(3)},X_{(4)}$ 是顺序统计量，指出下列随机变量中哪些是统计量？

（1）$(X_1,X_2-X_4,X_3+X_4)^{\mathrm{T}}$；

（2）$\min\{X_1,X_2,X_3,X_4\}$；

（3）$\max\{X_2,X_4\}$；

（4）$\displaystyle\sum_{i=1}^{4}(X_i-\mu)^2$；

（5）$\displaystyle\sum_{i=1}^{4}\dfrac{X_i^2}{\sigma^2}$；

（6）$\dfrac{1}{\sigma}(\overline{X}-\mu)^2$；

（7）$\dfrac{1}{2}[X_{(2)}+X_{(3)}]$；

（8）$\dfrac{1}{\sigma}X_{(3)}$.

3. 某地 80 名 11 岁男孩的体重（单位：kg）如下：

53	45	44	47	40	49	50	48	46	45	51	44	46	45	38	47
47	51	48	39	46	42	47	43	45	49	49	41	48	47	49	44
46	43	45	60	43	44	43	41	49	47	47	37	47	50	45	47
45	46	48	41	46	48	45	44	51	42	49	46	42	43	43	45
45	52	47	40	45	39	36	41	42	42	46	47	48	52	50	46

请作出频率直方图.

4. 设 $(X_1, X_2, \cdots, X_n)$ 为来自总体 $X \sim P(\lambda)$ 的样本, $\bar{X}, S^2$ 分别为样本均值和方差.

(1) 写出 $(X_1, X_2, \cdots, X_n)$ 的联合分布律;

(2) 计算 $E(\bar{X}), D(\bar{X})$ 及 $E(S^2)$.

5. 设总体 $X \sim N(2,9)$, X_1, X_2, X_3 是来自 X 的容量为 3 的样本.

(1) 求 $P(\max\{X_1, X_2, X_3\} < 5)$;

(2) 求 $P(\{-2.5 < X_1 < 3.5\} \cup \{2 < X_3 < 6.5\})$;

(3) 求 $E(X_1^2 X_2^2 X_3^2)$;

(4) 求 $D(X_1 X_2 X_3)$ 以及 $D(2X_1 - 3X_2 - X_3)$.

6. 设 $(X_1, X_2, \cdots, X_n)$ 是来自总体 $N(\mu, 36)$ 的样本, 问样本容量 n 取多大时才能使得样本均值 $\bar{X}$ 与 μ 之差的绝对值小于 1 的概率不小于 95%?

7. 设总体的二阶矩存在, $(X_1, X_2, \cdots, X_n)$ 是来自某总体 $N(\mu, \sigma^2)$ 的样本, 求 $X_i - \bar{X}$ 与 $X_j - \bar{X}$ 的相关系数, 并予以解释.

8. 证明:

(1) 当 $a = \bar{X}$ 时, $\sum\limits_{i=1}^{n} (X_i - a)^2$ 达到最小;

(2) $\sum\limits_{i=1}^{n} (X_i - \bar{X})^2 = \sum\limits_{i=1}^{n} X_i^2 - n\bar{X}^2$.

9. 设 $(X_1, X_2, \cdots, X_{10})$ 是来自正态总体 $N(\mu, 0.25)$ 的样本.

(1) 已知 $\mu = 0$, 求 $P\left(\sum\limits_{i=1}^{10} X_i^2 \geqslant 4\right)$;

(2) 当 μ 未知时, 求 $P\left(\sum\limits_{i=1}^{10} (X_i - \bar{X})^2 \geqslant 4.23\right)$.

10. 设 $(X_1, X_2, \cdots, X_9)$ 是来自正态总体 $N(0,4)$ 的样本, 记 $Y = \dfrac{1}{5}\sum\limits_{i=5}^{9} X_i$.

(1) 试确定常数 a, b, c, 使得 $aX_1^2 + b(X_2 + X_3 + X_4)^2 + c\sum\limits_{i=5}^{9} (X_i - Y)^2$ 服从 χ^2

分布；

（2）试给出常数 d，使得 $d\dfrac{X_1+X_2}{\sqrt{X_3^2+X_4^2+X_5^2}}$ 服从 t 分布，并指出它的自由度.

11. 设 $(X_1,X_2,\cdots,X_n)$ 是来自正态总体 $N(\mu,\sigma^2)$ 的样本，X_{n+1} 是对总体 X 的又一次独立观测，求统计量 $Y_1=\dfrac{X_{n+1}-\overline{X}}{S}\sqrt{\dfrac{n}{n+1}}$ 和 $Y_2=\dfrac{(X_{n+1}-\overline{X})^2}{S^2}\cdot\dfrac{n}{n+1}$ 服从的分布.

12. 设随机变量 $X\sim F(12,12)$，求 $P(X>1)$.

13. 设 $(X_1,X_2,\cdots,X_n)$ 是来自正态总体 $N(0,1)$ 的样本，求下列统计量的分布：

（1）$Y=\left(\dfrac{X_1+X_2}{X_1-X_2}\right)^2$；

（2）$Z=(n-1)\dfrac{X_1^2}{\displaystyle\sum_{i=2}^{n}X_i^2}$.

开放式案例分析题

假定随机变量 $X\sim P(2)$，

（1）运用计算机分别对下列每个样本容量 n 产生 50 个随机样本：

$$n=10,n=30,n=50,n=70,n=100;$$

（2）观察相同样本容量的样本均值，构造 50 个样本均值的频率直方图，这个直方图有什么特性？

（3）比较不同样本容量的样本均值频率直方图的变化特征，找出相似之处和其中的规律，并用已经学过的统计规律解释.

□ 习题六答案

第七章 参数估计

参数估计是统计推断的一类基本方法,它根据总体中获取的样本对总体分布包含的未知参数、未知参数的函数或者总体的数字特征,如数学期望、方差和相关系数等进行估计.18 世纪末,德国数学家 Gauss(高斯)首先提出参数估计的方法,并且用最小二乘法计算天体运行的轨道.20 世纪 60 年代以来,随着电子计算机的普及,参数估计更是获得了飞速的发展.从估计形式来看,参数估计可分为点估计和区间估计两类,下面首先介绍点估计.

7.1 点 估 计

首先我们通过下面两个案例大致了解什么是点估计,以及为什么要做点估计.

案例 7.1.1 回顾案例 6.1.1,假设研究人员已经发现某个特定职业的满意度符合下面的一般分布律$\left(其中 0<\theta<\dfrac{1}{2}\right)$:

X	0	1	3	5
P	θ^2	$1-\theta-2\theta^2$	θ	θ^2

我们知道每个从业者对职业的满意度评价不仅取决于对这个职业本身的认同度,还受薪水待遇,对企业的归属感、主人翁意识等因素的影响,即使都满足上述一般分布律,但是对于具体的企业,参数 θ 也会有所不同.那么如何估计参数 θ 呢? 统计学上常采用抽样的方法,某企业人力资源部随机抽查的 100 个该职业从业者的满意度得分如下,能用这些数据对参数 θ 做估计吗? 如何估计? 依据什么原理?

5	0	3	0	0	3	3	5	3	3	1	3	3	5	5	3	3	1	0	0
5	1	5	3	0	3	0	3	3	1	3	5	1	3	1	0	5	3	0	3
0	3	5	5	5	3	1	1	3	3	3	1	3	0	5	1	3	3	3	3
5	5	3	5	3	0	5	3	0	3	0	3	0	1	3	5	3	0
3	5	5	5	3	5	0	0	0	0	3	0	1	5	1	5	3	5	3	5	1

案例 7.1.2   回顾案例 3.1.4, 如果健康研究机构根据多年的经验, 认为某地区 $25 \sim 30$ 岁成年男性群体的 BMI 值 X(单位:$\mathrm{kg/m^2}$)和甘油三酯指标 Y(单位:$\mathrm{mmol/L}$)服从二维正态分布, 即 $(X,Y) \sim N(\mu_1, \sigma_1^2; \mu_2, \sigma_2^2; \rho)$, 利用案例 3.1.4 的 300 组样本数据能对参数 $\mu_1, \mu_2; \sigma_1^2, \sigma_2^2; \rho$ 做出估计吗?

一般地, 我们常常会遇到总体 X 的分布函数 $F(x; \theta_1, \theta_2, \cdots, \theta_k)$ 的形式已知, 但其中存在未知参数 $\theta_1, \theta_2, \cdots, \theta_k$, 甚至分布函数的形式未知的情况, 可以利用如下估计参数的方法:设 $(X_1, X_2, \cdots, X_n)$ 是总体 X 的一个样本, 根据一定的原理, 用 $(X_1, X_2, \cdots, X_n)$ 构造统计量 $\hat{\theta}_j = \hat{\theta}_j(X_1, X_2, \cdots, X_n)$, $j = 1, 2, \cdots, k$, 然后再代入样本数据 $(x_1, x_2, \cdots, x_n)$, 由此对未知参数 $\theta_j (j = 1, 2, \cdots, k)$ 进行估计. 这种用 $(X_1, X_2, \cdots, X_n)$ 构造统计量去估计未知参数的方法称为点估计法. 以下介绍几种常用的点估计方法.

7.1.1 频率替代法

我们以案例 7.1.1 为例介绍参数估计的频率替代法, 该分布中只有唯一的待估参数.

案例 7.1.1 解(频率替代法)

比如, 我们发现 $P(X = 3) = \theta$, 同时从表中给出的样本数据知, 事件 $\{X = 3\}$ 发生的频率为 $\dfrac{42}{100} = 0.42$, 由第五章的 Bernoulli 大数定律知, 这个频率比较接近概率, 因此可以由频率代替概率, 从而给出参数 θ 的一个估计值, 记作 $\hat{\theta} = 0.42$.

像这样用频率代替概率估计参数的方法称为频率替代法.

7.1.2 矩估计法

矩估计法, 顾名思义就是用样本矩估计总体矩, 从而得到总体分布中参数的一种估计方法. 它的思想实质是用样本的经验分布和样本矩去替换总体的理论分布和总体矩. 矩估计法的优点是简单易行, 并不需要事先知道总体是什么分布, 但其缺点是当总体类型已知时, 没有充分利用分布提供的信息. 在一般情况下, 矩估计量不具有唯一性.

我们以案例 7.1.2 为例介绍参数估计的矩估计法.下面仅给出参数 μ_1 的估计方法,其余参数估计的方法类似.

案例 7.1.2 解(矩估计法)

事实上,由二维正态分布的特点,案例中表示 BMI 值的随机变量 X 也服从正态分布,即 $X \sim N(\mu_1, \sigma_1^2)$,而且 $E(X) = \mu_1$.如果 $(X_1, X_2, \cdots, X_n)$ 是总体 X 的一个样本,由 Khintchine 大数定律知,当样本容量 $n \to \infty$ 时,样本均值 $\overline{X} = \dfrac{1}{n} \sum\limits_{i=1}^{n} X_i$ 依概率收敛于 μ_1,根据这个原理,我们就可以构造出统计量 $\overline{X}$ 对 μ_1 进行估计,即 $\mu_1 \approx \overline{X}$.进一步只需要从案例 3.1.4 的样本数据表中提取 X 的 300 组样本数据,并算出样本均值的观测值 $\overline{x} = 21.95$,由此得到 μ_1 的估计值,记作 $\hat{\mu}_1 = 21.95$.

像这样,由样本矩代替总体矩的估计方法称为**矩估计法**.一般地,设总体 X 的分布函数为 $F(x; \theta_1, \theta_2, \cdots, \theta_k)$,其中待估计的参数为 $\theta_1, \theta_2, \cdots, \theta_k$,并假设 k 阶原点矩存在,记

$$E(X^r) = \mu_r(\theta_1, \theta_2, \cdots, \theta_k), \quad r = 1, 2, \cdots, k.$$

根据大数定律,列出如下方程:

$$
\begin{cases}
\mu_1(\theta_1, \theta_2, \cdots, \theta_k) = \dfrac{1}{n} \sum\limits_{i=1}^{n} X_i, \\[2mm]
\mu_2(\theta_1, \theta_2, \cdots, \theta_k) = \dfrac{1}{n} \sum\limits_{i=1}^{n} X_i^2, \\[2mm]
\qquad\qquad \vdots \\[2mm]
\mu_k(\theta_1, \theta_2, \cdots, \theta_k) = \dfrac{1}{n} \sum\limits_{i=1}^{n} X_i^k.
\end{cases}
$$

如果方程组有解(事实上,上述方程都是近似方程)

$$\hat{\theta}_1 = \hat{\theta}_1(X_1, X_2, \cdots, X_n),$$
$$\hat{\theta}_2 = \hat{\theta}_2(X_1, X_2, \cdots, X_n),$$
$$\vdots$$
$$\hat{\theta}_k = \hat{\theta}_k(X_1, X_2, \cdots, X_n),$$

称其为**矩估计量**,代入样本值得矩估计量的样本值

$$\hat{\theta}_1 = \hat{\theta}_1(x_1, x_2, \cdots, x_n),$$
$$\hat{\theta}_2 = \hat{\theta}_2(x_1, x_2, \cdots, x_n),$$
$$\vdots$$
$$\hat{\theta}_k = \hat{\theta}_k(x_1, x_2, \cdots, x_n),$$

称其为矩估计值.

例 7.1.1 假设某银行营业部为合理配置柜台服务人员,需要了解上午 9:00—12:00 这段时间内任意两个客户先后到来的时间间隔 X(单位:min),根据长期经验知 X 服从参数为 λ 的指数分布

$$f(x) = \begin{cases} \lambda e^{-\lambda x}, & x > 0, \\ 0, & 其他, \end{cases}$$

其中参数 λ 未知,对该银行随机采集的 X 的 51 个观测值如下:

```
1.9  1.9  8.9  10.3 1.2  7.8  2.4  2.8  3.5  2.4  0.7  2.9  1.6  1.1  1.6  4.1  6.5
9.1  1.2  0.1  10.6 0.6  3.5  2.5  6.1  1    1.6  2.4  6.3  0.8  1.1  1.1  0    9.4
0.1  2.3  0.5  0.1  10.2 2.2  2    1.7  1.3  1.1  3.3  0.3  5.8  0.9  4.9  1.5  4.9
```

求 λ 的矩估计值.

解 易知,$E(X) = \dfrac{1}{\lambda}$,由矩估计原理,令 $\bar{X} \approx \dfrac{1}{\lambda}$,由此可得到 λ 的矩估计量 $\hat{\lambda} = \dfrac{1}{\bar{X}}$,代入样本数据得 $\bar{x} = 3.17$,从而得 λ 的矩估计值 $\hat{\lambda} = \dfrac{1}{\bar{x}} = \dfrac{1}{3.17} \approx 0.32$.

例 7.1.2 设总体 X 服从 $[\theta_1, \theta_2]$ 上的均匀分布,其中 θ_1, θ_2 未知,$(X_1, X_2, \cdots, X_n)$ 为来自总体 X 的一个样本.求 θ_1, θ_2 的矩估计量.

解 由已知条件知 X 的概率密度为

$$f(x; \theta_1, \theta_2) = \begin{cases} \dfrac{1}{\theta_2 - \theta_1}, & \theta_1 \leq x \leq \theta_2, \\ 0, & 其他, \end{cases}$$

由矩估计原理,得

$$\begin{cases} E(X) = \dfrac{\theta_2 + \theta_1}{2} \approx \bar{X}, \\ E(X^2) = D(X) + E^2(X) = \dfrac{(\theta_2 - \theta_1)^2}{12} + \left(\dfrac{\theta_1 + \theta_2}{2}\right)^2 \approx \dfrac{1}{n} \sum_{i=1}^{n} X_i^2, \end{cases}$$

解得 θ_1, θ_2 的矩估计量为

$$\begin{cases} \hat{\theta}_1 = \bar{X} - \sqrt{\dfrac{3}{n} \sum_{i=1}^{n} (X_i - \bar{X})^2}, \\ \hat{\theta}_2 = \bar{X} + \sqrt{\dfrac{3}{n} \sum_{i=1}^{n} (X_i - \bar{X})^2}. \end{cases}$$

案例 7.1.3 某人寿保险公司的保险精算部研究发现,某地区人的寿命服从参数为 α, β 的 Γ 分布,其概率密度为

$$f(x;\alpha,\beta)=\begin{cases}\dfrac{\beta^{\alpha}x^{\alpha-1}}{\Gamma(\alpha)}e^{-\beta x}, & x>0,\\ 0, & \text{其他}.\end{cases}$$

为估计其中的参数,在该人群中随机抽查了 100 人,寿命数据(单位:岁)如下:

71	82	73	54	86	49	64	54	101	83	71	83	82	42	64	98	78	71	81	95
67	74	83	61	89	86	91	102	77	68	98	99	66	64	103	66	71	35	67	61
66	58	70	53	82	77	89	103	82	60	74	70	68	60	65	79	72	99	75	83
95	91	66	64	77	84	60	56	107	81	60	56	81	78	101	53	93	44	89	72
79	58	56	54	88	69	68	105	70	70	79	89	95	86	56	49	75	49	70	104

请根据该样本数据,求 α,β 的矩估计值.

解 经计算得 $E(X)=\dfrac{\alpha}{\beta}$, $D(X)=\dfrac{\alpha}{\beta^2}$(请读者自行计算).由矩估计原理,得

$$\begin{cases}\dfrac{\alpha}{\beta}\approx\bar{X},\\ \dfrac{\alpha}{\beta^2}\approx\dfrac{1}{n}\sum_{i=1}^{n}(X_i-\bar{X})^2,\end{cases}$$

根据样本数据算得 $\bar{x}=74.72$, $\dfrac{1}{n}\sum_{i=1}^{n}(x_i-\bar{x})^2=254.02$,代入上述方程组,有

$$\begin{cases}\dfrac{\hat{\alpha}}{\hat{\beta}}=74.72,\\ \dfrac{\hat{\alpha}}{\hat{\beta}^2}=254.02,\end{cases}$$

解得 α,β 的矩估计值为 $\hat{\alpha}=21.9751$, $\hat{\beta}=0.2941$.

例 7.1.3 一般地,假设 X 是一个总体,且其二阶矩存在,记 $E(X)=\mu$, $D(X)=\sigma^2$,但是 μ,σ^2 未知.$(X_1,X_2,\cdots,X_n)$ 是来自总体 X 的一个样本,求 μ,σ^2 的矩估计量与矩估计值.

解 显然

$$\begin{cases}E(X)=\mu,\\ E(X^2)=D(X)+E^2(X)=\sigma^2+\mu^2,\end{cases}$$

由矩估计原理,得

$$\begin{cases}\mu\approx\bar{X},\\ \mu^2+\sigma^2\approx\dfrac{1}{n}\sum_{i=1}^{n}X_i^2,\end{cases}$$

解得 μ 与 σ^2 的矩估计量为

$$
\begin{cases}
\hat{\mu} = \dfrac{1}{n} \displaystyle\sum_{i=1}^{n} X_i = \bar{X}, \\[3mm]
\hat{\sigma}^2 = \dfrac{1}{n} \displaystyle\sum_{i=1}^{n} X_i^2 - \bar{X}^2 = \dfrac{1}{n} \displaystyle\sum_{i=1}^{n} (X_i - \bar{X})^2,
\end{cases}
$$

如果 $(x_1, x_2, \cdots, x_n)$ 是样本 $(X_1, X_2, \cdots, X_n)$ 的一组样本值,代入上式得 μ 与 σ^2 的矩估计值为

$$
\begin{cases}
\hat{\mu} = \dfrac{1}{n} \displaystyle\sum_{i=1}^{n} x_i, \\[3mm]
\hat{\sigma}^2 = \dfrac{1}{n} \displaystyle\sum_{i=1}^{n} (x_i - \bar{x})^2.
\end{cases}
$$

从上例看到,对于存在二阶矩的总体,都可以得到总体均值和方差的矩估计,其结果以后可以直接应用;同时也看到,矩估计法简便而直观,特别是当总体 X 的分布 $F(x)$ 未知时,从总体 X 抽取样本后,就可以利用矩估计法对期望 $E(X)$ 和方差 $D(X)$ 做出估计;另一方面,对任何总体,只要期望、方差存在,无论是什么分布,所得到的期望、方差的估计结果均相同,从这个角度来看,矩估计法没有充分利用总体分布提供的信息,这样的结果往往精度不高;另外,矩估计法要求总体 X 的原点矩存在,例如 Cauchy 分布的数学期望不存在,就无法使用矩估计法.为此,下面将介绍另外一种常用的方法——最大似然估计法.

由例 7.1.3 的结果,我们可以给出案例 7.1.2 所有参数的估计.

▫ 案例 7.1.2 的完整解

7.1.3　最大似然估计法

最大似然估计法的思想始于 Gauss 的误差理论,1912 年,Fisher(费希尔)在一篇论文中把它作为一个一般理论提出来.自 20 世纪 20 年代以来,Fisher 以及其他许多统计学家对这个方法进行了大量的研究,目前它仍然是被广泛使用的一种方法,其理论依据是实际推断原理:概率最大的随机事件在一次试验中最有可能发生.

回顾案例 7.1.1,以此为例说明最大似然估计法的原理.

案例 7.1.1 解(最大似然估计法)

根据本案例中随机抽取的容量为 100 的样本数据,在总体分布满足的条件下,这些数据出现的概率为 $P(X_1 = 5, X_2 = 0, X_3 = 3, \cdots, X_{100} = 1) \triangleq L(\theta)$(称为似然函数).由于 $(X_1, X_2, \cdots, X_{100})$ 是简单随机样本,所以

$$
L(\theta) = P(X_1 = 5) P(X_2 = 0) P(X_3 = 3) \cdots P(X_{100} = 1)
$$

$$= (\theta^2)^{20}(1-\theta-2\theta^2)^{14}\theta^{42}(\theta^2)^{24}.$$

最大似然估计原理认为,既然这些数据已经发生了,应该尊重数据,为此有理由要求 θ 可使 $L(\theta)$ 达到最大,这是因为概率最大的随机事件在一次试验中最有可能发生.由此,问题转化为求函数 $L(\theta)$ 的极大值点 $\hat{\theta}$,即使

$$L(\hat{\theta}) = \max_{\theta} L(\theta),$$

如此估计参数 θ 的方法称为最大似然估计法,所得到的估计称为最大似然估计.

一般来说,似然函数 $L(\theta)$ 是多个函数乘积的形式,对其取对数可以简化求极值时的导数运算,称 $\ln L(\theta)$ 为对数似然函数,也常常简称为似然函数.本例中

$$\ln L(\theta) = 14\ln(1-\theta-2\theta^2) + 130\ln\theta,$$

求驻点,即由

$$\frac{\mathrm{d}}{\mathrm{d}\theta}\ln L(\theta) = 14 \cdot \frac{-1-4\theta}{1-\theta-2\theta^2} + 130 \cdot \frac{1}{\theta} = 0,$$

解得 $\theta \approx 0.45$,如果能判断在该点取到似然函数的极大值,就得到了参数的估计值,记作 $\hat{\theta} = 0.45$.

一般地,如果总体 X 为离散型随机变量,其分布律为

$$P(X=x) = P(x; \theta_1, \theta_2, \cdots, \theta_k),\text{其中 } \theta_1, \theta_2, \cdots, \theta_k \text{ 为未知参数},$$

$(X_1, X_2, \cdots, X_n)$ 是来自总体 X 的一个样本,$(x_1, x_2, \cdots, x_n)$ 是该样本的一组观测值,则似然函数为

$$L(\theta_1, \theta_2, \cdots, \theta_k) = P(X_1 = x_1, X_2 = x_2, \cdots, X_n = x_n) = \prod_{i=1}^{n} P(x_i; \theta_1, \theta_2, \cdots, \theta_k),$$

由于上式中观测值是取定的,$L(\theta_1, \theta_2, \cdots, \theta_k)$ 仅是 $\theta_1, \theta_2, \cdots, \theta_k$ 的函数.

如果总体 X 为连续型随机变量,其概率密度为

$$f(x; \theta_1, \theta_2, \cdots, \theta_k),\text{其中 } \theta_1, \theta_2, \cdots, \theta_k \text{ 为未知参数},$$

$(X_1, X_2, \cdots, X_n)$ 是来自总体 X 的一个样本,$(x_1, x_2, \cdots, x_n)$ 是该样本的一组观测值,则似然函数为

$$L(\theta_1, \theta_2, \cdots, \theta_k) = \prod_{i=1}^{n} f(x_i; \theta_1, \theta_2, \cdots, \theta_k).$$

无论是对离散型总体还是连续型总体,通常认为一次试验就得到这组观测值,那么取到该观测值或落在其附近应该有较大的概率,所以要求 $L(\theta_1, \theta_2, \cdots, \theta_k)$ 的极大值点 $(\hat{\theta}_1, \hat{\theta}_2, \cdots, \hat{\theta}_k)$,即使

$$L(\hat{\theta}_1, \hat{\theta}_2, \cdots, \hat{\theta}_k) = \max L(\theta_1, \theta_2, \cdots, \theta_k),$$

将 $\hat{\theta}_1, \hat{\theta}_2, \cdots, \hat{\theta}_k$ 作为未知参数 $\theta_1, \theta_2, \cdots, \theta_k$ 的估计,这种方法称为最大似然估计法.确定最大似然估计的问题就转化为微积分中求极值的问题,可通过

$$\frac{\partial L(\theta_1, \theta_2, \cdots, \theta_k)}{\partial \theta_i} = 0, i = 1, 2, \cdots, k$$

□ 总 体 X 为 连续型随机变量 的 似 然函数

求解 $(\hat{\theta}_1, \hat{\theta}_2, \cdots, \hat{\theta}_k)$,称上述方程为似然方程组.

由于最大似然估计关心的是 $L(\theta_1, \theta_2, \cdots, \theta_k)$ 的极大值点,而不是极大值本身.而 $L(\theta_1, \theta_2, \cdots, \theta_k)$ 与 $\ln L(\theta_1, \theta_2, \cdots, \theta_k)$ 在相同的点取到极大值,为简化运算,常常求函数 $\ln L(\theta_1, \theta_2, \cdots, \theta_k)$ 的极大值点.称

$$\frac{\partial \ln L(\theta_1, \theta_2, \cdots, \theta_k)}{\partial \theta_i} = 0, i = 1, 2, \cdots, k$$

为对数似然方程组,简称似然方程组.

最后,通过求解似然方程组(对数似然方程组)得到驻点,若能判断该点是极大值点,那么该点就是未知参数 θ 的最大似然估计.

求最大似然估计的一般步骤如下:

(1) 写出似然函数 $L(\theta_1, \theta_2, \cdots, \theta_k)$ 或对数似然函数 $\ln L(\theta_1, \theta_2, \cdots, \theta_k)$;

(2) 写出似然方程组

$$\frac{\partial L(\theta_1, \theta_2, \cdots, \theta_k)}{\partial \theta_i} = 0, i = 1, 2, \cdots, k \quad \text{或} \quad \frac{\partial \ln L(\theta_1, \theta_2, \cdots, \theta_k)}{\partial \theta_i} = 0, i = 1, 2, \cdots, k;$$

(3) 求解上述方程组得到 $\hat{\theta}_i = \hat{\theta}_i(x_1, x_2, \cdots, x_n)$,于是 $\hat{\theta}_i = \hat{\theta}_i(x_1, x_2, \cdots, x_n)$ 称为参数 $\theta_i(i = 1, 2, \cdots, k)$ 的最大似然估计值,相应的统计量 $\hat{\theta}_i(X_1, X_2, \cdots, X_n)$ 称为参数 $\theta_i(i = 1, 2, \cdots, k)$ 的最大似然估计量.

案例 7.1.4 某大型游乐园为合理配备安保系统,需了解游客人数的分布,由经验可知每周的游客人数 X(单位:万人)服从正态分布 $N(\mu, \sigma^2)$,最近 52 周的样本数据如下,请据此估计参数 μ, σ^2.

9.34	16.11	10.94	9.75	10.72	8.9	8.01	18.97	17.11	12.69	7.56	8.84	11.1
14.28	7.31	4.04	6.93	12.77	12.96	13.16	11.25	12.28	10.12	14.51	7.21	13.17
8.9	10.58	13.49	15.09	8.01	15.82	13.85	11.46	11.04	10.97	10.69	11.76	11.85
14.39	16.69	13.21	10.99	13.73	12.28	8.3	14.79	12.69	12.12	13.37	12.54	8.59

解 由于 X 的概率密度为

$$f(x; \mu, \sigma^2) = \frac{1}{\sqrt{2\pi}\,\sigma} \exp\left[-\frac{(x-\mu)^2}{2\sigma^2}\right],$$

设从总体 X 一次抽取的样本观测值为 $(x_1, x_2, \cdots, x_n)$，故似然函数和对数似然函数为

$$L(\mu, \sigma^2) = \prod_{i=1}^{n} \frac{1}{\sqrt{2\pi}\sigma} \exp\left[-\frac{(x_i-\mu)^2}{2\sigma^2}\right],$$

$$\ln L(\mu, \sigma^2) = -\frac{n}{2}\ln(2\pi\sigma^2) - \frac{1}{2\sigma^2}\sum_{i=1}^{n}(x_i-\mu)^2,$$

似然方程组为

$$\frac{\partial}{\partial\mu}\ln L = \frac{1}{\sigma^2}\sum_{i=1}^{n}(x_i-\mu) = 0,$$

$$\frac{\partial}{\partial(\sigma^2)}\ln L = -\frac{n}{2\sigma^2} + \frac{1}{2\sigma^4}\sum_{i=1}^{n}(x_i-\mu)^2 = 0,$$

解得

$$\hat{\mu} = \frac{1}{n}\sum_{i=1}^{n}x_i = \overline{x},$$

$$\hat{\sigma}^2 = \frac{1}{n}\sum_{i=1}^{n}(x_i-\overline{x})^2 = cm_2.$$

代入具体样本观测值可得 μ, σ^2 的最大似然估计值

$$\hat{\mu} = \frac{1}{52}\sum_{i=1}^{52}x_i = 11.68, \qquad \hat{\sigma}^2 = \frac{1}{52}\sum_{i=1}^{52}(x_i-\overline{x})^2 = 8.67.$$

例 7.1.4 设总体 X 服从均匀分布，其概率密度为

$$f(x;\theta) = \begin{cases} \dfrac{1}{\theta}, & 0 < x < \theta, \\ 0, & \text{其他}, \end{cases}$$

其中 $\theta(0 < \theta < +\infty)$ 未知，求 θ 的最大似然估计量.

解 设从总体 X 一次抽取的样本观测值为 $(x_1, x_2, \cdots, x_n)$，故似然函数为

$$L(\theta) = \prod_{i=1}^{n}f(x_i;\theta) = \begin{cases} \dfrac{1}{\theta^n}, & 0 \leqslant x_1, x_2, \cdots, x_n \leqslant \theta, \\ 0, & \text{其他}. \end{cases}$$

上述似然函数无法用求导的方法得到极值点，这并不意味着最大似然估计法失败.我们可以直接由定义出发求解，从两个方面去考察:注意到 L 是 θ 的单调递减函数，θ 越小则 L 越大;另外 θ 不能取得太小，因为区间 $[0, \theta]$ 要包含所有观测值的分量 x_i.因此只有取 $\hat{\theta} = \max_{1 \leqslant i \leqslant n}\{x_i\}$ 才能同时满足以上两个条件.最后得到 θ 的最大似然估计值为

$$\hat{\theta} = \max_{1 \leqslant i \leqslant n} \{x_i\},$$

θ 的最大似然估计量为

$$\hat{\theta} = \max_{1 \leqslant i \leqslant n} \{X_i\}.$$

案例 7.1.5 为了估计池塘里某种鱼的总数 N,现从池塘中捕捉了 M 条同种类型的鱼做上记号后放回池塘.等鱼充分混合后再从池塘中任意捕捉 n 条同种类型的鱼,发现其中有 s 条标有记号,求 N 的最大似然估计值.

解 设标有记号的鱼数为 X,则 X 服从超几何分布,即

$$P(X=k) = \frac{C_M^k C_{N-M}^{n-k}}{C_N^n}, \quad \max\{0, n+M-N\} \leqslant k \leqslant \min\{n, M\},$$

由于事件"捕捉的 n 条同种类型的鱼中有 s 条标有记号"发生了,所以似然函数

$$L(N) = P(X=s) = \frac{C_M^s C_{N-M}^{n-s}}{C_N^n},$$

根据最大似然估计法,要求 N^* 使得 $L(N^*) = \max_{N \in \mathbf{N}_+} L(N)$,注意到这个极值点无法用求导的方法求得,令

$$R(N) = \frac{L(N)}{L(N-1)} = \frac{C_M^s C_{N-M}^{n-s}}{C_N^n} \cdot \frac{C_{N-1}^n}{C_M^s C_{N-1-M}^{n-s}}$$

$$= \frac{(N-M)(N-n)}{N(N-M-n+s)} = \frac{N^2 - NM - Nn + Mn}{N^2 - NM - Nn + Ns},$$

当 $Mn < Ns$ 时,$R(N) < 1$,即当 $N > \dfrac{Mn}{s}$ $(s>0)$ 时,$L(N)$ 是随 N 递减的;而当 $Mn > Ns$ 时,$R(N) > 1$,即当 $N < \dfrac{Mn}{s}$ $(s>0)$ 时,$L(N)$ 是随 N 递增的,所以取 $\hat{N} = \left[\dfrac{Mn}{s}\right]$ 或 $\left[\dfrac{Mn}{s}\right] + 1$ 可使 $L(N)$ 取到极大值,故 N 的最大似然估计值为 $\hat{N} = \left[\dfrac{Mn}{s}\right]$ 或 $\left[\dfrac{Mn}{s}\right] + 1$.

最大似然估计具有以下性质:

若 $\hat{\theta}$ 是未知参数 θ 的最大似然估计,又 $g(\theta)$ 是 θ 的连续函数,则 $\hat{g} = g(\hat{\theta})$ 是 $g = g(\theta)$ 的最大似然估计.

此性质称为最大似然估计不变性原理.但不变性原理对矩估计一般不成立.

综合性习题:最大似然估计不变性原理

7.2   估计量的评价标准

通过 7.1 节,我们已经知道可以用不同的方法估计未知参数,一般来说,对同一未知参数 θ,用的方法不同,可能得到不同的估计.比如,对案例 7.1.1 用频率替代法和最大似然估计法分别得到 0.42 和 0.45 的估计值.那么究竟采取哪一种方法较好? 即如何评价估计的优劣? 由此,有必要讨论估计量的评价标准.直观的想法是希望未知参数 θ 的估计量 $\hat{\theta}$ 与 θ 在某种意义下越接近越好.这里介绍常用的三种评价标准:无偏性、有效性和一致性.

7.2.1   无偏性

引例   首先用一个简单直观的例子让读者认识什么是估计量的无偏性.

从上一节的知识我们已经知道,对于正态总体 $X \sim N(\mu, 1)$,如果参数 μ 未知,无论矩估计还是最大似然估计,都是用样本均值 $\overline{X}$ 作为参数 μ 的估计量.用计算机生成来自总体 $N(25, 1)$ 的样本容量是 10 的 12 组样本数据,再计算出每组样本数据的均值,如下表所示:

组号	1	2	3	4	5	6	7	8	9	10	11	12
均值 $\overline{x}$	25.07	25.42	24.31	24.85	25.18	25.38	24.93	24.70	25.31	26.02	25.14	24.73

可以看出样本均值 $\overline{x}$ 基本上在 $\mu = 25$ 附近波动,这并不是偶然现象,事实上,估计值 $\overline{x}$ 虽然与被估计的参数 $\mu = 25$ 有误差,但是始终不会偏离这个参数太大,这就是无偏性,更一般的定义如下:

定义 7.2.1   设参数 θ 的估计量为 $\hat{\theta} = \hat{\theta}(X_1, X_2, \cdots, X_n)$,若满足

$$E(\hat{\theta}) = \theta,$$

则称 $\hat{\theta}$ 是 θ 的无偏估计量.反之若 $E(\hat{\theta}) \neq \theta$,则称 $\varepsilon = E(\hat{\theta}) - \theta$ 为估计量 $\hat{\theta}$ 的偏差.

对一个未知参数 θ 的估计量 $\hat{\theta}$ 来说,最基本的要求就是满足无偏性.它的重要意义在于确定一个估计量的好坏,不能仅根据某一次的观测结果来衡量,而是希望在多次观测中,$\hat{\theta}$ 在未知参数 θ 附近波动.

例 7.2.1   设总体 X 的数学期望和方差均存在,并且记 $\mu = E(X)$,$\sigma^2 = D(X)$,$(X_1, X_2, \cdots, X_n)$ 是来自总体 X 的一个简单随机样本.证明:

（1）样本均值 $\bar{X} = \dfrac{1}{n} \sum\limits_{i=1}^{n} X_i$ 是 μ 的无偏性估计量；

（2）样本方差 $S^2 = \dfrac{1}{n-1} \sum\limits_{i=1}^{n} (X_i - \bar{X})^2$ 是 σ^2 的无偏估计量；

（3）二阶中心矩 $CM_2 = \dfrac{1}{n} \sum\limits_{i=1}^{n} (X_i - \bar{X})^2$ 不是 σ^2 的无偏估计量，请把它修正为 σ^2 的无偏估计量.

证明 由于 $(X_1, X_2, \cdots, X_n)$ 为简单随机样本，故有

$$E(X_i) = \mu, D(X_i) = \sigma^2, i = 1, 2, \cdots, n,$$

容易计算得

$$E(\bar{X}) = \frac{1}{n} \sum_{i=1}^{n} E(X_i) = \mu, \quad D(\bar{X}) = \frac{1}{n^2} \sum_{i=1}^{n} D(X_i) = \frac{\sigma^2}{n},$$

$$E\Big[\sum_{i=1}^{n} (X_i - \bar{X})^2 \Big] = E\Big[\sum_{i=1}^{n} X_i^2 - n\bar{X}^2 \Big] = \sum_{i=1}^{n} E(X_i^2) - nE(\bar{X}^2)$$

$$= \sum_{i=1}^{n} [D(X_i) + E^2(X_i)] - n[D(\bar{X}) + E^2(\bar{X})] = (n-1)\sigma^2,$$

从而 $E(S^2) = \sigma^2, E(CM_2) = \dfrac{n-1}{n}\sigma^2 \neq \sigma^2$.

所以，样本均值 $\bar{X}$ 是总体均值 μ 的无偏估计量；样本方差 S^2 是总体方差 σ^2 的无偏估计量；二阶中心矩 CM_2 不是 σ^2 的无偏估计量；同时容易知道 CM_2 的无偏性修正就是样本方差 S^2.

注 1 不论总体 X 服从什么分布，样本均值 $\bar{X}$ 是总体 X 的均值 μ 的无偏估计量，样本方差 S^2 是总体 X 的方差 σ^2 的无偏估计量.

注 2 当 $g(\theta)$ 为 θ 的实值函数时，若 $\hat{\theta}$ 为 θ 的无偏估计，那么 $g(\hat{\theta})$ 不一定是 $g(\theta)$ 的无偏估计.例如，虽然 $\bar{X}$ 是 μ 的无偏估计量，但 $\bar{X}^2$ 不再是 μ^2 的无偏估计量.

7.2.2 有效性

无偏性虽然是评价估计量的一个重要标准，然而有时一个未知参数可能有多个无偏估计量，如何判定哪一个无偏估计量更好？评判标准是什么？为此介绍估计量的有效性.

定义 7.2.2 设 $\hat{\theta}_1 = \hat{\theta}_1(X_1, X_2, \cdots, X_n)$ 和 $\hat{\theta}_2 = \hat{\theta}_2(X_1, X_2, \cdots, X_n)$ 均为参数 θ 的无偏估计量，若

$$D(\hat{\theta}_1) < D(\hat{\theta}_2),$$

则称 $\hat{\theta}_1$ 比 $\hat{\theta}_2$ 有效.

例 7.2.2   设总体 X 的概率密度为

$$f(x;\theta)=\begin{cases}\dfrac{1}{\theta}\mathrm{e}^{-\frac{x}{\theta}}, & x>0,\theta>0 \text{ 为常数},\\[2mm]0, & x\leqslant0,\end{cases}$$

$(X_1,X_2,\cdots,X_n)$ 为来自总体 X 的一个样本.证明 $\overline{X}$ 与 $n\min\{X_1,X_2,\cdots,X_n\}$ 都是 θ 的无偏估计量,并比较它们的有效性.

分析   用计算机生成来自总体 X(参数 $\theta=10$)的样本容量为 20 的 20 组样本数据:不难发现,对于 θ 的两个估计量 $\overline{X}$ 与 $20\min\{X_1,X_2,\cdots,X_{20}\}$,20 组样本对应的估计值基本上在 $\theta=10$ 附近波动.然而从直观上来看,$\overline{X}$ 与 $n\min\{X_1,X_2,\cdots,X_n\}$ 都是 θ 的无偏估计量,但是 $\overline{X}$ 显然比 $n\min\{X_1,X_2,\cdots,X_n\}$ 稳定,也就是 $\overline{X}$ 比 $n\min\{X_1,X_2,\cdots,X_n\}$ 更有效.下面给出严格证明.

序号	1	2	3	4	5	6	7	8	9	10
$\overline{x}$	8.2	8.6	10.6	9.7	12.2	11.3	12.6	7.9	8.7	9.7
$20x_{(1)}$	8.2	8.3	13.7	0.8	7.8	11.4	9	14.6	12.6	4.1
序号	11	12	13	14	15	16	17	18	19	20
$\overline{x}$	8.8	9.2	9.2	11.2	12	8.2	8.6	10.6	9.7	12.2
$20x_{(1)}$	2.4	18.1	4.3	5.5	3.2	8.2	8.3	13.7	0.8	7.8

注:$x_{(1)}=\min\{x_1,x_2,\cdots,x_n\}$.

证明 X 服从指数分布 $E(1/\theta)$,因此 $E(X)=\theta$.故 $E(\overline{X})=E(X)=\theta$,所以 $\overline{X}$ 是 θ 的无偏估计量.

为证明 $n\min\{X_1,X_2,\cdots,X_n\}$ 是无偏估计量,并进一步讨论它们的有效性问题,令

$$Z=\min\{X_1,X_2,\cdots,X_n\},$$

不难计算随机变量 Z 的分布函数

$$F_Z(z)=P(Z\leqslant z)=1-P(X_1>z,X_2>z,\cdots,X_n>z)$$

$$=1-P(X_1>z)P(X_2>z)\cdots P(X_n>z)=1-\prod_{i=1}^{n}\left[1-P(X_i\leqslant z)\right]$$

$$=\begin{cases}0, & z<0,\\[2mm]1-\mathrm{e}^{-\frac{nz}{\theta}}, & z\geqslant0.\end{cases}$$

从 Z 的分布函数容易看出,Z 仍然服从指数分布,即 $Z\sim E(n/\theta)$,所以

$$E(Z)=\theta/n,\quad D(Z)=(\theta/n)^2,$$

因此

$$E(n\min\{X_1,X_2,\cdots,X_n\})=E(nZ)=\theta,$$

$$D(n\min\{X_1,X_2,\cdots,X_n\})=D(nZ)=\theta^2.$$

所以,$n\min\{X_1,X_2,\cdots,X_n\}$ 也是 θ 的无偏估计量,且容易知道,

$$D(\bar{X})=\frac{\theta^2}{n}<D(n\min\{X_1,X_2,\cdots,X_n\}),$$

因此 $\bar{X}$ 比 $n\min\{X_1,X_2,\cdots,X_n\}$ 有效.

下面给出一个无偏估计的方差下界的结论,也就是说,无论用什么方法得到的无偏估计量的方差不可能任意小.

定理 7.2.1 (1) 设总体 X 为离散型随机变量,其分布律为 $P(X=x;\theta)=P(x;\theta)$,$\theta$ 为未知参数,$(X_1,X_2,\cdots,X_n)$ 是来自总体的一个简单随机样本,若 $\hat{\theta}$ 是 θ 的无偏估计量,则

定理 7.2.1 的证明

$$D(\hat{\theta})\geqslant I(\theta)=\frac{1}{nE\left[\left(\dfrac{\partial\ln P(X;\theta)}{\partial\theta}\right)^2\right]}>0. \qquad (1)$$

(2) 设总体 X 为连续型随机变量,其概率密度为 $f(x;\theta)$,θ 为未知参数,$(X_1,X_2,\cdots,X_n)$ 是来自总体的一个样本,若 $\hat{\theta}$ 是 θ 的无偏估计量,则

$$D(\hat{\theta})\geqslant I(\theta)=\frac{1}{nE\left[\left(\dfrac{\partial\ln f(X;\theta)}{\partial\theta}\right)^2\right]}>0. \qquad (2)$$

$I(\theta)$ 称为无偏估计的方差下界.

(1)(2) 两式也称为 Rao-Cramer(拉奥-克拉默)不等式.

定义 7.2.3 设 $\hat{\theta}_0$ 是未知参数 θ 的一个无偏估计量,如果在所有 θ 的无偏估计量 $\hat{\theta}$ 中均有

$$D(\hat{\theta}_0)\leqslant D(\hat{\theta})$$

成立,则称 $\hat{\theta}_0$ 是 θ 的**有效估计量**.

注 Rao-Cramer 不等式给出了如何确定 θ 的有效估计量的一个方法:只要 θ 的某个无偏估计量 $\hat{\theta}$ 的方差达到下界 $I(\theta)$,那么 $\hat{\theta}$ 就是 θ 的有效估计量.

例 7.2.3 设总体 X 服从参数为 λ(未知)的 Poisson 分布,即 $X\sim P(\lambda)$.$(X_1,X_2,\cdots,X_n)$ 是来自总体 X 的一个样本.证明:估计量 $\hat{\lambda}=\bar{X}$ 是 λ 的有效估计量.

证明 这里 $\hat{\lambda}=\bar{X}$ 的无偏性显然.下面证 $\hat{\lambda}=\bar{X}$ 的方差达到了无偏估计的方

差下界 $I(\lambda)$. 我们知道 Poisson 分布的分布律

$$P(x;\lambda) = \frac{\lambda^x}{x!}e^{-\lambda}, \quad x = 0,1,2,\cdots,$$

对上式取对数,并对 λ 求导得

$$\frac{\mathrm{d}}{\mathrm{d}\lambda}(\ln P(x;\lambda)) = \frac{x}{\lambda} - 1,$$

则

$$E\left\{\left[\frac{\mathrm{d}}{\mathrm{d}\lambda}(\ln P(X;\lambda))\right]^2\right\} = E\left[\left(\frac{X}{\lambda}-1\right)^2\right] = \frac{E[(X-\lambda)^2]}{\lambda^2} = \frac{1}{\lambda^2}D(X) = \frac{1}{\lambda},$$

求得方差下界

$$I(\lambda) = \frac{1}{nE\left\{\left[\dfrac{\mathrm{d}}{\mathrm{d}\lambda}(\ln P(X;\lambda))\right]^2\right\}} = \frac{\lambda}{n}.$$

又 $\hat{\lambda} = \overline{X}$ 的方差 $D(\hat{\lambda}) = \dfrac{\lambda}{n}$, 所以, $\hat{\lambda} = \overline{X}$ 是 λ 的有效估计量.

7.2.3　一致性

定义 7.2.4　设 $\hat{\theta}_n = \hat{\theta}(X_1, X_2, \cdots, X_n)$ 是参数 θ 的估计量,如果随机变量序列 $\{\hat{\theta}_n\}$ 依概率收敛于 θ, 即 $\forall \varepsilon > 0$, 有

$$\lim_{n \to +\infty} P(|\hat{\theta}_n - \theta| < \varepsilon) = 1 \text{ 或 } \lim_{n \to +\infty} P(|\hat{\theta}_n - \theta| \geqslant \varepsilon) = 0,$$

则称 $\hat{\theta}_n$ 是 θ 的一致估计量(或相合估计量).

一致性的概念在样本容量较大的情况下才有意义.通常容量越大,数据越多,满足一致性的估计量所获得的估计效果越好.

由大数定律可知,样本矩依概率收敛于总体矩.因此用矩估计法得到的矩估计量通常是一致估计量.例如,样本均值是总体期望的一致估计量,样本方差是总体方差的一致估计量(其结果的证明留给有兴趣的读者).

性质　设 $\hat{\theta} = \hat{\theta}(X_1, X_2, \cdots, X_n)$ 是未知参数 θ 的无偏估计量,且

$$\lim_{n \to +\infty} D(\hat{\theta}_n) = 0,$$

则 $\hat{\theta}_n$ 是 θ 的一致估计量.

证明　由于 $E(\hat{\theta}_n) = \theta$, $\forall \varepsilon > 0$, 根据 Chebyshev 不等式,当 $n \to +\infty$ 时,有

$$0 \leqslant P(|\hat{\theta}_n - \theta| \geqslant \varepsilon) = P(|\hat{\theta}_n - E(\hat{\theta}_n)| \geqslant \varepsilon) \leqslant \frac{D(\hat{\theta}_n)}{\varepsilon^2} \to 0,$$

即 $\hat{\theta}_n$ 是 θ 的一致估计量.

例 7.2.4 设总体 X 的数学期望和方差均存在,并且记 $\mu = E(X), \sigma^2 = D(X), (X_1, X_2, \cdots, X_n)$ 是来自总体 X 的一个样本.证明样本均值 $\hat{\mu} = \bar{X}$ 是 μ 的一致估计量.

证明 由于总体 X 的数学期望和方差均存在,由前面的知识,$E(\bar{X}) = \mu, D(\bar{X}) = \dfrac{\sigma^2}{n}$.显然 $\lim\limits_{n \to \infty} D(\bar{X}) = 0$,根据上述性质即可得证.

例 7.2.5 设总体 X 服从参数为 λ 的 Poisson 分布,即 $X \sim P(\lambda), (X_1, X_2, \cdots, X_n)$ 是来自总体 X 的一个样本,$\bar{X}$ 是样本均值.证明:估计量 $\hat{\lambda} = \bar{X}$ 是 λ 的无偏、一致、有效估计量.

证明 由 $X \sim P(\lambda)$ 知,$E(X) = D(X) = \lambda$,所以 $E(\bar{X}) = \lambda, D(\bar{X}) = \dfrac{\lambda}{n}$,因此 $\lim\limits_{n \to \infty} D(\bar{X}) = \lim\limits_{n \to \infty} \dfrac{\lambda}{n} = 0$,所以 $\hat{\lambda} = \bar{X}$ 的无偏性和一致性得证.由例 7.2.3 知 $\hat{\lambda} = \bar{X}$ 是有效估计量.

7.3 区 间 估 计

点估计就是用一个数去估计未知参数 θ,它给了一个明确的数量概念,非常直观且实用,但是点估计仅给出了 θ 的一个近似值,既没有提供这个近似值的可信度(可靠程度),也不知道其误差范围.为了克服这些缺点,接下来将学习区间估计.区间估计是依据抽取的样本,按照一定可信度的要求,构造出适当的区间(这个区间称为置信区间)作为总体分布的未知参数或未知参数的函数的真值所在范围的估计,例如人们常说的"有百分之几的把握保证所得到的区间含有被估计的参数"就是一种区间估计.

7.3.1 区间估计的一般概念

案例 7.3.1(续案例 7.1.4) 某大型游乐园为合理配备安保系统,需了解游客人数的分布,由经验可知每周的游客人数 X(单位:万人)服从正态分布 $N(\mu, \sigma^2)$,假设 $\sigma^2 = 10.5$,能否根据案例 7.1.4 中最近 52 周的样本数据给出参数 μ 的估计区间,并且这个区间能达到要求的可信度?

分析 回顾案例 7.1.4,根据最近 52 周的样本数据分别给出两个参数的估计值,这种估计值既没有误差范围,也没有可信度的信息.接下来介绍的区间估计可以比较好地解决这个问题.

定义 7.3.1   设总体 X 的分布函数为 $F(x;\theta)$,其中 θ 是未知参数,$(X_1,X_2,\cdots,X_n)$ 是来自总体 X 的一个样本.若 $\forall\,\alpha(0<\alpha<1)$,存在 $\hat{\theta}_1=\hat{\theta}_1(X_1,X_2,\cdots,X_n)$ 和 $\hat{\theta}_2=\hat{\theta}_2(X_1,X_2,\cdots,X_n)$,使得 $P(\hat{\theta}_1<\theta<\hat{\theta}_2)=1-\alpha$ 成立,则称区间 $(\hat{\theta}_1,\hat{\theta}_2)$ 是 θ 的置信度为 $1-\alpha$ 的置信区间,$\hat{\theta}_1$ 和 $\hat{\theta}_2$ 分别称为置信下限与置信上限.

注   置信区间 $(\hat{\theta}_1,\hat{\theta}_2)$ 是一个随机区间,对于一次抽取的观测值 $(x_1,x_2,\cdots,x_n)$,代入 $\hat{\theta}_1$ 和 $\hat{\theta}_2$ 后得到两个确定的数,由此得到一个确定区间 $(\hat{\theta}_1,\hat{\theta}_2)$,这时只有两种可能:$\theta\in(\hat{\theta}_1,\hat{\theta}_2)$ 或 $\theta\notin(\hat{\theta}_1,\hat{\theta}_2)$.置信度为 $1-\alpha$ 的含义是指在重复抽样下,将得到许多不同区间 $(\hat{\theta}_1,\hat{\theta}_2)$,其中大约有 $100(1-\alpha)\%$ 个区间包含未知参数 θ,这与频率的概念有些类似.例如,取 $1-\alpha=0.95$,若重复抽样 100 次,那么大约有 95 个置信区间包含未知参数 θ.

案例 7.3.1 解

先构造一个样本函数

$$U=\frac{\overline{X}-\mu}{\sigma/\sqrt{52}},$$

易知 $U\sim N(0,1)$.如图 7.3.1 所示,根据标准正态分布概率密度的特点,易知

$$P(-u_{\alpha/2}<U<u_{\alpha/2})=1-\alpha,$$

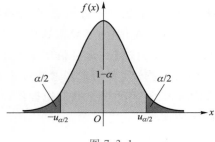

图 7.3.1

即

$$P\left(-u_{\alpha/2}<\frac{\overline{X}-\mu}{\sigma/\sqrt{52}}<u_{\alpha/2}\right)=1-\alpha,$$

利用不等式变形,有

$$P\left(\overline{X}-u_{\alpha/2}\frac{\sigma}{\sqrt{52}}<\mu<\overline{X}+u_{\alpha/2}\frac{\sigma}{\sqrt{52}}\right)=1-\alpha,$$

即得到 μ 的置信度为 $1-\alpha$ 的置信区间

$$\left(\overline{X}-u_{\alpha/2}\frac{\sigma}{\sqrt{52}},\overline{X}+u_{\alpha/2}\frac{\sigma}{\sqrt{52}}\right),$$

由于在本例中 $\sigma^2=10.5$,从样本数据可以算得 $\overline{x}=\dfrac{1}{52}\displaystyle\sum_{i=1}^{52}x_i=11.68$.如果要求区间的置信度是 95%,即 $1-\alpha=0.95$,解得 $\alpha=0.05$,查标准正态分布函数值表得 $u_{0.025}=1.96$.把这些具体数据代入,即得 μ 的置信度为 0.95 的置信区间 $(10.8,12.56)$.至此,不仅得到估计区间,并且这个区间含有参数 μ 的可信度达到了 95%.

从上述案例的求解过程可总结求未知参数的置信区间的一般步骤如下:

(1) 确定一个合适的样本函数

$$U(X_1,X_2,\cdots,X_n;\theta),$$

使得 U 仅含待估参数 θ 而没有其他未知参数,U 的分布已知且不依赖于任何未知参数,称 U 为枢轴量.

(2) 由给定的置信度 $1-\alpha$,确定满足

$$P(a<U<b)=1-\alpha$$

的 a,b,由于 U 的分布已知,可通过查表得 a,b;

(3) 利用不等式变形得

$$P(\hat{\theta}_1<\theta<\hat{\theta}_2)=1-\alpha,$$

从而得到 θ 的置信度为 $1-\alpha$ 的置信区间 $(\hat{\theta}_1,\hat{\theta}_2)$.

注 1　置信区间不唯一,就案例 7.3.1 来说,对给定的 α,如图 7.3.2 所示,也可以采取如下方式:

$$P\left(-u_{4\alpha/5}<\frac{\overline{X}-\mu}{\sigma/\sqrt{n}}<u_{\alpha/5}\right)=1-\alpha,$$

得到 μ 的另一个置信度为 $1-\alpha$ 的置信区间

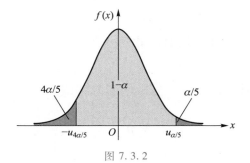

图 7.3.2

$$\left(\bar{X}-u_{\alpha/5}\frac{\sigma}{\sqrt{n}},\ \bar{X}+u_{4\alpha/5}\frac{\sigma}{\sqrt{n}}\right).$$

求置信区间原则上是在保证置信度的条件下,使得置信区间尽可能短,也就是提高精度.可以证明若总体 X 的概率密度曲线对称时,在样本容量 n 固定的条件下,对 α 平分所得到的置信区间最短.

注 2　要求的置信度越大,置信区间一般也越长,也就是估计精度会越低.像案例 7.3.1 中看到的,若平分 α,得到相应的置信区间的长度为

$$L=\frac{2\sigma}{\sqrt{n}}u_{\alpha/2},$$

由此,可知置信度 $1-\alpha$ 越大,α 就越小,$u_{\alpha/2}$ 也越大,区间的长度 L 随之增大,即估计精度会降低.另外也可以发现 L 随 n 的增加而减小,因此一般来说增加样本容量可提高精度.

下面我们给出正态总体参数区间估计的一些结果.

7.3.2　单个正态总体参数的置信区间

设总体 $X\sim N(\mu,\sigma^2)$,$(X_1,X_2,\cdots,X_n)$ 是来自总体的一个样本,样本均值和方差分别是 $\bar{X},S^2$,$1-\alpha$ 是给定的置信度.

1. 均值 μ 的置信区间

（1）方差 σ^2 已知

类似于案例 7.3.1,采用 $U=\dfrac{\bar{X}-\mu}{\sigma/\sqrt{n}}\sim N(0,1)$ 为枢轴量,可得 μ 的置信度为 $1-\alpha$ 的置信区间是

$$\left(\bar{X}-u_{\alpha/2}\frac{\sigma}{\sqrt{n}},\ \bar{X}+u_{\alpha/2}\frac{\sigma}{\sqrt{n}}\right).$$

（2）方差 σ^2 未知

此时 $U=\dfrac{\bar{X}-\mu}{\sigma/\sqrt{n}}$ 不能作为枢轴量.由第六章定理 6.3.1 的推论,可用 $S=\sqrt{S^2}$ 代替均方差 σ,得到枢轴量 $T=\dfrac{\bar{X}-\mu}{S/\sqrt{n}}\sim t(n-1)$,如图 7.3.3 所示,可得

$$P\left(-t_{\alpha/2}(n-1)<\frac{\bar{X}-\mu}{S/\sqrt{n}}<t_{\alpha/2}(n-1)\right)=1-\alpha,$$

即

$$P\left(\overline{X}-t_{\alpha/2}(n-1)\frac{S}{\sqrt{n}}<\mu<\overline{X}+t_{\alpha/2}(n-1)\frac{S}{\sqrt{n}}\right)=1-\alpha,$$

由此得到 μ 的置信度为 $1-\alpha$ 的置信区间是

$$\left(\overline{X}-t_{\alpha/2}(n-1)\frac{S}{\sqrt{n}},\ \overline{X}+t_{\alpha/2}(n-1)\frac{S}{\sqrt{n}}\right).$$

2. 方差 σ^2 的置信区间

（1）均值 μ 未知

由定理 6.3.1，选取枢轴量 $\chi^2=\dfrac{(n-1)S^2}{\sigma^2}\sim\chi^2(n-1)$，如图 7.3.4 所示，可得

$$P\left(\chi^2_{1-\alpha/2}(n-1)<\frac{(n-1)S^2}{\sigma^2}<\chi^2_{\alpha/2}(n-1)\right)=1-\alpha,$$

即

$$P\left(\frac{(n-1)S^2}{\chi^2_{\alpha/2}(n-1)}<\sigma^2<\frac{(n-1)S^2}{\chi^2_{1-\alpha/2}(n-1)}\right)=1-\alpha,$$

由此得到 σ^2 的置信度为 $1-\alpha$ 的置信区间是

$$\left(\frac{(n-1)S^2}{\chi^2_{\alpha/2}(n-1)},\ \frac{(n-1)S^2}{\chi^2_{1-\alpha/2}(n-1)}\right).$$

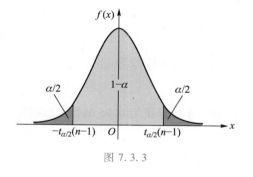

图 7.3.3

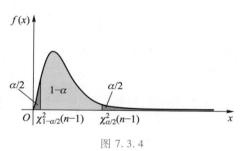

图 7.3.4

（2）均值 μ 已知

选取枢轴量 $\chi^2=\dfrac{1}{\sigma^2}\sum_{i=1}^{n}(X_i-\mu)^2\sim\chi^2(n)$，与上述推导类似，得到 σ^2 的置信度为 $1-\alpha$ 的置信区间是

$$\left(\frac{\sum_{i=1}^{n}(X_i-\mu)^2}{\chi^2_{\alpha/2}(n)},\ \frac{\sum_{i=1}^{n}(X_i-\mu)^2}{\chi^2_{1-\alpha/2}(n)}\right).$$

案例 7.3.2 为考察某品牌的智能（语音识别）机器人的性能，测试其中文

语音识别的准确率,记为 X(以%计),下面是随机抽查 20 台机器人中文语音识别的准确率数据:

94.02	95.76	93.71	96.12	94.03	95.93	95.55	92.24	94.00	96.38
97.22	95.11	93.55	96.44	97.83	94.85	91.93	95.37	94.21	92.32

假设识别准确率服从 $N(\mu,\sigma^2)$,请按以下条件估计参数(置信度为 $1-\alpha=0.95$).

(1)如果已知方差 $\sigma^2=1.4^2$,求参数 μ 的置信区间;

(2)如果方差 σ^2 未知,求参数 μ 的置信区间;

(3)求参数 σ^2 的置信区间.

解 由样本数据容易计算得 $\bar{x}=94.83, s^2=2.69$.

(1)选取枢轴量 $U=\dfrac{\bar{X}-\mu}{\sigma/\sqrt{20}}\sim N(0,1)$,则 μ 的一个置信度为 0.95 的置信区间是

$$\left(\bar{X}-u_{0.025}\frac{1.4}{\sqrt{20}},\quad \bar{X}+u_{0.025}\frac{1.4}{\sqrt{20}}\right),$$

查表得 $u_{0.025}=1.96$,并代入 $\bar{x}=94.83$,得置信区间 $(94.22,95.44)$.

(2)选取枢轴量 $T=\dfrac{\bar{X}-\mu}{S/\sqrt{20}}\sim t(19)$,则 μ 的一个置信度为 0.95 的置信区间是

$$\left(\bar{X}-t_{0.025}(19)\frac{S}{\sqrt{n}},\bar{X}+t_{0.025}(19)\frac{S}{\sqrt{n}}\right),$$

查表得 $t_{0.025}(19)=2.093$,并代入 $\bar{x}=94.83, s^2=2.69$,得置信区间 $(94.06, 95.60)$.

(3)选取枢轴量 $\chi^2=\dfrac{19S^2}{\sigma^2}\sim\chi^2(19)$,则 σ^2 的一个置信度为 0.95 的置信区间是

$$\left(\frac{19S^2}{\chi_{0.025}^2(19)},\quad \frac{19S^2}{\chi_{0.975}^2(19)}\right),$$

查表得 $\chi_{0.025}^2(19)=32.852,\chi_{0.975}^2(19)=8.907$,并代入 $s^2=2.69$ 得置信区间 $(1.56,5.74)$.

案例 7.3.3(续案例 7.3.1) 如果案例 7.3.1 的总体 X 服从的正态分布的参数 μ,σ^2 都未知,请根据最近 52 周的样本数据给出其中的参数 μ 和 σ^2 的置信度为 0.95 的置信区间.

解 首先求 μ 的置信区间,这时选取枢轴量

$$T=\frac{\bar{X}-\mu}{S/\sqrt{52}}\sim t(51),$$

则 μ 的一个置信度为 0.95 的置信区间是

$$\left(\bar{X} - t_{0.025}(51) \frac{S}{\sqrt{52}}, \bar{X} + t_{0.025}(51) \frac{S}{\sqrt{52}} \right),$$

根据样本数据,计算得 $\bar{x} = \frac{1}{52} \sum_{i=1}^{52} x_i = 11.68, s^2 = \frac{1}{51} \sum_{i=1}^{52} (x_i - \bar{x})^2 = 8.5$.注意到,要计算置信区间,需要查 $t_{0.025}(51)$ 的值,鉴于本书附表没有列出该值,可用标准正态分布代替,即 $t_{0.025}(51) \approx u_{0.025} = 1.96$.把这些具体数据代入,即得置信区间 $(10.89, 12.47)$.

下面求 σ^2 的置信区间,这时选取枢轴量 $\chi^2 = \frac{51S^2}{\sigma^2} \sim \chi^2(51)$,则 σ^2 的置信度为 0.95 的置信区间是

$$\left(\frac{51S^2}{\chi^2_{0.025}(51)}, \quad \frac{51S^2}{\chi^2_{0.975}(51)} \right).$$

由于本书附表没有列出 $\chi^2_{0.025}(51)$ 与 $\chi^2_{0.975}(51)$ 的值,此时,由中心极限定理可知 χ^2 近似服从 $N(51, 102)$,因此对任意 $\alpha(0 < \alpha < 1)$ 有 $\frac{\chi^2_\alpha(51) - 51}{\sqrt{102}} \approx u_\alpha$.再由 $u_{0.025} = 1.96, u_{0.975} = -1.96$,计算得 $\chi^2_{0.025}(51) \approx 70.80, \chi^2_{0.975}(51) \approx 31.21$,代入这些数据可得置信区间 $(6.12, 13.89)$.

7.3.3 两个正态总体参数的置信区间

在实际中常常会遇到这样的问题,诸如某产品的质量指标,由于工艺改革、原材料变化、设备更新或者操作人员的技术水平变化等引起指标总体的参数发生变化.特别地,如果质量指标服从正态分布,那么总体均值和方差可能有所变化,为了评估这些变化的大小,可以估计两个正态总体的均值差或方差比.比如,在案例 6.1.2 中评估两个学院成绩分布的差异就可以通过估计两个正态总体的均值差或方差比来完成.

案例 7.3.4(续案例 6.1.2) 假设学院 I 和学院 II 的高等数学成绩 X 和 Y 都服从正态分布,并记为 $X \sim N(\mu_1, \sigma_1^2)$,$Y \sim N(\mu_2, \sigma_2^2)$,通过一定的方法可知 $\sigma_1^2 = 17^2, \sigma_2^2 = 13^2$,请按照案例 6.1.2 的样本数据估计两个学院的高等数学平均成绩,并给出两个学院高等数学成绩均值差的 95% 的置信区间.

解 这个问题涉及两个正态总体,关键是寻找枢轴量.假设 X 和 Y 的样本均值分别记为 $\bar{X}$、$\bar{Y}$,按照第六章正态总体抽样分布的结论可知,$\bar{X} \sim N\left(\mu_1, \frac{\sigma_1^2}{n_1} \right)$,$\bar{Y} \sim$

$N\left(\mu_2, \dfrac{\sigma_2^2}{n_2}\right)$，并且由于抽样是在不同学院独立完成的，所以 $\bar{X}$，$\bar{Y}$ 相互独立，因此

$$\bar{X} - \bar{Y} \sim N\left(\mu_1 - \mu_2, \frac{\sigma_1^2}{n_1} + \frac{\sigma_2^2}{n_2}\right),$$

经标准化变换后，可知

$$U = \frac{\bar{X} - \bar{Y} - (\mu_1 - \mu_2)}{\sqrt{\dfrac{\sigma_1^2}{n_1} + \dfrac{\sigma_2^2}{n_2}}} \sim N(0,1).$$

上式左边的样本函数只含有两个学院的成绩差这个未知参数 $\mu_1 - \mu_2$，因此可以作为估计 $\mu_1 - \mu_2$ 的枢轴量.再由

$$P\left(-u_{\alpha/2} < \frac{\bar{X} - \bar{Y} - (\mu_1 - \mu_2)}{\sqrt{\dfrac{\sigma_1^2}{n_1} + \dfrac{\sigma_2^2}{n_2}}} < u_{\alpha/2}\right) = 1 - \alpha,$$

得

$$P\left(\bar{X} - \bar{Y} - u_{\alpha/2}\sqrt{\frac{\sigma_1^2}{n_1} + \frac{\sigma_2^2}{n_2}} < \mu_1 - \mu_2 < \bar{X} - \bar{Y} + u_{\alpha/2}\sqrt{\frac{\sigma_1^2}{n_1} + \frac{\sigma_2^2}{n_2}}\right) = 1 - \alpha,$$

从而得 $\mu_1 - \mu_2$ 的置信区间

$$\left(\bar{X} - \bar{Y} - u_{\alpha/2}\sqrt{\frac{\sigma_1^2}{n_1} + \frac{\sigma_2^2}{n_2}}, \ \bar{X} - \bar{Y} + u_{\alpha/2}\sqrt{\frac{\sigma_1^2}{n_1} + \frac{\sigma_2^2}{n_2}}\right).$$

经样本数据计算可得，$\bar{x} = 67.6$，$\bar{y} = 75.8$，另外，$n_1 = 60$，$n_2 = 55$，$\sigma_1^2 = 17^2$，$\sigma_2^2 = 13^2$，$u_{\alpha/2} = u_{0.025} = 1.96$，代入得 $\mu_1 - \mu_2$ 的一个置信度为 0.95 的置信区间是 $(-13.7$，$-2.69)$.

下面给出两个正态总体的几个常用的置信区间.

设 $X \sim N(\mu_1, \sigma_1^2)$，$Y \sim N(\mu_2, \sigma_2^2)$，并且 X 和 Y 相互独立.$(X_1, X_2, \cdots, X_{n_1})$ 和 $(Y_1,$ $Y_2, \cdots, Y_{n_2})$ 分别是来自两个正态总体 X 和 Y 的样本，总体 X 的样本均值和方差分别记为 $\bar{X}$，S_1^2；总体 Y 的样本均值和方差分别记为 $\bar{Y}$，S_2^2，给定置信度为 $1 - \alpha$.

1. 均值差 $\mu_1 - \mu_2$ 的置信区间

（1）σ_1^2 和 σ_2^2 均已知

由于 $\bar{X} \sim N\left(\mu_1, \dfrac{\sigma_1^2}{n_1}\right)$，$\bar{Y} \sim N\left(\mu_2, \dfrac{\sigma_2^2}{n_2}\right)$，且它们相互独立，类似于案例 7.3.4，选取枢轴量

$$U = \frac{\overline{X} - \overline{Y} - (\mu_1 - \mu_2)}{\sqrt{\dfrac{\sigma_1^2}{n_1} + \dfrac{\sigma_2^2}{n_2}}} \sim N(0,1),$$

则 $\mu_1 - \mu_2$ 的一个置信度为 $1-\alpha$ 的置信区间是

$$\left(\overline{X} - \overline{Y} - u_{\alpha/2}\sqrt{\frac{\sigma_1^2}{n_1} + \frac{\sigma_2^2}{n_2}}, \ \overline{X} - \overline{Y} + u_{\alpha/2}\sqrt{\frac{\sigma_1^2}{n_1} + \frac{\sigma_2^2}{n_2}} \right).$$

（2）σ_1^2 和 σ_2^2 均未知，但 $\sigma_1^2 = \sigma_2^2$

根据定理 6.3.1，选取枢轴量

$$T = \frac{\overline{X} - \overline{Y} - (\mu_1 - \mu_2)}{S_W \sqrt{\dfrac{1}{n_1} + \dfrac{1}{n_2}}} \sim t(n_1 + n_2 - 2),$$

其中 $S_W^2 = \dfrac{(n_1-1)S_1^2 + (n_2-1)S_2^2}{n_1 + n_2 - 2}$，则 $\mu_1 - \mu_2$ 的一个置信度为 $1-\alpha$ 的置信区间是

$$\left(\overline{X} - \overline{Y} - t_{\alpha/2}(n_1+n_2-2)S_W\sqrt{\frac{1}{n_1} + \frac{1}{n_2}}, \ \overline{X} - \overline{Y} + t_{\alpha/2}(n_1+n_2-2)S_W\sqrt{\frac{1}{n_1} + \frac{1}{n_2}} \right).$$

（3）σ_1^2 和 σ_2^2 均未知且不一定相等，但 $n_1 = n_2$

由于 $n_1 = n_2$，可采取配对抽样. 令 $Z_i = X_i - Y_i, i = 1, 2, \cdots, n(n = n_1 = n_2)$，则 $Z_i = X_i - Y_i \sim N(\mu_1 - \mu_2, \sigma_1^2 + \sigma_2^2)$. 此时利用单个正态总体的区间估计方法，选取枢轴量

$$T = \frac{\overline{Z} - (\mu_1 - \mu_2)}{S_Z/\sqrt{n}} \sim t(n-1),$$

其中 $\overline{Z} = \overline{X} - \overline{Y}, S_Z^2 = \dfrac{1}{n-1}\sum_{i=1}^{n}\left[(X_i - Y_i) - (\overline{X} - \overline{Y}) \right]^2$，则 $\mu_1 - \mu_2$ 的一个置信度为 $1-\alpha$ 的置信区间是

$$\left(\overline{Z} - t_{\alpha/2}(n-1)S_Z/\sqrt{n}, \quad \overline{Z} + t_{\alpha/2}(n-1)S_Z/\sqrt{n} \right).$$

（4）σ_1^2 和 σ_2^2 均未知，但 n_1 和 n_2 很大 $(n_1, n_2 > 50)$

虽然

$$\frac{\overline{X} - \overline{Y} - (\mu_1 - \mu_2)}{\sqrt{\dfrac{\sigma_1^2}{n_1} + \dfrac{\sigma_2^2}{n_2}}} \sim N(0,1),$$

但是由于其中 σ_1^2 和 σ_2^2 均未知，上式左侧不能构成枢轴量. 可用 S_1^2 和 S_2^2 代替 σ_1^2

和 σ_2^2,根据中心极限定理,当 n_1 和 n_2 很大时,

$$U = \frac{\overline{X} - \overline{Y} - (\mu_1 - \mu_2)}{\sqrt{\dfrac{S_1^2}{n_1} + \dfrac{S_2^2}{n_2}}} \overset{\text{近似}}{\sim} N(0, 1),$$

因此当 n_1 和 n_2 很大($n_1, n_2 > 50$)时,U 可近似看成枢轴量,由此可得 $\mu_1 - \mu_2$ 的一个置信度为 $1 - \alpha$ 的近似置信区间是

$$\left(\overline{X} - \overline{Y} - u_{\alpha/2} \sqrt{\frac{S_1^2}{n_1} + \frac{S_2^2}{n_2}}, \ \overline{X} - \overline{Y} + u_{\alpha/2} \sqrt{\frac{S_1^2}{n_1} + \frac{S_2^2}{n_2}} \right).$$

2. 方差比 $\dfrac{\sigma_1^2}{\sigma_2^2}$ 的置信区间

由第六章的定理 6.3.1,构造一个枢轴量

$$F = \frac{S_1^2/\sigma_1^2}{S_2^2/\sigma_2^2} = \frac{S_1^2/S_2^2}{\sigma_1^2/\sigma_2^2} \sim F(n_1 - 1, n_2 - 1),$$

则 $\dfrac{\sigma_1^2}{\sigma_2^2}$ 的一个置信度为 $1 - \alpha$ 的置信区间是

$$\left(\frac{S_1^2/S_2^2}{F_{\alpha/2}(n_1 - 1, n_2 - 1)}, \ \frac{S_1^2/S_2^2}{F_{1-\alpha/2}(n_1 - 1, n_2 - 1)} \right).$$

案例 7.3.5 某高科技企业对某款手机使用了自主研发的芯片,使用自主研发芯片的手机为型号 Ⅱ,使用进口芯片的手机为型号 Ⅰ. 为考察使用不同芯片手机的效果,对两种型号手机的综合性能指标(跑分)进行了随机抽样,测得跑分数据(单位:万分)如下:

型号 Ⅰ	20.51	32.17	27.94	23.83	31.91	20.2	26.31	25.78	27.91	27.89	
型号 Ⅱ	28.43	32.54	27.4	29.86	28.47	23.83	26.52	21.66	29.2	20.04	20.39

根据对各方面综合因素的评估,认为两种型号手机的跑分都服从正态分布,并且假设型号 Ⅰ 的跑分 $X \sim N(\mu_1, \sigma_1^2)$,型号 Ⅱ 的跑分 $Y \sim N(\mu_2, \sigma_2^2)$,请根据下列要求为该企业估计其中的参数.

(1) 如果 $\sigma_1^2 = \sigma_2^2$,求两种型号手机的跑分均值差 $\mu_1 - \mu_2$ 的一个置信度为 0.95 的置信区间;

(2) 如果没有关于方差的任何已知信息,求方差比 $\dfrac{\sigma_1^2}{\sigma_2^2}$ 的一个置信度为 0.95 的置信区间.

解 由样本数据计算得型号 I 的样本均值和方差为 $\bar{x} = 26.45, s_1^2 = 16.74$; 型号 II 的样本均值和方差为 $\bar{y} = 26.21, s_2^2 = 17.22$.

（1）选取枢轴量

$$T = \frac{\bar{X} - \bar{Y} - (\mu_1 - \mu_2)}{S_W \sqrt{\frac{1}{10} + \frac{1}{11}}} \sim t(19).$$

由

$$P\left(-t_{0.025}(19) \leqslant \frac{\bar{X} - \bar{Y} - (\mu_1 - \mu_2)}{S_W \sqrt{\frac{1}{10} + \frac{1}{11}}} \leqslant t_{0.025}(19)\right) = 0.95$$

得 $\mu_1 - \mu_2$ 的一个置信度为 0.95 的置信区间是

$$\left(\bar{X} - \bar{Y} - t_{0.025}(19) S_W \sqrt{\frac{1}{10} + \frac{1}{11}}, \quad \bar{X} - \bar{Y} + t_{0.025}(19) S_W \sqrt{\frac{1}{10} + \frac{1}{11}}\right),$$

查表得 $t_{0.025}(19) = 2.093$, 代入数据可得置信区间是 $(-3.54, 4.00)$.

（2）选取枢轴量

$$F = \frac{S_1^2/\sigma_1^2}{S_2^2/\sigma_2^2} = \frac{S_1^2/S_2^2}{\sigma_1^2/\sigma_2^2} \sim F(9, 10).$$

由

$$P\left(F_{0.975}(9, 10) < \frac{S_1^2/S_2^2}{\sigma_1^2/\sigma_2^2} < F_{0.025}(9, 10)\right) = 0.95,$$

得 $\dfrac{\sigma_1^2}{\sigma_2^2}$ 的一个置信度为 0.95 的置信区间是

$$\left(\frac{S_1^2/S_2^2}{F_{0.025}(9, 10)}, \quad \frac{S_1^2/S_2^2}{F_{0.975}(9, 10)}\right),$$

由于 $F_{0.975}(9, 10) = \dfrac{1}{F_{0.025}(10, 9)}$, 查表得 $F_{0.025}(10, 9) = 3.96, F_{0.025}(9, 10) = 3.78$, 代入数据可得置信区间是 $(0.26, 3.85)$.

7.3.4 单侧置信区间

前面采用的区间估计, 得到的是总体分布中未知参数 θ 的形式为 $(\hat{\theta}_1, \hat{\theta}_2)$ 的置信区间, 称 $(\hat{\theta}_1, \hat{\theta}_2)$ 为双侧置信区间. 但是在许多实际问题中, 比如要购买一批电子产品, 显然希望平均寿命越长越好, 因此采用的置信区间为 $(\hat{\theta}_1, +\infty)$, 只要

关心 $\hat{\theta}_1$ 即可;同理,若要估计这批电子产品的次品率,当然希望次品率越小越好,采用的置信区间为 $(0,\hat{\theta}_2)$,即只要关心 $\hat{\theta}_2$ 即可;又如,在一些药物、医疗器械效果的测试中,有时候只关心指标的上限,有时候只关心指标的下限,因此有必要讨论单侧置信区间.

定义 7.3.2　设总体 X 的分布函数为 $F(x;\theta)$,其中 θ 未知,$(X_1,X_2,\cdots,X_n)$ 为来自总体 X 的一个样本.对任意给定的 $\alpha(0<\alpha<1)$,若存在统计量 $\hat{\theta}_1=\hat{\theta}_1(X_1,X_2,\cdots,X_n)$ 满足

$$P(\theta>\hat{\theta}_1)=1-\alpha,$$

则称随机区间 $(\hat{\theta}_1,+\infty)$ 是 θ 的置信度为 $1-\alpha$ 的单侧置信区间,$\hat{\theta}_1$ 称为单侧置信下限.又若存在统计量 $\hat{\theta}_2=\hat{\theta}_2(X_1,X_2,\cdots,X_n)$ 满足

$$P(\theta<\hat{\theta}_2)=1-\alpha,$$

则称随机区间 $(-\infty,\hat{\theta}_2)$ 是 θ 的置信度为 $1-\alpha$ 的单侧置信区间,$\hat{\theta}_2$ 称为单侧置信上限.

案例 7.3.6　药物的半衰期是药物代谢动力学中一个十分重要且基本的参数,它表示药物在体内的时间与血药浓度之间的关系,它是决定给药剂量和次数的主要依据.现在假定某种药物在 65 岁以上的人群中的半衰期 $X \sim N(\mu,\sigma^2)$,下面是 10 名 65 岁以上的患者的测试结果(单位:h):

| 12.3 | 12.7 | 11.1 | 12.4 | 11.4 | 13.0 | 11.8 | 13.5 | 12.2 | 11.0 |

(1) 请根据该抽样结果估计 μ 的置信度为 95% 的单侧置信下限;

(2) 请估计 σ^2 的置信度为 95% 的单侧置信上限.

解　计算可得样本均值 $\bar{x}=12.14$,样本方差 $s^2=0.671\ 6$.

(1) 选取枢轴量 $T=\dfrac{\bar{X}-\mu}{S/\sqrt{10}} \sim t(9)$,查表得 $t_{0.05}(9)=1.833\ 1$,故

$$P\left(\frac{\bar{X}-\mu}{S/\sqrt{10}}<1.833\ 1\right)=0.95,$$

解得

$$\mu>\bar{X}-1.833\ 1\times\frac{S}{\sqrt{10}},$$

代入数据得 μ 的置信度为 95% 的单侧置信下限是 11.67,单侧置信区间是 $(11.67,+\infty)$.

(2) 选取枢轴量 $\chi^2=\dfrac{9S^2}{\sigma^2} \sim \chi^2(9)$,查表得 $\chi^2_{0.95}(9)=3.325$,故

$$P\left(\frac{9S^2}{\sigma^2}>3.325\right)=0.95,$$

解得

$$\sigma^2<\frac{9S^2}{3.325},$$

代入数据得 σ^2 的置信度为 95% 的单侧置信上限是 1.82,单侧置信区间是 $(-\infty,1.82)$.

7.3.5 非正态总体均值的置信区间

鉴于对非正态总体估计参数时,构造枢轴量比较困难,这里仅仅讨论大样本下均值的置信区间.

设总体 X 的分布是任意的,$(X_1,X_2,\cdots,X_n)$ 是来自总体 X 的一个样本,利用该样本对总体中未知参数 $\mu=E(X)$ 做区间估计.由中心极限定理,可知当 n 充分大时,

$$U=\frac{\overline{X}-\mu}{S/\sqrt{n}}\overset{\text{近似}}{\sim}N(0,1),$$

对给定的 $\alpha(0<\alpha<1)$,要使得

$$P(\mid U\mid <u_{\alpha/2})\approx 1-\alpha,$$

即

$$P\left(\overline{X}-u_{\alpha/2}\frac{S}{\sqrt{n}}<\mu<\overline{X}+u_{\alpha/2}\frac{S}{\sqrt{n}}\right)\approx 1-\alpha,$$

于是 μ 的一个近似的置信度为 $1-\alpha$ 的置信区间是

$$\left(\overline{X}-u_{\alpha/2}\frac{S}{\sqrt{n}},\overline{X}+u_{\alpha/2}\frac{S}{\sqrt{n}}\right),$$

这里对 n 充分大的一般要求是 $n>50$,当然 n 越大,近似程度越好.

案例 7.3.7 酒店管理常常需要关注订单的取消数目,假设某五星级酒店每周订单取消的数目记为 X,据经验,X 服从 Poisson 分布,即 $X\sim P(\lambda)$,酒店客房部需要给出其中参数 λ 的估计,为此,他们翻阅了最近 100 周的订单取消记录,为 λ 的估计提供参照样本,下面是具体的样本数据:

2	4	2	6	5	5	1	5	4	4	3	1	3	6	2	1	2	1	0	7	7	9	3	4	4
4	4	2	4	3	1	1	4	5	4	9	6	4	3	4	4	8	3	7	10	3	5	4	5	3
4	1	4	3	4	1	5	4	2	4	5	2	0	6	2	6	4	2	5	2	6	2	2	1	10
3	7	2	0	3	1	4	1	4	4	2	0	6	3	2	4	5	3	1	4	1	3	8

请给出 λ 的置信度为 95% 的置信区间.

解 由数据计算得

$$\bar{x} = \frac{1}{100} \sum_{i=1}^{100} x_i = 3.94, \quad s^2 = \frac{1}{99} \sum_{i=1}^{100} (x_i - \bar{x})^2 = 4.84.$$

对 $X \sim P(\lambda)$ 来说,$E(X) = \lambda$,直接利用上述一般结果,可得 λ 的置信区间为

$$\left(\bar{X} - u_{\alpha/2} \frac{S}{\sqrt{n}}, \bar{X} + u_{\alpha/2} \frac{S}{\sqrt{n}} \right),$$

查表得 $u_{0.025} = 1.96$,并代入样本数据得 λ 的一个置信度为 95% 的置信区间是 $(3.51, 4.37)$.

案例 7.3.8(续案例 7.1.3) 某人寿保险公司的保险精算部研究发现,某地区人的寿命服从参数为 α, β 的 Γ 分布,其概率密度为

$$f(x; \alpha, \beta) = \begin{cases} \dfrac{\beta^{\alpha} x^{\alpha-1}}{\Gamma(\alpha)} e^{-\beta x}, & x > 0, \\ 0, & \text{其他}, \end{cases}$$

并且估计出 $\beta = 0.25$.请用案例 7.1.3 中 100 人的寿命数据求 α 的置信度为 90% 的置信区间.

解 由样本数据计算得

$$\bar{x} = \frac{1}{100} \sum_{i=1}^{100} x_i = 74.72, s^2 = \frac{1}{99} \sum_{i=1}^{100} (x_i - \bar{x})^2 = 256.59,$$

因为 $E(X) = \dfrac{\alpha}{\beta} = 4\alpha$,直接利用上述一般结果,可得 4α 的置信区间为

$$\left(\bar{X} - u_{\alpha/2} \frac{S}{\sqrt{n}}, \bar{X} + u_{\alpha/2} \frac{S}{\sqrt{n}} \right),$$

于是参数 α 的一个置信度为 90% 的置信区间是

$$\left(\frac{1}{4} \left(\bar{X} - u_{\alpha/2} \frac{S}{\sqrt{n}} \right), \frac{1}{4} \left(\bar{X} + u_{\alpha/2} \frac{S}{\sqrt{n}} \right) \right).$$

查表得 $u_{0.05} = 1.64$,并代入样本数据得 α 的一个置信度为 90% 的置信区间是 $(18.02, 19.34)$.

习 题 七

1. 设总体 X 服从参数为 λ 的 Poisson 分布,其中 $\lambda > 0$ 未知.现在做了 2 500 次试验,其中事件 $\{X = 0\}$ 发生了 81 次,试用频率替代法求 λ 的估计值.

2. 设总体 X 的概率密度

$$f(x;\theta)=\begin{cases}\dfrac{2\theta^2}{(\theta^2-1)x^3}, & x\in(1,\theta),\\ 0, & \text{其他},\end{cases}$$

求 θ 的矩估计量与矩估计值.

3. 设总体 $X\sim P(\lambda)$，其中 $\lambda(\lambda>0)$ 未知，现抽取得一组样本观测值如下：

X	0	1	2	3	4
频数	17	20	10	2	1

求 λ 的矩估计值和最大似然估计值.

4. 设总体 X 的分布律为

X	0	1	2	3
P	θ^2	$2\theta(1-\theta)$	θ^2	$1-2\theta$

其中 $\theta\left(0<\theta<\dfrac{1}{2}\right)$ 是未知参数，若一次抽取得一组样本观测值如下：

$$3\quad 1\quad 3\quad 0\quad 3\quad 1\quad 2\quad 3$$

求 θ 的矩估计值和最大似然估计值.

5. 设某种电子元件的寿命 T（单位：h）服从参数为 $\lambda(\lambda>0)$ 的指数分布，测得 10 个元件的失效时间为

$$1050\quad 1100\quad 1080\quad 1200\quad 1300\quad 1250\quad 1340\quad 1060\quad 1150\quad 1150$$

求 λ 的最大似然估计值.

6. 设 $(X_1,X_2,\cdots,X_n)$ 是来自总体 X 的一个样本，求下列各总体的分布律或概率密度中的未知参数的矩估计量和最大似然估计量：

（1）设总体 $X\sim B(k,p)$，其中 k 已知，$p(0<p<1)$ 未知；

（2）$f(x;\theta)=\begin{cases}\dfrac{x}{\theta^2}\mathrm{e}^{-\frac{x}{\theta}}, & x>0,\\ 0, & x\leqslant 0,\end{cases}$ 其中 $\theta(\theta>0)$ 未知；

（3）$f(x;\theta)=\begin{cases}\sqrt{\theta}\,x^{\sqrt{\theta}-1}, & 0<x<1,\\ 0, & \text{其他},\end{cases}$ 其中 $\theta(\theta>0)$ 未知；

（4）$f(x;\theta)=\begin{cases}\dfrac{2\theta^2}{x^3}, & x\geqslant\theta,\\ 0, & x<\theta,\end{cases}$ 其中 $\theta(\theta>0)$ 未知；

(5) $f(x;\theta) = \begin{cases} \dfrac{1}{\theta}\mathrm{e}^{-\frac{x-\mu}{\theta}}, & x > \mu, \\ 0, & \text{其他}, \end{cases}$ 其中 $\theta(\theta > 0)$，μ 未知.

7. 设 $(X_1, X_2, \cdots, X_n)$ 是来自对数正态总体 $\ln X \sim N(\mu, \sigma^2)$ 的一个样本，其中 $\mu, \sigma(\sigma > 0)$ 未知. 请用最大似然估计不变性原理求 $E(X)$ 和 $D(X)$ 的最大似然估计量.

8. 设总体 X 的均值 $E(X) = \mu$ 已知，方差 $D(X) = \sigma^2$ 未知，且 $(X_1, X_2, \cdots, X_n)$ 是来自总体 X 的一个样本，证明：$\hat{\sigma}^2 = \dfrac{1}{n} \sum\limits_{i=1}^{n} (X_i - \mu)^2$ 是 σ^2 的无偏估计量.

9. 设总体 X 服从正态分布 $N(\mu, \sigma^2)$，$(X_1, X_2, \cdots, X_n)$ 是来自总体的一个样本，试确定常数 c，使得 $c \sum\limits_{i=1}^{n-1} (X_{i+1} - X_i)^2$ 为 σ^2 的无偏估计量.

10. 设 $(X_1, X_2, \cdots, X_n)$ 是来自参数为 λ 的 Poisson 分布的一个样本，求 λ^2 的无偏估计量.

11. 设有两个正态总体 $X \sim N(\mu_1, \sigma^2)$，$Y \sim N(\mu_2, \sigma^2)$，并且它们相互独立. $(X_1, X_2, \cdots, X_{n_1})$ 和 $(Y_1, Y_2, \cdots, Y_{n_2})$ 分别是来自 X 和 Y 的样本，且样本均值分别是

$$\overline{X} = \frac{1}{n_1} \sum_{i=1}^{n_1} X_i, \quad \overline{Y} = \frac{1}{n_2} \sum_{i=1}^{n_2} Y_i,$$

样本方差分别是

$$S_1^2 = \frac{1}{n_1 - 1} \sum_{i=1}^{n_1} (X_i - \overline{X})^2, \quad S_2^2 = \frac{1}{n_2 - 1} \sum_{i=1}^{n_2} (Y_i - \overline{Y})^2.$$

(1) 求 $\mu_1 - \mu_2$ 的一个无偏估计量；

(2) 证明 $S_W^2 = \dfrac{(n_1 - 1)S_1^2 + (n_2 - 1)S_2^2}{n_1 + n_2 - 2}$ 是 σ^2 的无偏估计量.

12. 设总体 $X \sim B(1, p)$，其中 $p(0 < p < 1)$ 未知，$(X_1, X_2, \cdots, X_n)$，$n \geq 2$ 是来自总体 X 的一个样本，$\overline{X}$ 是样本均值，证明：

(1) $\overline{X}^2$ 不是 p^2 的无偏估计；

(2) $X_1 X_n$ 是 p^2 的无偏估计.

13. 设总体 X 的概率密度

$$f(x;\theta) = \begin{cases} 2\mathrm{e}^{-2(x-\theta)}, & x > \theta, \\ 0, & \text{其他}, \end{cases}$$

其中 $\theta > 0$ 未知，$(X_1, X_2, \cdots, X_n)$ 是来自该总体的一个样本.

(1) 求 θ 的矩估计量 $\hat{\theta}_1$ 与最大似然估计量 $\hat{\theta}_2$；

(2) 讨论上述 $\hat{\theta}_1$ 与 $\hat{\theta}_2$ 的无偏性,如果不满足无偏性,请修正为无偏估计;

(3) 请比较(2)中所得两个无偏估计的有效性.

14. 设$(X_1,X_2,\cdots,X_n)$是来自总体 $X\sim N(\mu,\sigma^2)$ 的一个样本,其中 μ 已知.问 σ^2 的下列两个无偏统计量中哪个更有效?

$$S_1^2=\frac{1}{n}\sum_{i=1}^{n}(X_i-\mu)^2,\quad S_2^2=\frac{1}{n-1}\sum_{i=1}^{n}(X_i-\overline{X})^2.$$

15. 设 $\hat{\theta}_1=\hat{\theta}_1(X_1,X_2,\cdots,X_n)$,$\hat{\theta}_2=\hat{\theta}_2(X_1,X_2,\cdots,X_n)$是总体中未知参数 θ 的两个独立的无偏估计量,且 $D(\hat{\theta}_1)=D(\hat{\theta}_2)$.试确定常数 a,b,使得 $a\hat{\theta}_1+b\hat{\theta}_2$ 也是无偏估计量而且方差达到最小.

16. 设$(X_1,X_2,\cdots,X_n)$是来自总体 $X\sim N(\mu,\sigma^2)$ 的一个样本,μ 和 σ^2 未知,证明:

(1) 样本均值 $\overline{X}$ 是总体均值 μ 的有效估计量;

(2) 样本方差 S^2 不是总体方差 σ^2 的有效估计量;

(3) $\overline{X}$ 是总体均值 μ 的一致估计量;

(4) S^2 是总体方差 σ^2 的一致估计量.

17. 已知某炼铁厂的铁水含碳量(单位:%)在正常情况下服从正态分布 $N(\mu,\sigma^2)$,现测量五炉铁水,其含碳量分别是

4.28	4.4	4.42	4.35	4.37

(1) 若已知 $\sigma=0.108$,求参数 μ 的置信度为95%的置信区间与单侧置信下限;

(2) 当 σ^2 未知时,求参数 μ 的置信度为95%的置信区间与单侧置信上限.

18. 为考察某农场种植某品种葡萄的含糖量,以下是从30车葡萄中采样测得的含糖量数据(以%计)如下:

16.0	15.2	12.0	16.9	14.4	16.3	15.6	12.9	15.3	15.1
15.8,	15.5	12.5	14.5	14.9	15.1	16.0	12.5	14.3	15.4
15.4,	13.0	12.6	14.9	15.1	15.3	12.4	17.2	14.7	14.8

设这批葡萄的含糖量服从正态分布 $N(\mu,\sigma^2)$,μ,σ^2 均未知.

(1) 求 μ 与 σ^2 的置信度为90%的置信区间;

(2) 求 μ 的置信度为90%的单侧置信下限与单侧置信上限;

(3) 求 σ^2 的置信度为90%的单侧置信下限与单侧置信上限.

19. 设(X_1,X_2,X_3,X_4)是来自对数正态总体 $\ln X\sim N(\mu,1)$ 的一个样本,其中 μ 未知,样本的一组观测值是

0.50	1.25	0.80	2.00

(1) 求 X 的数学期望 $E(X)$;

(2) 求 μ 的置信度为0.95的置信区间;

（3）利用（2）的结果求 $E(X)$ 的置信度为 0.95 的置信区间.

20. 假设某指标 X 服从正态分布,即 $X \sim N(\mu, \sigma^2)$,其中参数 σ^2 已知.若采取随机抽样的方法对参数进行估计,当容量为多大时,才能使参数 μ 的置信度为 $1-\alpha$ 的置信区间的长度不大于 l?

21. 为了比较甲、乙两种品牌显像管的使用寿命 X 和 Y,随机抽取 21 只甲品牌显像管和 11 只乙品牌显像管测试使用寿命(单位:万时).经计算甲品牌 21 只显像管的平均使用寿命为 2.33 万时,使用寿命方差为 9 万时^2,乙品牌 11 只显像管的平均使用寿命为 0.75 万时,使用寿命方差为 4 万时^2.假定两种显像管的使用寿命均服从正态分布,且由生产过程知道它们的方差相等,试求两个总体均值差的置信度为 0.95 的双侧置信区间.

22. 在甲、乙两城市进行家庭消费调查.在甲市抽取 61 户,计算得平均每户月消费支出 $\overline{x}_1 = 3\,000$ 元,标准差 $s_1 = 400$ 元;在乙市抽取 121 户,计算得平均每户月消费支出 $\overline{x}_2 = 4\,200$ 元,标准差 $s_2 = 500$ 元.设两城市家庭月消费支出分别服从正态分布 $N(\mu_1, \sigma_1^2)$ 和正态分布 $N(\mu_2, \sigma_2^2)$.求:

（1）甲、乙两城市平均每户月消费支出之间的差异的置信区间(置信度为 0.95)；

（2）甲、乙两城市平均每户月消费支出方差比的置信区间(置信度为 0.95).

23. 已知某种电子元件的使用寿命 X(单位:h)服从参数为 λ 的指数分布,现从中抽取了 120 只元件进行使用寿命测试,经计算得样本均值为 1\,034.17,样本方差为 495\,662.88.

（1）估计参数 λ 和元件的平均使用寿命 μ 的置信度为 0.9 的置信区间；

（2）估计元件平均使用寿命 μ 的置信度为 0.9 的单侧置信下限.

24. 设总体 $X \sim U(0, \theta)$,θ 未知,$(X_1, X_2, \cdots, X_n)$ 是来自总体 X 的一个样本,最大顺序统计量 $X_{(n)} = \max\{X_1, X_2, \cdots, X_n\}$.

（1）求 $Y = \dfrac{X_{(n)}}{\theta}$ 的概率密度；

（2）对任意 $0 < \alpha < 1$,根据（1）中的结果可以证明 θ 的置信度为 $1-\alpha$ 的单侧置信上限为 $\hat{\theta}_2 = \dfrac{X_{(n)}}{\sqrt[n]{\alpha}}$.

▫ 习题七答案

第八章 假设检验

假设检验是统计学中一类基本的统计推断形式,是由样本推断总体的一种方法,该方法先对总体的特征作某种假设,依据统计原理,通过抽样做出对此假设拒绝或接受的推断.假设检验分为两类,一类是参数假设检验,另一类是非参数假设检验,但两者的基本原理及思想类似.

8.1 假设检验的基本概念

我们仍然从案例入手,使读者能大致了解假设检验的原理与应用.

案例 8.1.1 某保健品生产企业,其生产线正常时所生产的某保健品的维生素 D3 的含量标准为每片 7.5 μg,质量监控部门每天都要对其产品进行抽检,某天抽检的 36 片该保健品的维生素 D3 的含量数据如下所示:

7.56	7.32	7.23	7.6	7.54	7.34	7.45	7.54	7.43	7.33	7.34	7.86
7.29	7.49	7.59	7.48	7.49	7.68	7.07	7.47	7.58	7.66	7.59	7.7
7.11	7.62	7.59	7.46	7.54	7.41	7.61	7.36	7.37	7.4	7.15	7.67

按照经验知道这一天每片该保健品维生素 D3 的含量服从正态分布,并且方差 $\sigma^2 = 0.12^2$,那么根据这个抽检结果这一天该保健品维生素 D3 的含量符合每片 7.5 μg 的标准吗?

案例 8.1.2 某型号的无人机玩具制造商要求供货商提供的充电电池在充满电后可使得无人机玩具在空中的平均持续飞行时间不少于 120 min.假设该电池充满电后可使得无人机玩具在空中持续飞行的时间(单位:min)服从正态分布 $N(\mu, 49)$.为验证该性能指标是否满足制造商的要求,随机抽查了装有充满电电池的该型号无人机 9 只,测得飞行时间为

| 110.4 | 124 | 103.2 | 120.7 | 115.3 | 117.3 | 125.5 | 114.9 | 110.4 |

根据这批样本数据,是否能判断这批充电电池符合要求?

案例 8.1.3 某制造企业希望对生产流水线进行科学管理,需要了解产品的市场需求.根据过去的统计结果,该企业生产的某零件的周销量(单位:千只)服从正态分布 $N(52, 6.3^2)$,企划部为核实这个结果,随机调取了前期 120 周的销量,按区间分组并整理数据后给出下表:

组限	$(-\infty, 38.7)$	$[38.7, 42.4)$	$[42.4, 46.1)$	$[46.1, 49.8)$	$[49.8, 53.5)$
频数	3	4	17	21	28
组限	$[53.5, 57.2)$	$[57.2, 60.9)$	$[60.9, 64.6)$	$[64.6, +\infty)$	
频数	20	18	6	3	

这个样本数据支持过去的统计结果吗?换句话说,该产品的销量 X 是否服从正态分布 $N(52, 6.3^2)$?

在工业、农业、金融、管理、医学、卫生、数据分析等很多领域都有类似上述案例的问题.

下面首先从案例 8.1.1 和案例 8.1.2 的分析和解的过程说明假设检验的一般原理和思想.案例 8.1.3 留作习题.

案例 8.1.1 解

假设随机变量 X 表示这一天每片该保健品的维生素 D3 的含量,由案例的条件知 $X \sim N(\mu, \sigma^2)$,其中 $\sigma^2 = 0.12^2$,要判断 X 是否符合标准,即判断总体均值 $\mu = 7.5$ 是否成立,若成立则认为符合标准,否则就不符合标准,那么可以先假设 "$\mu = 7.5$",并称这个假设为原假设,记为

$$H_0: \mu = 7.5,$$

把该假设的对立面即 "$\mu \neq 7.5$" 称为备择假设,记为

$$H_1: \mu \neq 7.5.$$

至此完成了假设检验的第一步,即根据实际问题提出合理的原假设与备择假设.

接下来就是根据样本的信息检验原假设 H_0 是否成立.如何利用样本信息?这里介绍一种基于概率的反证法:假设 H_0 成立,然后基于这个假设构造一个小概率事件,保证这个小概率事件在 H_0 成立时几乎不会在一次抽样(或试验)中发生.如果根据样本数据,发现这个小概率事件发生了,那么就有理由认为 H_0 不成立,即做出拒绝 H_0 而接受 H_1 的决策;否则就没有充分的理由拒绝 H_0,从而接受 H_0.这个反证法用到了一个符合常规的基本原理,即概率很小的事件在一次实验中几乎不会发生,通常称其为小概率事件原理,它是进行假设检验的基本法则.下面阐述如何构造这样的小概率事件:仍然分析案例 8.1.1,若 $H_0: \mu = 7.5$ 成

立,自然想到样本均值 $\bar{X}$ 与 7.5 的误差不应太大,即 $|\bar{X}-7.5|$ 应该较小(由随机因素造成的误差是难免的),"$|\bar{X}-7.5|$ 较大"就是小概率事件,为了体现小概率事件的"小"和差距的"大",我们引入 α 表示这个小概率,并称其为显著性水平(α 一般取 0.1,0.05,0.01 等),同时引入 C 表示差距,并称其为临界值,它们满足 $P(|\bar{X}-7.5|>C)=\alpha$,一旦显著性水平给定,临界值就成为判断小概率事件是否发生的一个分界线.只要 $|\bar{X}-7.5|>C$,我们就认为小概率事件发生了,于是有理由拒绝原假设 H_0.为处理实际问题更直观方便,我们定义一个区域,当样本观测值落入这个区域,就拒绝 H_0,否则就接受 H_0,称这个区域为拒绝域.本案例的拒绝域为 $\mathscr{W}=\{(X_1,X_2,\cdots,X_n) \mid |\bar{X}-7.5|>C\}$.

那么在给定显著性水平 α 时,如何确定临界值和拒绝域呢?这是假设检验中实质性的一步.因为显著性水平是概率,所以应该通过随机变量及其分布来确定.类似参数估计,我们构造一个含有参数的样本函数,自然会想到 $U=\dfrac{\bar{X}-7.5}{\sigma/\sqrt{36}}$,它是一个随机变量,并且易知

$$U=\frac{\bar{X}-7.5}{\sigma/\sqrt{36}}\sim N(0,1),$$

把这样构造的样本函数称为检验统计量,代入样本观测值即得到检验统计量的值.

由 $P\left(\left|\dfrac{\bar{X}-7.5}{\sigma/\sqrt{36}}\right|>k\right)=\alpha$,很容易转化为 $P(|\bar{X}-7.5|>C)=\alpha$ 的形式,由此可得临界值.为了处理问题方便,往往直接利用所构造的检验统计量来确定拒绝域,此处的检验统计量为 $\dfrac{\bar{X}-7.5}{\sigma/\sqrt{36}}$,因此可令 $k=u_{\alpha/2}$,此时,拒绝域为

$$\mathscr{W}=\left\{(X_1,X_2,\cdots,X_n) \mid \left|\frac{\bar{X}-7.5}{\sigma/\sqrt{36}}\right|>u_{\alpha/2}\right\}.$$

若取显著性水平 $\alpha=0.05$,查表得 $u_{0.025}=1.96$,则拒绝域为

$$\mathscr{W}=\left\{(X_1,X_2,\cdots,X_n) \mid \left|\frac{\bar{X}-7.5}{\sigma/\sqrt{36}}\right|>1.96\right\}.$$

在案例 8.1.1 中,由样本观测值不难算出样本均值的观测值为 $\bar{x}=7.47$,同时 $\sigma^2=0.12^2$,代入算得检验统计量的值是 $\dfrac{\bar{x}-7.5}{0.12/\sqrt{36}}=-1.5$,显然这个样本观测

值并没有落入拒绝域,也就是并没有使小概率事件发生,从而接受原假设.故这一天保健品的维生素 D3 的含量符合每片 7.5 μg 的标准.

接下来我们看案例 8.1.2 的分析与解的过程.

案例 8.1.2 解

用随机变量 X 表示该电池充满电后使无人机在空中持续飞行的时间,根据案例的条件 $X \sim N(\mu, \sigma^2)$,其中 $\sigma^2 = 49$,那么问题就转化为判断平均持续飞行时间 μ 是否不少于 120 min,换句话说,如果 μ 显著小于 120 min,则玩具制造商不能接受供货商所提供的货物.那么制造商要检验产品是否满足要求,首先可以假设产品满足要求,也就是提出原假设 $H_0: \mu \geq 120$,对应的备择假设 $H_1: \mu < 120$.类似案例 8.1.1 的方法,构造一个小概率事件,使得在 H_0 成立时所构造的小概率事件几乎不会在一次抽样中发生,而如果由样本信息得到拒绝 H_0、接受 H_1 的结论,那么就认为 μ 显著小于 120,制造商就有理由认为产品不符合要求.具体解法如下:检验假设

$$H_0: \mu \geq 120, \quad H_1: \mu < 120.$$

在 H_0 成立时,可以利用样本均值 $\bar{X}$ 构造检验统计量 $U = \dfrac{\bar{X} - 120}{\sigma / \sqrt{9}}$,此时

$$U = \frac{\bar{X} - 120}{\sigma / \sqrt{9}} \geq \frac{\bar{X} - \mu}{\sigma / \sqrt{9}}.$$

显然在原假设 H_0 下 $\dfrac{\bar{X} - \mu}{\sigma / \sqrt{9}} \sim N(0, 1)$,但是 $U = \dfrac{\bar{X} - 120}{\sigma / \sqrt{9}}$ 不一定服从 $N(0, 1)$.

容易理解在原假设成立时,$U \ll 0$ 的可能性很小,所以当给定显著性水平 α 时,$P\left(\dfrac{\bar{X} - \mu}{\sigma / \sqrt{9}} < -u_\alpha\right) = \alpha$ 是成立的,又由于

$$\left\{(X_1, X_2 \cdots, X_n) \,\middle|\, \frac{\bar{X} - 120}{\sigma / \sqrt{9}} < -u_\alpha\right\} \subset \left\{(X_1, X_2, \cdots, X_n) \,\middle|\, \frac{\bar{X} - \mu}{\sigma / \sqrt{9}} < -u_\alpha\right\},$$

从而

$$P\left(\frac{\bar{X} - 120}{\sigma / \sqrt{9}} < -u_\alpha\right) \leq P\left(\frac{\bar{X} - \mu}{\sigma / \sqrt{9}} < -u_\alpha\right),$$

所以

$$P\left(\frac{\bar{X} - 120}{\sigma / \sqrt{9}} < -u_\alpha\right) \leq \alpha,$$

那么在显著性水平 α 下,可以取拒绝域为 $\mathscr{W} = \left\{ (X_1, X_2, \cdots, X_n) \,\middle|\, \dfrac{\bar{X} - 120}{\sigma / \sqrt{9}} < -u_\alpha \right\}$,
也就是说如果样本观测值落入拒绝域 $\mathscr{W}$,小概率事件发生(这个事件的概率不会超过 α),则拒绝原假设,反之接受原假设.在这个问题中已知 $\sigma^2 = 49$,根据样本数据可以算得 $\bar{x} \approx 115.74$,代入即得 $\dfrac{\bar{x} - 120}{\sigma / \sqrt{9}} \approx -1.83$.

如果取 $\alpha = 0.05$,则拒绝域 $\mathscr{W} = \left\{ (X_1, X_2, \cdots, X_n) \,\middle|\, \dfrac{\bar{X} - 120}{\sigma / \sqrt{9}} < -u_{0.05} = -1.645 \right\}$,
此时样本观测值落入拒绝域,因此有理由拒绝 H_0,从而认为该充电电池不符合要求.

下面我们按照上述案例的分析与解的过程总结一下假设检验的基本概念、原理及一般步骤.

类似上述案例 8.1.1 和案例 8.1.2 的情形,总体的分布类型是已知的,仅涉及总体未知参数的检验称为参数假设检验.而类似案例 8.1.3 的情形,在不知道周销量 X 是否服从正态分布的情况下,提出的假设可以是 $H_0 : X$ 服从正态分布,$H_1 : X$ 不服从正态分布,这种对总体的未知分布的类型或某些特征的检验称为非参数假设检验.

另外,注意案例 8.1.1 和案例 8.1.2 的主要区别,案例 8.1.1 的拒绝域 $\mathscr{W}$ 位于两侧,这类假设检验称为双侧检验.类似地,案例 8.1.2 的拒绝域 $\mathscr{W}$ 在左侧,这类假设检验称为左侧检验,而拒绝域 $\mathscr{W}$ 在右侧的假设检验称为右侧检验,左侧检验和右侧检验统称为单侧检验.

设总体 X 的分布函数为 $F(x)$,一般来说 $F(x)$ 完全或部分未知,又设 $X_1, X_2, \cdots, X_n$ 为总体 X 的一个简单随机样本,相应的样本观测值为 $x_1, x_2, \cdots, x_n$.那么参数假设检验的主要步骤可以归纳如下:

1. 把实际问题转换为假设检验问题,提出原假设 H_0 和备择假设 H_1;

2. 在 H_0 成立的条件下,构造适当的检验统计量,例如 $U = g(X_1, X_2, \cdots, X_n)$,要求 U 的分布完全已知(不含未知参数);

3. 给定一个很小的 α(称为显著性水平),由 U 构造拒绝域 $\mathscr{W}$,使得当 H_0 成立时,

$$P((X_1, X_2, \cdots, X_n) \in \mathscr{W}) \leqslant \alpha,$$
即构造一个小概率事件"$(X_1, X_2, \cdots, X_n) \in \mathscr{W}$";

4. 代入样本数据,计算检验统计量 U 的观测值 $\hat{U} = g(x_1, x_2, \cdots, x_n)$,由此判断 $(X_1, X_2, \cdots, X_n)$ 是否落在 $\mathscr{W}$ 中,从而做出决策,即

$$\text{若}(X_1, X_2, \cdots, X_n) \in \mathscr{W}, \text{则拒绝}\ H_0,$$

$$\text{若}(X_1, X_2, \cdots, X_n) \notin \mathscr{W}, \text{则接受}\ H_0.$$

假设检验是常用的统计推断方法,其重要性不言而喻,然而由于假设检验基于小概率事件原理.我们知道,小概率事件在一次试验中不论发生的概率有多小,总是有发生的可能.而假设检验是根据一次抽样的样本信息做出的决策,这就不可避免会发生决策错误.

一般把错误归结为如下两类:

如果原假设 H_0 为真,由于样本的随机性,恰巧使所构造的小概率事件发生了,根据上述方法做出拒绝 H_0 的决策,此时就犯了错误,称这类错误为第 I 类错误(又称为"弃真"错误);而如果 H_0 实际上为假(即 H_1 为真),但根据样本错误地接受了 H_0,此时也犯了错误,称这类错误为第 II 类错误(又称为"存伪"错误).从案例 8.1.1 和案例 8.1.2 的检验过程可知,犯第 I 类错误的概率为

$$P(\text{拒绝}\ H_0 \mid H_0\ \text{为真}) \le \alpha,$$

即犯第 I 类错误的概率不会超过显著性水平 α. α 越小,犯第 I 类错误的概率就越小,一般当 $\alpha = 0.05$ 时,拒绝 H_0 称为是"显著"的,当 $\alpha = 0.01$ 时,拒绝 H_0 称为是"高度显著"的.把犯第 II 类错误的概率记为 β,即

$$P(\text{接受}\ H_0 \mid H_0\ \text{为假}) = P(\text{接受}\ H_0 \mid H_1\ \text{为真}) = \beta.$$

两类错误及其概率如下表所示:

		所做判断	
		接受 H_0	接受 H_1
实际情况	H_0 为真	正确 ($>1-\alpha$)	犯第 I 类错误 ($\le \alpha$)
	H_0 为假	犯第 II 类错误 (β)	正确 ($1-\beta$)

我们希望所用的检验方法尽量少犯错误,但不能完全排除犯错误的可能性.理想的检验方法应使犯两类错误的概率都很小,但在样本容量给定的情形下,不可能同时使两者都很小,减少其中一个往往使另一个增大.在理论和计算上寻找犯第 II 类错误的概率尽可能小的检验并非易事,在实际应用中,我们着重对犯第 I 类错误的概率加以控制.这里以左侧检验及其示意图(如图 8.1.1)为例来说明.设 $y = f_1(x)$ 是 H_0 为真时检验统计量 U 的概率密度曲线,$y = f_2(x)$ 是 H_0 为假时 U 的概率密度曲线,α 和 β 分别为犯第 I 类与第 II 类错误的概率,C 是拒绝域的临界值.从图 8.1.1 看到,当临界值往左移动时,α 变小,β 变大,反之亦然.

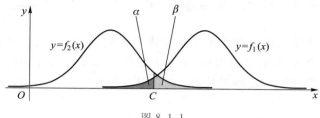

图 8.1.1

注 假设检验的结果与显著性水平 α 也是有关的.注意到在案例 8.1.2 中,当 $\alpha = 0.05$ 时,拒绝 H_0;如果 $\alpha = 0.02$,则拒绝域变为

$$\mathscr{W} = \left\{ (X_1, X_2, \cdots, X_n) \ \middle| \ \frac{\overline{X} - 120}{\sigma / \sqrt{9}} < -u_{0.02} = -2.05 \right\},$$

假设检验中
犯第Ⅱ类错误
的概率

此时样本观测值没有落入拒绝域,因此没有理由拒绝原假设,即接受 H_0,于是可以认为该充电电池符合要求.由此可以看出,显著性水平 α 的大小反映了假设检验的标准.

前面介绍的假设检验方法是一种经典方法,即将要介绍的 p 值检验法则具有更大的灵活性.两种方法相互关联,都是首先根据问题提出原假设 H_0 与备择假设 H_1,然后在原假设 H_0 成立的基础上构造检验统计量的.

对于经典方法来说,首先要给出显著性水平 α,由给定的 α,确定检验统计量的临界值与拒绝域进行决策,在这种模式下,如果选择的 α 值相同,则所有的检验结论的可靠性都一样.

而在 p 值检验法中,无须事先给出显著性水平,以案例 8.1.1 为例,在原假设 H_0 成立的基础上所构造的检验统计量 U 以及拒绝域 $\mathscr{W}$ 都与经典方法相同.不同的是,首先算出检验统计量的观测值(把它记为 u_0),再计算事件 $|U| > |u_0|$ 的概率,假设 $P(|U| > |u_0|) = p$,这个 p 值就等于拒绝原假设的概率,也就是说,如果这个 p 值很小,我们认为发生这个事件的可能性非常小,因而拒绝 H_0.在案例 8.1.1 中,取 $|u_0| = \left| \dfrac{\overline{x} - 7.5}{\sigma / \sqrt{36}} \right| = 1.5$,那么 $P(|U| > 1.5) = 0.13$,与 0.05 比较,我们认为这个概率不算太小,因此,接受原假设.所以与经典方法的结果相同.

从上述的讨论知,如果 H_0 成立,我们得到使得 $|U| > |u_0|$ 成立的样本观测数据的概率只有 p 值这么大,p 值的大小决定了 H_0 的不可能性程度.如果觉得 p 值小到不能接受的程度,就拒绝 H_0.p 值越小,说明实际观测到的数据与 H_0 之间

的不一致程度越高,检验的结果也就越显著.从这个意义上来说,p 值就等于显著性水平.

在显著性水平方面,p 值检验法和经典方法的关联性可以这样理解,假设设定了一个显著性水平 α,此时如果 $p \leqslant \alpha$,则表明比 α 更小概率值的事件发生了,故拒绝 H_0;反之,若 $p > \alpha$,则接受 H_0,这就是 p 值检验法,并称概率值 p 为检验 p 值.

我们看到,在 p 值检验法中,它并没有替用户做决策,而是提供了 p 值,用户是依据 p 值的大小来做决策的,因此它把决策权交给了用户.这也是目前统计软件中普遍采用的检验方法.下面给出计算 p 值的一般方法:

为了便于理解,设 Z 表示所构造的检验统计量,z_0 表示根据样本数据计算得到的检验统计量的观测值.

1. 当原假设 H_0 成立时,若 Z 服从对称分布(如标准正态分布或 t 分布),则

$$p = \begin{cases} P(|Z| \geqslant |z_0|), & \text{双侧检验}, \\ P(Z \geqslant z_0), & \text{右侧检验}, \\ P(Z \leqslant z_0), & \text{左侧检验}. \end{cases}$$

2. 当原假设 H_0 成立时,若 Z 服从一般形式的分布(如 χ^2 分布或 F 分布),则

$$p = \begin{cases} 2P(Z \geqslant z_0), & \text{双侧检验且 } P(Z \geqslant z_0) \leqslant 0.5, \\ 2P(Z \leqslant z_0), & \text{双侧检验且 } P(Z \leqslant z_0) \leqslant 0.5, \\ P(Z \geqslant z_0), & \text{右侧检验}, \\ P(Z \leqslant z_0), & \text{左侧检验}. \end{cases}$$

在现代统计学中,p 值检验提供了更多的信息,它让人们可以选择任意水平来评估结果是否具有统计上的显著性.只要你认为某个 p 值就算显著,就可以在这样的 p 值水平下拒绝原假设.然而,传统的显著性水平 α,如 1%,5%,10% 等已被普遍认为"拒绝原假设具有足够的证据".我们大概可以说:$p < 0.1$ 代表有"一些证据"不利于原假设;$p < 0.05$ 代表有"适度证据"不利于原假设;$p < 0.01$ 代表有"很强证据"不利于原假设.以案例 8.1.2 为例来说明,它是一个左侧检验问题,其检验统计量 U 服从 $N(0,1)$,当 H_0 成立时,据前面的计算结果知检验统计量的观测值为 $\dfrac{\bar{x}-120}{\sigma/\sqrt{9}} \approx -1.83$,故 $u_0 = -1.83$,此时 $P(U < -1.83) = 0.03$,如果显著性水平 $\alpha = 0.05$,这个概率值 0.03 被认为太小了,因而拒绝 H_0,此时得出与前面经典方法相同的结论.

对于一些常见的分布,p 值的计算可以通过查表求得.现代计算机的广泛应用使得 p 值的计算变得十分容易,多数计算机软件都能够输出有关假设检验的

主要计算结果,其中包括 p 值.特别说明,这一章后续内容我们主要介绍假设检验的经典方法,各个问题的 p 值检验法留给有兴趣的读者自学.

8.2 单个正态总体参数的假设检验

8.1 节以参数假设检验为例介绍了假设检验的基本概念和方法,本节将介绍正态总体参数(均值与方差)的假设检验问题.假设总体 $X \sim N(\mu, \sigma^2)$,X_1,$X_2, \cdots, X_n$ 是来自总体 X 的样本,$\bar{X} = \dfrac{1}{n} \sum\limits_{i=1}^{n} X_i$,$S^2 = \dfrac{1}{n-1} \sum\limits_{i=1}^{n} (X_i - \bar{X})^2$ 分别是样本均值和样本方差.

8.2.1 单个正态总体均值的假设检验

对均值 μ 的检验是指在方差 σ^2 已知或者 σ^2 未知的情况下,检验参数 μ 与 μ_0 是否有显著差异,是否显著偏小或者显著偏大三类问题.

(1)方差 σ^2 已知

根据具体问题提出如下三类原假设与备择假设:

(ⅰ) $H_0: \mu = \mu_0$,$H_1: \mu \neq \mu_0$;

(ⅱ) $H_0: \mu \geqslant \mu_0$,$H_1: \mu < \mu_0$;

(ⅲ) $H_0: \mu \leqslant \mu_0$,$H_1: \mu > \mu_0$.

对(ⅰ)$H_0: \mu = \mu_0$,$H_1: \mu \neq \mu_0$ 的检验类似于案例 8.1.1 的分析,将 μ 的无偏估计 $\bar{X}$ 与 μ_0 做比较,考察有关 $\bar{X} - \mu_0$ 的分布.在 H_0 成立的条件下,$\bar{X} - \mu_0 \sim N\left(0, \dfrac{\sigma^2}{n}\right)$,即 $U = \dfrac{\bar{X} - \mu_0}{\sigma / \sqrt{n}} \sim N(0,1)$,故采用检验统计量

$$U = \frac{\bar{X} - \mu_0}{\sigma / \sqrt{n}} \sim N(0,1).$$

在 H_0 成立时,$\bar{X}$ 与 μ_0 的偏差太大是不合适的,所以在显著性水平 α 下选取拒绝域

$$\frac{|\bar{X} - \mu_0|}{\sigma / \sqrt{n}} > u_{\alpha/2}.$$

对(ⅱ)$H_0: \mu \geqslant \mu_0$,$H_1: \mu < \mu_0$ 的检验,类似于例 8.1.2 的分析,构造检验统计

量,在 H_0 成立的条件下,$U = \dfrac{\overline{X}-\mu}{\sigma/\sqrt{n}} \sim N(0,1)$,则 $P\left(\dfrac{\overline{X}-\mu}{\sigma/\sqrt{n}} < -u_\alpha\right) = \alpha$,而

$$P\left(\dfrac{\overline{X}-\mu_0}{\sigma/\sqrt{n}} < -u_\alpha\right) \leqslant P\left(\dfrac{\overline{X}-\mu}{\sigma/\sqrt{n}} < -u_\alpha\right),$$

所以 $P\left(\dfrac{\overline{X}-\mu_0}{\sigma/\sqrt{n}} < -u_\alpha\right) \leqslant \alpha$,即在显著性水平 α 下,选取拒绝域

$$\dfrac{\overline{X}-\mu_0}{\sigma/\sqrt{n}} < -u_\alpha.$$

对(iii)$H_0 : \mu \leqslant \mu_0$,$H_1 : \mu > \mu_0$ 的检验,可用类似于(ii)的分析方法,得到在显著性水平 α 下,其拒绝域

$$\dfrac{\overline{X}-\mu_0}{\sigma/\sqrt{n}} > u_\alpha.$$

上述这种利用正态分布检验统计量的方法称为 U 检验法.

注 这里需要说明(ii)和(iii)(单侧检验)的情况,注意到拒绝域中仅仅涉及 μ_0,所以对(ii)和(iii)的检验,分别相当于作检验 $H_0 : \mu = \mu_0$,$H_1 : \mu < \mu_0$ 和 $H_0 : \mu = \mu_0$,$H_1 : \mu > \mu_0$,都是选取检验统计量 $U = \dfrac{\overline{X}-\mu_0}{\sigma/\sqrt{n}} \sim N(0,1)$,只是当 $H_1 : \mu < \mu_0$ 时,选取的拒绝域为左侧区间,而当 $H_1 : \mu > \mu_0$ 时,所选取的拒绝域为右侧区间,后文中遇到单侧检验时将照此处理,不再予以说明.

案例 8.2.1 假设某汽车零部件供应商生产某种规格的轴承,在正常情况下,其直径(单位:mm)服从正态分布 $N(50, 0.25)$.为了检测该供应商某天生产的轴承直径是否正常,在生产的轴承中随机抽查了 25 只,测得直径分别为

49.86	50.25	50.70	50.41	50.28	50.73	50.25	49.51	50.33	49.56
50.56	50.14	50.29	50.13	49.95	50.90	49.70	51.23	51.04	50.63
50.72	50.27	50.40	49.75	50.30					

在显著性水平 $\alpha = 0.05$ 下,根据这批样本数据判断这天生产的轴承的直径是否正常?

解 根据已知条件,该问题属于已知方差 $\sigma^2 = 0.25$ 时,对均值 μ 的假设检验问题.检验假设

$$H_0 : \mu = 50, \quad H_1 : \mu \neq 50,$$

检验统计量为

$$U = \frac{\overline{X}-50}{0.5/\sqrt{25}} \sim N(0,1),$$

取拒绝域为

$$\left| \frac{\overline{X}-50}{0.5/\sqrt{25}} \right| > u_{0.025} = 1.96,$$

由样本算得 $\overline{x} \approx 50.32$，因此 $u = \dfrac{\overline{x}-50}{0.5/\sqrt{25}} = 3.2 > 1.96$，故拒绝 H_0，即认为这天生产的轴承直径不正常.

（2）方差 σ^2 未知

当 σ^2 未知时，$U = \dfrac{\overline{X}-\mu_0}{\sigma/\sqrt{n}}$ 不能作为检验统计量，故把其中的总体方差 σ^2 用样本方差 S^2 代替，选取检验统计量

$$T = \frac{\overline{X}-\mu_0}{S/\sqrt{n}} \sim t(n-1),$$

鉴于推导的思想方法与 σ^2 已知的情形类似，省略过程，直接对于所要检验的三类假设给出如下结果，希望有兴趣的读者作为练习自行推导.

在显著性水平 α 下：

（ⅰ）检验假设 $H_0: \mu = \mu_0, H_1: \mu \neq \mu_0$，则其拒绝域为

$$\frac{|\overline{X}-\mu_0|}{S/\sqrt{n}} > t_{\alpha/2}(n-1);$$

（ⅱ）检验假设 $H_0: \mu \geqslant \mu_0, H_1: \mu < \mu_0$，则其拒绝域为

$$\frac{\overline{X}-\mu_0}{S/\sqrt{n}} < -t_\alpha(n-1);$$

（ⅲ）检验假设 $H_0: \mu \leqslant \mu_0, H_1: \mu > \mu_0$，则其拒绝域为

$$\frac{\overline{X}-\mu_0}{S/\sqrt{n}} > t_\alpha(n-1).$$

这种利用 t 分布检验统计量的方法称为 t 检验法.

8.2.2 单个正态总体方差的假设检验

根据具体问题可以提出如下三类原假设与备择假设：

（ⅰ）$H_0: \sigma^2 = \sigma_0^2, H_1: \sigma^2 \neq \sigma_0^2$;

（ⅱ）$H_0: \sigma^2 \geqslant \sigma_0^2, H_1: \sigma^2 < \sigma_0^2$;

（ⅲ）$H_0: \sigma^2 \leqslant \sigma_0^2, H_1: \sigma^2 > \sigma_0^2$.

以下对假设（ⅰ）给出检验统计量及拒绝域的形式.

（1）均值 μ 已知

由第六章的知识可知, $\dfrac{1}{n} \sum\limits_{i=1}^{n} (X_i - \mu)^2$ 是总体方差 σ^2 的无偏估计, 故当

$H_0: \sigma^2 = \sigma_0^2$ 为真时, 样本方差 σ^2 的观测值应在 σ_0^2 附近, 那么 $\dfrac{\dfrac{1}{n} \sum\limits_{i=1}^{n} (X_i - \mu)^2}{\sigma_0^2}$

的取值也应该在 1 附近, 此时, 选取检验统计量

$$\chi^2 = \frac{\sum\limits_{i=1}^{n} (X_i - \mu)^2}{\sigma_0^2} \sim \chi^2(n),$$

对于假设（ⅰ）, 选取如下形式的拒绝域:

$$\frac{\sum\limits_{i=1}^{n} (X_i - \mu)^2}{\sigma_0^2} < k_1 \quad \text{或} \quad \frac{\sum\limits_{i=1}^{n} (X_i - \mu)^2}{\sigma_0^2} > k_2,$$

其中 $k_1, k_2 (k_1 < k_2)$ 由下式确定:

$$P(拒绝 \, H_0 \mid H_0 \, 为真) = P\left(\left(\frac{\sum\limits_{i=1}^{n} (X_i - \mu)^2}{\sigma_0^2} < k_1\right) \cup \left(\frac{\sum\limits_{i=1}^{n} (X_i - \mu)^2}{\sigma_0^2} > k_2\right)\right)$$

$$= P\left(\frac{\sum\limits_{i=1}^{n} (X_i - \mu)^2}{\sigma_0^2} < k_1\right) + P\left(\frac{\sum\limits_{i=1}^{n} (X_i - \mu)^2}{\sigma_0^2} > k_2\right) = \alpha,$$

为方便计算, 通常取

$$P\left(\frac{\sum\limits_{i=1}^{n} (X_i - \mu)^2}{\sigma_0^2} < k_1\right) = \frac{\alpha}{2}, \quad P\left(\frac{\sum\limits_{i=1}^{n} (X_i - \mu)^2}{\sigma_0^2} > k_2\right) = \frac{\alpha}{2},$$

故得 $k_1 = \chi_{1-\alpha/2}^2(n), k_2 = \chi_{\alpha/2}^2(n)$, 于是拒绝域为

$$\frac{\sum\limits_{i=1}^{n} (X_i - \mu)^2}{\sigma_0^2} < \chi_{1-\alpha/2}^2(n) \quad \text{或} \quad \frac{\sum\limits_{i=1}^{n} (X_i - \mu)^2}{\sigma_0^2} > \chi_{\alpha/2}^2(n).$$

（2）均值 μ 未知

类似于均值 μ 已知的情形，选取检验统计量

$$\chi^2 = \frac{(n-1)S^2}{\sigma_0^2} = \frac{\sum_{i=1}^{n}(X_i - \bar{X})^2}{\sigma_0^2} \sim \chi^2(n-1),$$

对于假设（ⅰ），选取拒绝域：

$$\frac{(n-1)S^2}{\sigma_0^2} < \chi_{1-\alpha/2}^2(n-1) \quad \text{或} \quad \frac{(n-1)S^2}{\sigma_0^2} > \chi_{\alpha/2}^2(n-1).$$

对于（ⅱ）和（ⅲ）（单侧检验）的结论，可见 8.3 节表 8.3.1 所示.

这种利用 χ^2 分布检验统计量的方法称为 χ^2 检验法.

注 当 μ 已知时，也可用 μ 未知时的 χ^2 检验法，但是，两者相比较，对同样的显著性水平，前者的拒绝域比后者的拒绝域有较小的犯第 Ⅱ 类错误的概率，因而效果更好一些.

案例 8.2.2 假设某品牌某型号的新能源纯电动汽车充满电后行驶的里程，即续航里程（单位：km）服从正态分布，今从中随机地抽出 10 辆该型号汽车，测得续航里程数据如下：

317	287	244	330	301	251	284	279	265	244

在显著性水平 $\alpha = 0.05$ 下，是否可以认为该厂生产的新能源汽车充满电后的续航里程的方差为 100？

解 由题意知要检验假设 $H_0: \sigma^2 = 100, H_1: \sigma^2 \neq 100$. 因为 μ 未知，故采用检验统计量

$$\chi^2 = \frac{9S^2}{100},$$

当 H_0 为真时，$\chi^2 \sim \chi^2(9)$. 此时拒绝域为 $\chi^2 < \chi_{0.975}^2(9)$ 或 $\chi^2 > \chi_{0.025}^2(9)$，查表得 $\chi_{0.975}^2(9) = 2.7, \chi_{0.025}^2(9) = 19.023$，代入得

$$\chi^2 < 2.7 \quad \text{或} \quad \chi^2 > 19.023.$$

由样本算得 $s^2 = 892.62$，因此 $\frac{9s^2}{100} \approx 80.34 > 19.023$，故拒绝 H_0，即认为该型号的纯电动汽车续航里程的方差与 100 差异明显.

案例 8.2.3 某洗衣粉包装生产线，在包装机正常的情况下，每袋净重均值为 1 000 g，标准差不超过 15 g. 假设每袋净重 X 服从正态分布 $N(\mu, \sigma^2)$，某天为了检测包装机是否正常，随机抽取了 10 袋，经计算样本均值和样本方差分别为 $\bar{x} = 998, s^2 = 30.2^2$，问该天包装机是否正常（取显著性水平 $\alpha = 0.05$）？

解 （1）根据题意，首先检验每袋平均净重是否符合要求，即检验假设

$$H_0 : \mu = 1\,000, \quad H_1 : \mu \neq 1\,000,$$

采用检验统计量

$$T = \frac{\overline{X} - 1\,000}{S / \sqrt{10}} \sim t(9),$$

此时拒绝域为 $\left| \dfrac{\overline{X} - 1\,000}{S / \sqrt{10}} \right| > t_{0.025}(9)$，查表得 $t_{0.025}(9) = 2.262\,2$，代入 $\bar{x} = 998$，$s = 30.2$，计算得

$$t = \frac{\bar{x} - 1\,000}{s / \sqrt{10}} \approx -0.209\,4,$$

由 $|t| = 0.209\,4 < 2.262\,2$，故接受 H_0，即认为该天包装机包装洗衣粉的每袋平均净重与 1 000 g 没有明显差异.

（2）检验每袋净重的方差是否符合要求，即检验假设

$$H_0 : \sigma^2 \leqslant 15^2, \quad H_1 : \sigma^2 > 15^2,$$

采用检验统计量

$$\chi^2 = \frac{9S^2}{15^2},$$

当 H_0 为真时，$\chi^2 \sim \chi^2(9)$，此时拒绝域为 $\chi^2 > \chi_{0.05}^2(9)$，查表得 $\chi_{0.05}^2(9) = 16.919$，代入 $s^2 = 30.2^2$，计算得

$$\chi^2 = \frac{9s^2}{15^2} = 36.481\,6 > 16.919,$$

故拒绝 H_0，即认为每袋净重的方差显著偏大.综上所述，该包装机的方差指标不正常，应该停下来检修.

8.3 两个正态总体参数的假设检验

8.3.1 两个正态总体均值差的假设检验

在实际问题或日常生活中，关于两个正态总体均值差的检验是很常见的.例如，比较两个不同行业从业人员收入的差异；比较同一行业男、女从业者的收入差异；在案例 6.1.2 某大学对学风的评估中，比较两个学院学生同一门课程成绩的差异等.我们来看一个具体的例子.

案例 8.3.1 对外卖饭店来说，许多顾客关心从下单到外卖送到的时间间

隔(简称时间间隔),为比较入驻某网络平台的饭店 A 和饭店 B 的时间间隔的差异,对两家饭店分别随机抽查了 16 次,下面是具体的时间间隔数据(单位:min):

| 饭店 A | 21 | 20 | 13 | 15 | 21 | 16 | 17 | 11 | 14 | 15 | 16 | 14 | 17 | 14 | 19 | 23 |
| 饭店 B | 22 | 13 | 12 | 16 | 18 | 22 | 19 | 13 | 20 | 15 | 18 | 20 | 25 | 17 | 21 | 17 |

假设对两个饭店来说,时间间隔相互独立、都服从正态分布,而且方差相等.请根据上述样本数据,判断这两家饭店的平均时间间隔有无显著差异(取显著性水平 $\alpha = 0.01$)?

分析 假设 X, Y 分别表示饭店 A 和饭店 B 的时间间隔,根据案例给出的条件可知,$X \sim N(\mu_1, \sigma^2)$,$Y \sim N(\mu_2, \sigma^2)$,且 X, Y 相互独立.为判断两家饭店的平均时间间隔有无显著差异,提出原假设和备择假设

$$H_0: \mu_1 - \mu_2 = 0, \quad H_1: \mu_1 - \mu_2 \neq 0,$$

与单个正态总体参数检验的方法类似,可给出检验结果.在解决本案例之前,首先我们给出两个正态总体均值差的检验的几个常用结论.

一般地,设正态总体 $X \sim N(\mu_1, \sigma_1^2)$,$Y \sim N(\mu_2, \sigma_2^2)$,且 X, Y 相互独立.$(X_1, X_2, \cdots, X_n)$ 是取自 X 的样本,$\bar{X}$ 和 S_1^2 是对应的样本均值和样本方差;$(Y_1, Y_2, \cdots, Y_m)$ 是取自 Y 的样本,$\bar{Y}$ 和 S_2^2 是对应的样本均值和样本方差.可根据问题提出如下三类原假设与备择假设:

(i) $H_0: \mu_1 - \mu_2 = \delta, H_1: \mu_1 - \mu_2 \neq \delta$;

(ii) $H_0: \mu_1 - \mu_2 \geq \delta, H_1: \mu_1 - \mu_2 < \delta$;

(iii) $H_0: \mu_1 - \mu_2 \leq \delta, H_1: \mu_1 - \mu_2 > \delta$.

下面仅以(i)为例,介绍不同情形的检验统计量的选取和拒绝域的形式,其余情况见表 8.3.1.

(1)方差 σ_1^2, σ_2^2 已知

现在检验假设

$$H_0: \mu_1 - \mu_2 = \delta, \quad H_1: \mu_1 - \mu_2 \neq \delta,$$

根据 $\mu_1 - \mu_2$ 的估计量 $\bar{X} - \bar{Y}$ 寻找检验统计量.我们知道,当 H_0 为真时,

$$\bar{X} - \bar{Y} \sim N\left(\delta, \frac{\sigma_1^2}{n} + \frac{\sigma_2^2}{m}\right),$$

这时可选取检验统计量

$$U = \frac{\bar{X} - \bar{Y} - \delta}{\sqrt{\dfrac{\sigma_1^2}{n} + \dfrac{\sigma_2^2}{m}}} \sim N(0,1),$$

易知在显著性水平 α 下的拒绝域为

$$\frac{|\bar{X} - \bar{Y} - \delta|}{\sqrt{\dfrac{\sigma_1^2}{n} + \dfrac{\sigma_2^2}{m}}} > u_{\alpha/2}.$$

（2）方差 $\sigma_1^2 = \sigma_2^2 = \sigma^2$ 未知

检验假设

$$H_0: \mu_1 - \mu_2 = \delta, \quad H_1: \mu_1 - \mu_2 \neq \delta,$$

根据第六章的知识可选取检验统计量

$$T = \frac{\bar{X} - \bar{Y} - \delta}{S_W \sqrt{\dfrac{1}{n} + \dfrac{1}{m}}} \sim t(n+m-2),$$

其中 $S_W^2 = \dfrac{(n-1)S_1^2 + (m-1)S_2^2}{n+m-2}$，易知在显著性水平 α 下的拒绝域为

$$\left| \frac{\bar{X} - \bar{Y} - \delta}{S_W \sqrt{\dfrac{1}{n} + \dfrac{1}{m}}} \right| > t_{\alpha/2}(n+m-2).$$

（3）方差 σ_1^2, σ_2^2 未知，但样本容量相等，即 $n = m$

这种情形可以看作配对试验，此时取 $Z = X - Y$ 作为总体，则 $Z \sim N(\mu_1 - \mu_2, \sigma_1^2 + \sigma_2^2)$，而 $Z_i = X_i - Y_i (i = 1, 2, \cdots, n)$ 可视为来自单个正态总体 Z 的样本，于是检验可看作单个正态总体在方差未知时对均值的检验. 在原假设 $H_0: \mu_1 - \mu_2 = \delta$ 下，由前面的结论易知，可选取检验统计量

$$\frac{\bar{Z} - \delta}{S_Z / \sqrt{n}} \sim t(n-1),$$

在显著性水平 α 下的拒绝域为

$$\left| \frac{\bar{Z} - \delta}{S_Z / \sqrt{n}} \right| > t_{\alpha/2}(n-1),$$

其中 $\bar{Z} = \bar{X} - \bar{Y}, S_Z^2 = \dfrac{1}{n-1} \sum_{i=1}^{n} (Z_i - \bar{Z})^2 = \dfrac{1}{n-1} \sum_{i=1}^{n} [X_i - Y_i - (\bar{X} - \bar{Y})]^2.$

案例 8.3.1 解

在 $H_0: \mu_1 - \mu_2 = 0$ 下,选取检验统计量

$$T = \frac{\overline{X} - \overline{Y}}{S_W \sqrt{\frac{1}{16} + \frac{1}{16}}} = \frac{\overline{X} - \overline{Y}}{S_W \sqrt{\frac{1}{8}}},$$

其中 $S_W^2 = \dfrac{15S_1^2 + 15S_2^2}{30}$.当 H_0 为真时,统计量 $T \sim t(30)$,在显著性水平 $\alpha = 0.01$ 下的拒绝域为

$$|T| > t_{0.005}(30),$$

查表得 $t_{0.005}(30) = 2.75$,由样本算得 $\overline{x} = 16.63, s_1^2 = 11.18, \overline{y} = 18, s_2^2 = 13.33, s_W^2 = 12.26$,从而计算得统计量 T 的样本值

$$t = \frac{\overline{x} - \overline{y}}{s_W \sqrt{\frac{1}{8}}} \approx -1.11,$$

由于 $|t| = 1.11 < 2.75$,故接受 H_0,即认为两家外卖送餐的时间间隔无显著差异.

8.3.2 两个正态总体方差比的假设检验

在实际问题中,比较两个总体的方差也是常常需要解决的问题.设正态总体 $X \sim N(\mu_1, \sigma_1^2), Y \sim N(\mu_2, \sigma_2^2)$,且 X, Y 相互独立,$(X_1, X_2, \cdots, X_n)$ 是取自 X 的样本,$\overline{X}$ 和 S_1^2 是对应的样本均值和样本方差;$(Y_1, Y_2, \cdots, Y_m)$ 是取自 Y 的样本,$\overline{Y}$ 和 S_2^2 是对应的样本均值和样本方差.按照读者已有的知识,可根据问题提出如下三类原假设与备择假设:

(i) $H_0: \sigma_1^2 = \sigma_2^2, H_1: \sigma_1^2 \neq \sigma_2^2$;

(ii) $H_0: \sigma_1^2 \geqslant \sigma_2^2, H_1: \sigma_1^2 < \sigma_2^2$;

(iii) $H_0: \sigma_1^2 \leqslant \sigma_2^2, H_1: \sigma_1^2 > \sigma_2^2$.

由于样本方差 S_1^2 和 S_2^2 分别是 σ_1^2 和 σ_2^2 的无偏估计.容易想到通过

$$F = \frac{S_1^2/\sigma_1^2}{S_2^2/\sigma_2^2} = \frac{S_1^2}{S_2^2} \bigg/ \frac{\sigma_1^2}{\sigma_2^2} \sim F(n-1, m-1)$$

构造检验统计量.以(i)为例,在原假设 $H_0: \sigma_1^2 = \sigma_2^2$ 为真时,选取检验统计量

$$F = \frac{S_1^2}{S_2^2} \sim F(n-1, m-1),$$

易知在显著性水平 α 下的拒绝域为

$$F>F_{\alpha/2}(n-1,m-1) \quad \text{或} \quad F<F_{1-\alpha/2}(n-1,m-1).$$

其余情况的方法类似,见表 8.3.1.

案例 8.3.2 在某一橡胶配方中,原先使用氧化锌 5 g,现减为 1 g.现在需要考查不同配方对橡胶伸长率的影响,随机抽取若干橡胶样品,分别测得两种配方的橡胶伸长率的数据如下:

氧化锌 1 g	565	577	580	575	556	542	560	532	570	561
氧化锌 5 g	540	533	525	520	545	531	541	529	534	

假设橡胶伸长率服从正态分布,问两种配方对橡胶伸长率总体方差的影响有无显著差异(取显著性水平 $\alpha=0.10$)?

解 根据题意,检验假设

$$H_0:\sigma_1^2=\sigma_2^2, \quad H_1:\sigma_1^2\neq\sigma_2^2,$$

采用检验统计量

$$F=\frac{S_1^2}{S_2^2}\sim F(n-1,m-1),$$

查表得 $F_{0.05}(9,8)=3.39$,$F_{0.95}(9,8)=\dfrac{1}{F_{0.05}(8,9)}=\dfrac{1}{3.23}\approx0.31$,所以拒绝域为

$$F<0.31 \quad \text{或} \quad F>3.39,$$

由样本算得 $s_1^2\approx236.84$,$s_2^2\approx65.19$,于是统计量 F 的样本值

$$F=\frac{s_1^2}{s_2^2}=\frac{236.84}{65.19}\approx3.63>3.39,$$

故拒绝 H_0,即认为两种配方对橡胶伸长率总体方差的影响显著.

本节的最后,我们从假设检验的角度解决案例 6.1.2 的一个类似的例题.

案例 8.3.3 假设两个学院的高等数学成绩都服从正态分布,下表是教务部门随机抽查的两个学院高等数学成绩的样本数据:

学院 I	88	51	70	69	89	38	65	49	99	80	75	52	60	63	79	55
学院 II	88	73	66	91	72	67	71	64	60	100	97	77	59			

教务部门能根据该样本数据回答下面的问题吗?

（1）如果已知两个学院成绩的方差分别为 $\sigma_1^2 = 100, \sigma_2^2 = 121$, 平均成绩有无显著差异?

（2）我们知道方差可以评估学生成绩参差不齐的情况, 那么两个学院成绩的方差有无显著差异?（取显著性水平 $\alpha = 0.05$.）

解 为方便起见, 用随机变量 X 表示学院 I 的成绩, 随机变量 Y 表示学院 II 的成绩.

（1）根据题意, 原假设和备择假设为

$$H_0 : \mu_1 - \mu_2 = 0, \quad H_1 : \mu_1 - \mu_2 \neq 0;$$

因为两个正态分布的方差都已知, 所以选取检验统计量

$$U = \frac{\overline{X} - \overline{Y}}{\sqrt{\dfrac{\sigma_1^2}{16} + \dfrac{\sigma_2^2}{13}}} \sim N(0, 1),$$

拒绝域为 $|U| > u_{0.025} = 1.96$, 由样本算得 $\overline{x} \approx 67.63, \overline{y} \approx 75.77$, 于是统计量 U 的样本值 $u \approx -2.06$, 故拒绝 H_0, 即认为两学院的平均成绩有显著差异.

（2）根据题意, 原假设和备择假设为

$$H_0 : \sigma_1^2 = \sigma_2^2, \quad H_1 : \sigma_1^2 \neq \sigma_2^2,$$

选取检验统计量

$$F = \frac{S_1^2}{S_2^2} \sim F(15, 12),$$

查表得, $F_{0.025}(15, 12) = 3.18, F_{0.975}(15, 12) = \dfrac{1}{F_{0.025}(12, 15)} = \dfrac{1}{2.96} \approx 0.34$, 所以拒绝域为

$$F < 0.34 \quad \text{或} \quad F > 3.18.$$

由样本可算得 $s_1^2 \approx 279.45, s_2^2 \approx 192.19$, 于是统计量 F 的样本值

$$F = \frac{s_1^2}{s_2^2} = \frac{279.45}{192.19} \approx 1.45,$$

故接受 H_0, 即认为两个学院成绩的方差没有显著差异.

注 在上述案例 8.3.3（1）中, 给出了两个总体的方差. 事实上, 通常并不知道这两个参数, 如果方差都未知, 你能检验吗? 请有兴趣的读者思考这个问题.

下面将常见的正态总体参数的假设检验法总结如下（表 8.3.1）:

表 8.3.1 正态总体参数的假设检验法(显著性水平为 α)

名称	原假设 H_0	条件	检验统计量在 H_0 下的分布	备择假设 H_1	拒绝域
U 检验	$\mu \leqslant \mu_0$ $\mu \geqslant \mu_0$ $\mu = \mu_0$	σ^2 已知	$U = \dfrac{\overline{X} - \mu_0}{\sigma/\sqrt{n}} \sim N(0,1)$	$\mu > \mu_0$ $\mu < \mu_0$ $\mu \neq \mu_0$	$U > u_\alpha$ $U < -u_\alpha$ $\|U\| > u_{\alpha/2}$
	$\mu_1 - \mu_2 \leqslant \delta$ $\mu_1 - \mu_2 \geqslant \delta$ $\mu_1 - \mu_2 = \delta$	σ_1^2, σ_2^2 已知	$U = \dfrac{\overline{X} - \overline{Y} - \delta}{\sqrt{\dfrac{\sigma_1^2}{n} + \dfrac{\sigma_2^2}{m}}} \sim N(0,1)$	$\mu_1 - \mu_2 > \delta$ $\mu_1 - \mu_2 < \delta$ $\mu_1 - \mu_2 \neq \delta$	$U > u_\alpha$ $U < -u_\alpha$ $\|U\| > u_{\alpha/2}$
t 检验	$\mu \leqslant \mu_0$ $\mu \geqslant \mu_0$ $\mu = \mu_0$	σ^2 未知	$T = \dfrac{\overline{X} - \mu_0}{S/\sqrt{n}} \sim t(n-1)$	$\mu > \mu_0$ $\mu < \mu_0$ $\mu \neq \mu_0$	$t > t_\alpha(n-1)$ $t < -t_\alpha(n-1)$ $\|t\| > t_{\alpha/2}(n-1)$
	$\mu_1 - \mu_2 \leqslant \delta$ $\mu_1 - \mu_2 \geqslant \delta$ $\mu_1 - \mu_2 = \delta$	$\sigma_1^2 = \sigma_2^2$ $= \sigma^2$ 未知	$T = \dfrac{\overline{X} - \overline{Y} - \delta}{S_W \sqrt{\dfrac{1}{n} + \dfrac{1}{m}}} \sim t(n+m-2)$ $S_W^2 = \dfrac{(n-1)S_1^2 + (m-1)S_2^2}{n+m-2}$	$\mu_1 - \mu_2 > \delta$ $\mu_1 - \mu_2 < \delta$ $\mu_1 - \mu_2 \neq \delta$	$t > t_\alpha(n+m-2)$ $t < -t_\alpha(n+m-2)$ $\|t\| > t_{\alpha/2}(n+m-2)$
	$\mu_1 - \mu_2 \leqslant \delta$ $\mu_1 - \mu_2 \geqslant \delta$ $\mu_1 - \mu_2 = \delta$	σ_1^2, σ_2^2 均未知 但 $n = m$	$T = \dfrac{\overline{Z} - \delta}{S_z/\sqrt{n}} \sim t(n-1)$ $Z_i = X_i - Y_i, \ \overline{Z} = \overline{X} - \overline{Y}$ $S_Z^2 = \dfrac{1}{n-1}\sum_{i=1}^{n}(Z_i - \overline{Z})^2$	$\mu_1 - \mu_2 > \delta$ $\mu_1 - \mu_2 < \delta$ $\mu_1 - \mu_2 \neq \delta$	$t > t_\alpha(n-1)$ $t < -t_\alpha(n-1)$ $\|t\| > t_{\alpha/2}(n-1)$
χ^2 检验	$\sigma^2 \leqslant \sigma_0^2$ $\sigma^2 \geqslant \sigma_0^2$ $\sigma^2 = \sigma_0^2$	μ 已知	$\chi^2 = \dfrac{\sum\limits_{i=1}^{n}(X_i - \mu)^2}{\sigma_0^2} \sim \chi^2(n)$	$\sigma^2 > \sigma_0^2$ $\sigma^2 < \sigma_0^2$ $\sigma^2 \neq \sigma_0^2$	$\chi^2 > \chi_\alpha^2(n)$ $\chi^2 < \chi_{1-\alpha}^2(n)$ $\chi^2 > \chi_{\alpha/2}^2(n)$ 或 $\chi^2 < \chi_{1-\alpha/2}^2(n)$

续表

名称	原假设 H_0	条件	检验统计量在 H_0 下的分布	备择假设 H_1	拒绝域
χ^2 检验	$\sigma^2 \leqslant \sigma_0^2$ $\sigma^2 \geqslant \sigma_0^2$	μ 未知	$\chi^2 = \dfrac{(n-1)S^2}{\sigma_0^2}$ $= \dfrac{\sum\limits_{i=1}^{n}(X_i - \bar{X})^2}{\sigma_0^2} \sim \chi^2(n-1)$	$\sigma^2 > \sigma_0^2$ $\sigma^2 < \sigma_0^2$	$\chi^2 > \chi_\alpha^2(n-1)$ $\chi^2 < \chi_{1-\alpha}^2(n-1)$
	$\sigma^2 = \sigma_0^2$			$\sigma^2 \neq \sigma_0^2$	$\chi^2 > \chi_{\alpha/2}^2(n-1)$ 或 $\chi^2 < \chi_{1-\alpha/2}^2(n-1)$
F 检验	$\sigma_1^2 \leqslant \sigma_2^2$ $\sigma_1^2 \geqslant \sigma_2^2$	μ_1, μ_2 已知	$F = \dfrac{m\sum\limits_{i=1}^{n}(X_i - \mu_1)^2}{n\sum\limits_{i=1}^{m}(Y_i - \mu_2)^2}$ $\sim F(n,m)$	$\sigma_1^2 > \sigma_2^2$ $\sigma_1^2 < \sigma_2^2$	$F > F_\alpha(n,m)$ $F < F_{1-\alpha}(n,m)$
	$\sigma_1^2 = \sigma_2^2$			$\sigma_1^2 \neq \sigma_2^2$	$F > F_{\alpha/2}(n,m)$ 或 $F < F_{1-\alpha/2}(n,m)$
	$\sigma_1^2 \leqslant \sigma_2^2$ $\sigma_1^2 \geqslant \sigma_2^2$	μ_1, μ_2 未知	$F = \dfrac{S_1^2}{S_2^2} \sim F(n-1,m-1)$	$\sigma_1^2 > \sigma_2^2$ $\sigma_1^2 < \sigma_2^2$	$F > F_\alpha(n-1,m-1)$ $F < F_{1-\alpha}(n-1,m-1)$
	$\sigma_1^2 = \sigma_2^2$			$\sigma_1^2 \neq \sigma_2^2$	$F > F_{\alpha/2}(n-1,m-1)$ 或 $F < F_{1-\alpha/2}(n-1,m-1)$

8.4 非正态总体参数的假设检验

对非正态总体参数的假设检验也是实际中常常遇到的问题. 鉴于篇幅所限, 本节主要以案例的形式简单介绍随机事件概率的假设检验, 以及大样本情形下借助中心极限定理对非正态总体均值的假设检验方法.

8.4.1 随机事件概率 p 的假设检验

一般地, 如果需要检验某随机事件 A 的概率是否为 $p_0(p_0$ 为已知数), 提出

的原假设与备择假设为

（ⅰ）$H_0:p=p_0,H_1:p\neq p_0$.

为解决这个检验问题,可以设随机变量 $X=\begin{cases}1, & A \text{ 发生}, \\ 0, & A \text{ 不发生},\end{cases}$ 其分布律为

X	0	1
P	$1-p$	p

也就是 $X \sim B(1,p)$,因此问题的实质是对两点分布的参数 p 进行假设检验.如果 $X_1,X_2,\cdots,X_n$ 是来自总体的一个简单随机样本,则 $X_i \sim B(1,p)$,$i=1,2,\cdots,n$.易知,当 H_0 为真时有

$$E(\bar{X})=p_0, \quad D(\bar{X})=\frac{p_0(1-p_0)}{n},$$

由 De Moivre-Laplace 中心极限定理,有

$$U=\frac{\bar{X}-p_0}{\sqrt{p_0(1-p_0)/n}} \overset{\text{近似}}{\sim} N(0,1),$$

可将上述 U 作为检验统计量,则当显著性水平是 α 时的拒绝域是

$$\left|\frac{\bar{X}-p_0}{\sqrt{p_0(1-p_0)/n}}\right|>u_{\alpha/2}.$$

当需要检验随机事件 A 的概率是否显著小于 p_0 以及是否显著大于 p_0 时,对应的原假设与备择假设分别为

（ⅱ）$H_0:p\geqslant p_0,H_1:p<p_0$;

（ⅲ）$H_0:p\leqslant p_0,H_1:p>p_0$.

与前面的讨论类似,统计量仍然选取 $U=\frac{\bar{X}-p_0}{\sqrt{p_0(1-p_0)/n}} \overset{\text{近似}}{\sim} N(0,1)$,其拒绝域分别为

$$\frac{\bar{X}-p_0}{\sqrt{p_0(1-p_0)/n}}<-u_\alpha \quad \text{和} \quad \frac{\bar{X}-p_0}{\sqrt{p_0(1-p_0)/n}}>u_\alpha.$$

案例 8.4.1 在微信支付推广期间,为了解其市场占有率,研究人员考察了某超市使用微信支付的情况,对该超市随机抽查的 500 笔支付,发现其中有 109 笔是通过微信支付完成的.如果把这个抽查结果看作整个市场微信支付率的样本,问能否认为微信支付率显著超过 20%（取显著性水平 $\alpha=$

0.05)?

解 记事件 A 为"一笔支付使用微信支付的方式",令 $P(A) = p$,根据问题的要求,原假设和备择假设为

$$H_0 : p \leqslant 0.2, \quad H_1 : p > 0.2.$$

与前面的分析类似,这个假设相当于如下假设

$$H_0 : p = 0.2, \quad H_1 : p > 0.2,$$

在 H_0 为真时,选取统计量

$$U = \frac{\overline{X} - 0.2}{\sqrt{\dfrac{0.2 \times 0.8}{n}}} \overset{\text{近似}}{\sim} N(0,1),$$

在显著性水平 $\alpha = 0.05$ 时,拒绝域为

$$U > u_{0.05} = 1.645;$$

代入数据得 U 的样本观测值 $u = \dfrac{\overline{x} - 0.2}{\sqrt{\dfrac{0.2 \times 0.8}{500}}} = 1.01 < 1.645$,从而接受原假设 H_0,

即不能认为微信支付率显著超过 20%.

8.4.2 非正态总体的大样本检验

案例 8.4.2 根据长期经验可知,某批电子元件的寿命服从参数为 λ 的指数分布.为验证这批电子元件的平均寿命是否满足 1 200 h 的要求,随机抽查了 50 个元件,经计算得这 50 个元件的平均寿命为 1 350 h,即样本均值 $\overline{x} = 1 350$ h,根据这个抽样结果能否认为平均寿命为 1 200 h(取显著性水平 $\alpha = 0.05$)?

解 把电子元件的寿命记为 X,则 $X \sim E(\lambda)$,由第四章的知识知 $E(X) = \dfrac{1}{\lambda}$,

于是问题就转化为检验 $\dfrac{1}{\lambda}$ 是否为 1 200$\left(\text{即参数 } \lambda \text{ 是否为 } \dfrac{1}{1\ 200}\right)$,因此,该案例的问题是对非正态总体参数的假设检验问题.检验假设

$$H_0 : \lambda = \frac{1}{1\ 200}, \quad H_1 : \lambda \neq \frac{1}{1\ 200}.$$

把样本记为 $X_1, X_2, \cdots, X_{50}$,由中心极限定理,样本均值 $\overline{X}$ 近似服从正态分布,即

$\overline{X} \overset{\text{近似}}{\sim} N\left(\dfrac{1}{\lambda}, \dfrac{1}{50\lambda^2}\right)$.当 H_0 为真时,$\overline{X} \overset{\text{近似}}{\sim} N\left(1\ 200, \dfrac{1\ 200^2}{50}\right)$,选取检验统计量

$$U = \frac{\overline{X} - 1\ 200}{1\ 200/\sqrt{50}} \overset{近似}{\sim} N(0,1),$$

在显著性水平 $\alpha = 0.05$ 下,拒绝域为 $|U| > u_{0.025} = 1.96$.代入数据得 U 的样本观测值

$$u = \frac{\overline{x} - 1\ 200}{1\ 200/\sqrt{50}} = 0.883\ 9 < 1.96,$$

从而接受原假设 H_0,即认为这批电子元件的平均寿命为 1 200 h.

案例 8.4.3 根据长期统计资料可知,某城市每天因交通事故死亡的人数服从泊松分布,每天平均死亡人数为 3 人.近一年来,有关部门加强了交通管理措施,据最近 300 天的统计显示,每天平均死亡人数为 2.7 人.问能否认为每天平均死亡人数显著减少(取显著性水平 $\alpha = 0.05$)?

解 设每天因交通事故死亡的人数为 X,则 $X \sim P(\lambda)$,且 $E(X) = D(X) = \lambda = 3$,于是问题就转化为检验假设

$$H_0 : \lambda \geqslant 3, \quad H_1 : \lambda < 3,$$

与前面的分析类似,这个假设相当于如下假设:

$$H_0 : \lambda = 3, \quad H_1 : \lambda < 3,$$

由中心极限定理,样本均值 $\overline{X}$ 近似服从正态分布 $N\left(\lambda, \dfrac{\lambda}{n}\right)$,当 H_0 为真时,$\overline{X} \overset{近似}{\sim}$ $N\left(3, \dfrac{3}{300}\right)$,选取检验统计量

$$U = \frac{\overline{X} - 3}{\sqrt{0.01}} \overset{近似}{\sim} N(0,1),$$

在显著性水平 $\alpha = 0.05$ 下,拒绝域为 $U < -u_{0.05} = -1.645$.代入数据得 U 的样本观测值

$$u = \frac{\overline{x} - 3}{\sqrt{0.01}} = -3 < -1.645,$$

从而拒绝 H_0,即认为每天平均死亡人数显著减少.

上述两个案例都属于非正态总体均值的假设检验问题.一般地,设总体 X 的分布函数为 $F(x)$,$E(X) = \mu$,$D(X) = \sigma^2$,$X_1, X_2, \cdots, X_n$ 为其容量为 n 的大样本.由中心极限定理,当 n 充分大时,样本均值 $\overline{X}$ 近似服从正态分布,即 $\overline{X} \overset{近似}{\sim}$ $N\left(\mu, \dfrac{\sigma^2}{n}\right)$.由此,可以仿照上述案例的方法进行检验.

8.5 非参数检验

前面介绍了总体分布参数的假设检验问题,这些问题都是在总体分布形式已知的条件下进行的,但在很多场合,并不知道总体的分布类型,这时需要根据样本对总体的分布或分布类型提出假设并进行检验,这种检验一般称为分布拟合检验或非参数检验.本节简要介绍一种分布拟合检验方法——非参数 χ^2 检验.

案例 8.5.1 生物学家 Mendel(孟德尔)根据颜色与形状将豌豆分成 4 类:黄的和圆的,青的和圆的,黄的和起皱的,青的和起皱的,且运用遗传学的理论指出这 4 类豌豆之比为 $9:3:3:1$.他观察了 556 颗豌豆,发现各类的颗数分别为 315, 108,101,32.可否认为 Mendel 的分类论断是正确的(取显著性水平 $\alpha = 0.05$)?

案例 8.5.2 某地 120 名 12 岁男孩身高(单位:cm)如下所示.

128.1	144.4	150.3	146.2	140.6	139.7	134.1	124.3	147.9
143.0	143.1	142.7	126.0	125.6	127.7	154.4	142.7	141.2
133.4	131.0	125.4	130.3	146.3	146.8	142.7	137.6	136.9
122.7	131.8	147.7	135.8	134.8	139.1	139.0	132.3	134.7
139.4	136.6	136.2	141.6	141.0	139.4	145.1	141.4	139.9
140.6	140.2	131.0	150.4	142.7	144.3	136.4	134.5	132.3
152.7	148.1	139.6	138.9	136.1	135.9	140.3	137.3	134.6
145.2	128.2	135.9	140.2	136.6	139.5	135.7	139.8	129.1
141.4	139.9	136.2	138.8	132.9	142.9	144.7	126.8
139.3	136.6	140.6	142.2	152.1	142.4	142.7	137.2	135.0
154.3	147.9	141.3	143.8	138.1	139.7	127.4	146.0	155.8
141.2	146.4	139.4	140.8	127.7	150.7	129.3	149.5	147.5
139.5	124.0	160.5	150.0	143.7	156.9	133.1	142.8	136.8
133.1	144.5	142.4

能否认为该地区 12 岁男孩的身高服从正态分布(取显著性水平 $\alpha = 0.05$)?

类似上述两个案例的问题都是非参数检验问题.一般问题的形式如下:如果总体 X 的分布未知,往往需要利用样本数据 $x_1, x_2, \cdots, x_n$ 来检验总体的分布函数是否是某一事先给定的函数 $F(x)$,即检验假设

H_0:总体 X 的分布函数是 $F(x)$,H_1:总体 X 的分布函数不是 $F(x)$.

注 (1) 若总体 X 是离散型随机变量,则上述原假设 H_0 相当于

H_0:总体 X 的分布律为 $P(X = x_i) = p_i$, $\quad i = 1, 2, \cdots$;

（2）若总体 X 是连续型随机变量，则上述原假设 H_0 相当于

$$H_0：总体 X 的概率密度为 f(x).$$

当原假设 H_0 为真时，总体 X 的分布函数 $F(x)$ 的形式已知，但若其中有未知参数，需要先用最大似然估计法估计其中的参数.

非参数 χ^2 检验的基本思想与步骤如下：

（1）将样本空间 Ω 划分成 k 个互不相容的事件 $A_1, A_2, \cdots, A_k$，即

$$\Omega = A_1 \cup A_2 \cup \cdots \cup A_k;$$

（2）当假设 H_0 为真时，计算概率 $p_i = P(A_i)$ 和理论频数 np_i, $i = 1, 2, \cdots, k$;

（3）由试验数据确定事件 A_i 发生的实际频数 n_i 以及频率 $f_i = \dfrac{n_i}{n}$.

一般来说，当 H_0 为真并且试验次数很多时，由大数定律，事件 A_i 的频率 $\dfrac{n_i}{n}$ 和理论概率 p_i 的差距较小，即 $\left(\dfrac{n_i}{n} - p_i\right)^2$ 也较小，从而构造统计量

$$\chi^2 = \sum_{i=1}^{k} \left(\frac{n_i}{n} - p_i\right)^2 \frac{n}{p_i} = \sum_{i=1}^{k} \frac{(n_i - np_i)^2}{np_i}.$$

显然这里的 χ^2 也较小.换句话说，如果我们可以利用 χ^2 分布构造一个小概率事件，而且如果样本观测值使得这个小概率事件发生了，我们就有理由拒绝 H_0，否则接受 H_0.这时就需要研究随机变量 χ^2 的概率分布，对此，Pearson（皮尔逊）于 1900 年证明了如下重要结论：

定理 8.5.1（Pearson 定理）　当假设 $H_0：X \sim F(x)$ 为真且 n 充分大时，无论 $F(x)$ 为何分布函数，统计量 χ^2 总是近似服从自由度为 $k-r-1$ 的 χ^2 分布，即

$$\chi^2 = \sum_{i=1}^{k} \frac{(n_i - np_i)^2}{np_i} \overset{近似}{\sim} \chi^2(k-r-1),$$

其中 k 为划分数，r 为 $F(x)$ 中未知参数的个数.

由定理 8.5.1 可知，在假设 H_0 成立的条件下，在显著性水平 α 下的拒绝域为

$$\chi^2 = \sum_{i=1}^{k} \frac{(n_i - np_i)^2}{np_i} > \chi_\alpha^2(k-r-1).$$

注　由于定理 8.5.1 的结论为近似结果，应用时一般要求 $n \geqslant 50$，且每个 $np_i \geqslant 5$，否则相邻组要进行合并.

案例 8.5.1 解

分别记 A_1, A_2, A_3, A_4 表示豌豆为黄的和圆的、青的和圆的、黄的和起皱的以及青的和起皱的 4 个事件,由题意需检验:

$$H_0: P(A_1) = \frac{9}{16}, P(A_2) = \frac{3}{16}, P(A_3) = \frac{3}{16}, P(A_4) = \frac{1}{16}.$$

样本容量和实际频数分别为 $n = 556, n_1 = 315, n_2 = 108, n_3 = 101, n_4 = 32$,无须估计参数,所以在假设 H_0 成立的条件下,检验统计量 $\chi^2 = \sum\limits_{i=1}^{4} \dfrac{(n_i - np_i)^2}{np_i} \sim \chi^2(3)$,在显著性水平 $\alpha = 0.05$ 下的拒绝域为

$$\chi^2 > \chi^2_{0.05}(3) = 7.815.$$

代入样本数据算得 χ^2 的样本观测值 $\sum\limits_{i=1}^{k} \dfrac{(n_i - np_i)^2}{np_i} = 0.47 < 7.815$,故接受 H_0,即认为 Mendel 的论断是正确的.

案例 8.5.2 解

以 X 表示该地区 12 岁男孩的身高,则依题意需检验

$$H_0: X \sim N(\mu, \sigma^2).$$

由于 H_0 中含有未知参数,故需先进行参数估计,我们知道,μ 与 σ^2 的最大似然估计分别为 $\hat{\mu} = \bar{x} \approx 139.5, \hat{\sigma}^2 = \dfrac{1}{120} \sum\limits_{i=1}^{120} (x_i - \bar{x})^2 \approx 55.$

当 X 是连续型随机变量时,划分区间的方法如下:首先把 $(-\infty, +\infty)$ 划分为互不相交的子区间:

$$D_1 = (-\infty, a_1), D_i = [a_{i-1}, a_i), i = 2, 3, \cdots, k-1, D_k = [a_{k-1}, +\infty),$$

一般来说除了 D_1 与 D_k,其他子区间是等距小区间,并且 D_1 与 D_k 中包含的实测频数是 5 个或者稍多于 5 个,小区间总的个数 k 不宜太大或太小,当 $50 \leqslant n < 100$ 时,k 为 6~8 个;当 $100 \leqslant n < 200$ 时,k 为 9~12 个;当 $n \geqslant 200$ 时,k 可以适当增加,一般以不超过 20 为宜.

本案例首先把 X 的取值范围分成如下 9 个子区间,列表如下:

组限	$(-\infty, 126)$	$[126, 130)$	$[130, 134)$	$[134, 138)$	$[138, 142]$
频数	5	8	10	22	33

组限	$[142, 146)$	$[146, 150)$	$[150, 154)$	$[154, +\infty]$
频数	20	11	6	5

通过如下方式计算理论概率：

$$\hat{p}_1 = \hat{P}(X \leqslant 126) = \Phi\left(\frac{126 - \hat{\mu}}{\hat{\sigma}}\right);$$

$$\hat{p}_i = \hat{P}(x_{i-1} < X \leqslant x_i) = \Phi\left(\frac{x_i - \hat{\mu}}{\hat{\sigma}}\right) - \Phi\left(\frac{x_{i-1} - \hat{\mu}}{\hat{\sigma}}\right), i = 2, 3, \cdots, 8;$$

$$\hat{p}_9 = \hat{P}(X > 154) = 1 - \Phi\left(\frac{154 - \hat{\mu}}{\hat{\sigma}}\right).$$

算得的结果列于下表：

A_i	n_i	$\hat{p}_i$	$n\hat{p}_i$	$n_i - n\hat{p}_i$	$(n_i - n\hat{p}_i)^2 / n\hat{p}_i$
$X < 126$	5	0.03	4.13	0.96	0.08
$126 \leqslant X < 130$	8	0.07	7.91		
$130 \leqslant X < 134$	10	0.13	15.53	-5.53	1.97
$134 \leqslant X < 138$	22	0.19	22.92	-0.92	0.04
$138 \leqslant X < 142$	33	0.21	25.49	7.51	2.21
$142 \leqslant X < 146$	20	0.18	21.30	-1.30	0.08
$146 \leqslant X < 150$	11	0.11	13.39	-2.39	0.43
$150 \leqslant X < 154$	6	0.05	6.34	1.66	0.30
$154 \leqslant X < +\infty$	5	0.03	3.00		
合计					$\sum = 5.11$

从上表的计算结果看到在原先 9 个子区间中，第 1 个和第 9 个小区间不满足 $np_i \geqslant 5$ 的条件，所以把它们和相邻区间合并，最终得到小区间的个数为 $k = 7$，所需估计参数的个数 $r = 2$，根据 Pearson 定理，检验统计量 $\chi^2 \sim \chi^2(k-r-1) = \chi^2(4)$，在显著性水平 $\alpha = 0.05$ 下的拒绝域为

$$\chi^2 > \chi_{0.05}^2(4),$$

查表得 $\chi_{0.05}^2(4) = 9.488$，经计算得 χ^2 的样本观测值 $\chi^2 = 5.11 < 9.488$，故接受 H_0，即认为该地区 12 岁男孩的身高服从正态分布.

习 题 八

1. 据各方面技术指标测定,某砖瓦厂生产的某型号建筑用砖的抗断强度 (单位:kg/cm^2)服从 $N(30,1.2)$,某日为检测生产状况,随机抽查了 6 块砖,测得其抗断强度分别为

32.56　29.66　31.64　30.00　31.78　31.03

如果总体方差不变,这批建筑用砖抗断强度是否和以往生产的砖的抗断强度无显著差异(取显著性水平 $\alpha = 0.05$)?

2. 设切割机切割每段碳棒的长度服从正态分布,在切割机正常工作时,每段碳棒的平均长度为 6.5 cm,由长期经验可知其方差为 $\sigma_0^2 = 0.08$ cm^2.为了检验某天切割机工作是否正常,随机抽取了 15 段碳棒测量长度,其结果如下:

6.4　6.6　6.1　6.4　6.5　6.3　6.3　6.2　6.9　6.6　6.8　6.5　6.7　6.2　6.7

如果其方差不变,试问该切割机这天是否正常工作(取显著性水平 $\alpha = 0.05$)?

3. 从大批彩色显像管中随机抽取 100 只,测得其平均寿命为 10 000 h,可以认为显像管的寿命服从正态分布.已知标准差 $\sigma = 40$ h,若显像管的平均寿命超过 10 100 h 被认为合格,试在显著性水平 $\alpha = 0.05$ 下检验这批显像管是否合格?

4. 为检验某种药物是否会改变人的血压,挑选了 10 名试验者,测量了他们服药前后的血压(单位:mmHg),得到如下数据:

编号	1	2	3	4	5	6	7	8	9	10
服药前血压	134	122	132	130	128	140	118	127	125	142
服药后血压	140	130	135	126	134	138	124	126	132	144

经计算得,服药前后的血压差的样本均值为 3.1,样本方差为 17.66.假设服药前后的血压差服从正态分布,从这些数据中是否能得出该药物会改变血压的结论(取显著性水平 $\alpha = 0.05$)?

5. 在测定某种溶液中水分含量时,进行了 10 次抽样检测,从这 10 次水分含量的测定值算得样本均值 $\overline{x} = 0.452\%$,样本标准差 $s = 0.037\%$.设溶液水分含量服从正态分布,按这个抽样的结果能否认为该溶液水分含量显著小于 0.5%(取显著性水平 $\alpha = 0.05$)?

6. 某地区楼市去年 5 月份成交均价为 19 400 元/m^2,今年 5 月,选取 36 套二手房的成交价格数据,算得其样本均值为 20 100 元,样本方差为 195 600 元^2,假定二手房的成交价格服从正态分布.试问相比去年 5 月,该地区房价上涨是否

显著（取显著性水平 $\alpha = 0.05$）？

7. 无线电厂生产某型号的高频管,其中一项指标服从正态分布 $N(\mu, \sigma^2)$. 现从该厂生产的一批高频管中任意抽取 9 个,测得该项指标的数据如下:

58　72　68　70　65　55　46　56　64

（1）若 $\mu = 60$ 已知,检验假设 $H_0: \sigma^2 \le 48, H_1: \sigma^2 > 48$（取显著性水平 $\alpha = 0.05$）；

（2）若 μ 未知,检验假设 $H_0: \sigma^2 \le 48, H_1: \sigma^2 > 48$（取显著性水平 $\alpha = 0.05$）.

8. 一细纱车间纺出的某种细纱支数的标准差为 1.2,某日从纺出的一批纱中,随机抽取 15 缕进行支数测量,算得样本标准差 s 为 2.1,设该种细纱支数总体服从正态分布,问纱的均匀度有无显著变化（取显著性水平 $\alpha = 0.05$）？

9. 某市质检局接到投诉后,对某首饰商店进行质量抽查,从其出售的标记 18K（黄金纯度）的金项链中抽取 9 件进行检测,检测要求标准差不超过 0.3K. 检测结果如下:

17.3　16.6　17.9　18.2　17.4　16.3　18.5　17.2　18.1

计算得样本均值 $\bar{x} = 17.5$,样本方差 $s^2 = 0.55$,假定项链的黄金纯度服从正态分布,试问从检测结果能否认定该商店出售的产品存在质量问题（取显著性水平 $\alpha = 0.05$）？

10. 比较甲、乙两种安眠药的疗效. 将 20 个患者分成两组,每组 10 人;甲组患者服用甲种安眠药,乙组患者服用乙种安眠药. 设服药后延长的睡眠时间均服从正态分布. 两组患者服药后延长睡眠时间（单位:h）的数据如下:

| 甲组 | 1.6 | 4.6 | 3.4 | 4.4 | 5.5 | -0.1 | 1.1 | 0.1 | 0.8 | 1.9 |
| 乙组 | -1.2 | -0.1 | -0.2 | -1.6 | 0.7 | 3.4 | 3.7 | 0 | 0.2 | 0.8 |

问甲、乙两种安眠药的疗效有无显著差异（取显著性水平 $\alpha = 0.05$）？

11. 从两种电线 A 和 B 中分别随机抽取 6 根,测得其电阻（单位:Ω）为

| 电线 A | 15 | 16.8 | 14.3 | 15.2 | 15.4 | 14.7 |
| 电线 B | 13.5 | 13 | 14.2 | 13.6 | 14.8 | 13.8 |

已知两种电线的电阻值都服从正态分布,总体方差相同,在显著性水平 $\alpha = 0.01$ 的情况下,能否认为两种电线的电阻有显著差异？

12. 某化工研究所要考虑温度对产品断裂力的影响,在 70℃ 和 80℃ 两种条件下分别做了 8 次重复试验,测得其断裂力（单位:N）分别为

70℃	20.9	19.8	18.8	20.5	21.5	19.5	21.0	21.2
80℃	20.1	20.0	17.7	20.2	19.0	18.8	19.1	20.3

由经验知断裂力服从正态分布.在显著性水平 $\alpha = 0.05$ 时,

（1）若已知两种温度下试验的方差相等,是否可认为平均断裂力相等?

（2）若不清楚两种温度下试验的方差是否相同,是否可认为平均断裂力相等?

（3）可否认为两种温度下断裂力的方差相等?

*13. 设需要对某一正态总体的均值进行假设检验,即检验假设

$$H_0: \mu \geqslant 15, H_1: \mu < 15,$$

已知 $\sigma^2 = 2.5$,取显著性水平 $\alpha = 0.05$,若要求当 H_1 中的 $\mu < 13$ 时,犯第 Ⅱ 类错误的概率不超过 0.05,求所需的样本容量.

*14. 某流水线为检验某零件上的疵点数,随机抽查了 100 个零件.下表是所抽查的 100 个零件上的疵点数:

疵点数	0	1	2	3	4	5	6
频数	14	27	26	20	7	3	3

根据这个抽查结果,检验整批零件上的疵点数是否服从 Poisson 分布(取显著性水平 $\alpha = 0.05$)?

*15. 某保险公司为合理估算其经销的某险种下年度保费,查阅了近两年内的索赔情况,发现总共产生了 168 次索赔,下表统计了相继两次索赔间隔天数:

相继两次索赔间隔天数 x	$[0,4)$	$[4,9)$	$[9,14)$	$[14,19)$	$[19,24)$	$[24,29)$	$[29,34)$	$[34,39)$	$\geqslant 39$
出现的频数	51	31	27	17	12	8	6	6	10

试检验相继两次索赔间隔天数 X 是否服从参数 $\lambda = 0.1$ 的指数分布(取显著性水平 $\alpha = 0.05$).

*16. 某制造企业希望对生产流水线进行科学管理,需要了解产品的市场需求.根据过去的统计结果,该企业生产的某零件的周销量(单位:千只)服从正态分布 $N(52, 6.3^2)$,企划部为核实这个结果,随机调取了前期 120 周的销量:

综合性习题:
X^2 非参数假设检验

组限	$(-\infty, 38.7)$	$[38.7, 42.4)$	$[42.4, 46.1)$	$[46.1, 49.8)$	$[49.8, 53.5)$
频数	3	4	17	21	28
组限	$[53.5, 57.2)$	$[57.2, 60.9)$	$[60.9, 64.6)$	$[64.6, +\infty)$	
频数	20	18	6	3	

那么这个样本数据支持过去的统计结果吗？换句话说，该产品的销量 X 确实服从正态分布 $N(52, 6.3^2)$ 吗？

开放式案例分析题

某种电子元件的产品说明书表明该产品的平均寿命大于 225 h. 电子产品销售商打算承销这批产品，于是通过抽检以验证该产品的寿命指标，随机抽检了 36 只元件，测得寿命（单位:h）如下：

214 278 237 218 251 198 232 216 240 206 229 188

229 196 221 220 251 237 243 228 200 164 207 220

294 283 237 252 236 255 237 207 201 251 250 218

请根据这个抽查结果回答以下问题：

（1）电子产品销售商愿意预定这批产品吗？理由是什么？可以用什么统计学原理或者方法？

（2）能否用假设检验的方法回答上述问题，如果能用，你需要增加哪些假设条件？请分析. 讨论根据不同的显著性水平得出的结论有什么规律？显著性水平起到什么作用？

▫ 习题八答案

第九章 回归分析

在客观世界中，相互制约的变量之间存在着一定的关系，这些关系大体上可分为两类：一类是确定性的，即变量之间的关系可由确定的对应法则或函数关系来描述；另一类是非确定性的．我们首先看下面的案例．

案例 9.0.1 某高校教学研究中心希望研究微积分成绩对概率统计成绩是否有影响，为此随机抽查了 100 名选修了微积分和概率统计的学生的成绩，具体数据如下表所示：

微积分	79	86	35	75	89	71	75	82	76	86	83	77	49	80	64	77	81	77	82	100
概率统计	91	86	38	77	86	79	81	77	71	79	89	82	51	79	63	83	85	79	88	86
微积分	82	77	70	78	24	72	60	75	80	67	30	60	64	78	74	98	75	60	58	86
概率统计	85	81	76	76	32	62	70	71	87	68	47	75	69	80	71	89	72	67	65	73
微积分	67	66	30	77	62	70	81	75	76	72	63	75	83	89	72	62	76	78	73	62
概率统计	70	71	40	77	72	79	87	80	75	67	73	89	84	82	66	76	88	69	62
微积分	91	56	71	64	70	78	15	69	81	80	60	72	83	80	95	95	84	99	65	70
概率统计	91	68	76	74	80	85	20	79	83	79	75	79	82	82	100	92	85	95	78	80
微积分	69	70	61	71	66	66	74	78	67	78	55	13	73	74	66	64	77	73	79	68
概率统计	80	71	56	68	76	71	81	76	77	74	61	33	73	79	79	73	85	68	84	76

研究者按照这 100 组成绩数据在二维平面上描绘出相应的散点图（如图 9.0.1 所示），其中横轴表示微积分成绩，纵轴表示概率统计成绩．

从上述案例的散点图，我们可以直观地看到微积分和概率统计成绩确实存在着比较密切的关系，但又不是确定性的函数关系，变量之间的这种非确定性的关系在数理统计中称为**相关关系**．在客观世界中变量之间

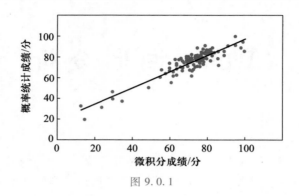

图 9.0.1

具有相关关系的情况比比皆是,例如,人的身高与体重之间的关系;人的血压与年龄之间的关系;某企业的利润水平和它的研发费用之间的关系;家具的销量与新婚人数、新建住房面积、家具价格之间的关系,等等.如何刻画这种相关关系呢? 本章介绍的回归分析是一个比较有效的工具.

回归分析是在分析变量之间相关关系的基础上考察变量之间的变化规律的一种方法,它根据相关关系的具体表现或者利用散点图选择一个拟合效果较好的回归模型,通俗地讲就是建立变量之间的数学表达式,从而确定一个或几个变量的变化对另一个特定变量的影响程度,为人们预测和控制提供依据.继续观察图 9.0.1,我们发现虽然其中的点杂乱无章,但是大体上呈现出一种直线趋势,用回归分析的方法可以找到一条较好的表示这些点的走向的直线,在一定程度上,这条直线可以描述观察到的这批数据所遵从的规律,虽然不是十分准确,但却非常有用.

回归分析涉及两类变量,一类是**被解释变量**,也称为**因变量**,记为 y;另一类是**解释变量**,也称为**自变量**,如果自变量仅有一个,记为 x;如果自变量多于一个,假设有 k 个($k>1$),记为 $x_1, x_2, \cdots, x_k$.因为本章主要讨论当自变量给定时因变量的变化规律,因此认为自变量是确定的变量,因变量是随机变量.比如在案例 9.0.1 中一个同学的微积分成绩是 79 分,概率统计是 91 分,并不意味着微积分得 79 分时,概率统计就一定能得 91分.回归分析的主要目的是建立因变量关于自变量变化规律的数学表达式,以此研究它们之间的统计规律或平均意义下因变量关于自变量的变化规律,比如在案例 9.0.1 中,微积分是 79 分时,概率统计成绩的平均分数是多少,或概率统计成绩关于微积分成绩是否存在一定的统计规律等问题.下面按 k 个自变量 $x_1, x_2, \cdots, x_k$ 的情形,给出回归分析的一般概念.

所谓回归分析就是要建立因变量 y 关于自变量 $x_1, x_2, \cdots, x_k$ 的数学表达式

$$y = f(x_1, x_2, \cdots, x_k) + \varepsilon, \tag{1}$$

其中 $f(x_1, x_2, \cdots, x_k)$ 是自变量的确定函数,ε 是一个随机变量,它是由除自变量外的其他多种因素综合影响造成的,称为**随机误差**,通常要求其均值为零,方差尽可能小(但未知),即

$$E(\varepsilon) = 0, \quad D(\varepsilon) = \sigma^2 > 0, \tag{2}$$

称(1)式与(2)式为 y 关于 $x_1, x_2, \cdots, x_k$ 的**回归模型**,$y = f(x_1, x_2, \cdots, x_k)$ 为**回归方程**,$f(x_1, x_2, \cdots, x_k)$ 为**回归函数**.若(1)式中只有一个自变量,则称其为**一元回归模型**;若(1)式中有多个自变量,则称其为**多元回归模型**.若(1)式中的函数 $f(x_1, x_2, \cdots, x_k)$ 是线性函数,则称此回归模型为**线性回归模型**;否则称其为**非线性回归模型**.

在实际应用中,一般来说函数 $f(x_1, x_2, \cdots, x_k)$ 是未知的.回归分析的基本任务就是根据自变量 $x_1, x_2, \cdots, x_k$ 与因变量 y 的观测值,运用数理统计的理论和方法,获得回归方程的估计形式 $\hat{y} = f(x_1, x_2, \cdots, x_k)$,由此对因变量 y 进行合理的预测,并讨论与此有关的一些统计推断问题.线性回归分析是回归分析的最基本的内容,而一元线性回归又是线性回归的基础.因此,本章主要讨论一元线性回归问题.

9.1 一元线性回归

一元线性回归指的是因变量和自变量均只有一个,回归函数是线性函数的情形,从散点图可以看出,用一条直线能相对较好地表示因变量 y 与自变量 x 之间的相关关系,因此回归方程满足线性关系 $y = a + bx$,其中 a, b 为待确定的参数.此时称因变量 y 与自变量 x 满足一元线性回归模型.下面介绍一般的概念.

9.1.1 基本假设

一般地,一元线性回归模型可写为

$$y = a + bx + \varepsilon, \tag{3}$$

并假定

$$\varepsilon \sim N(0, \sigma^2). \tag{4}$$

为估计模型中的参数 a, b 和 σ^2，对模型中的变量 x, y 作 n 次相互独立观测，得到 n 组样本数据 $(x_1, y_1), (x_2, y_2), \cdots, (x_n, y_n)$，根据（3）式可知 (x_i, y_i) 是满足下列模型的样本点：

$$y_i = a + bx_i + \varepsilon_i, \tag{5}$$

其中 ε_i 是不可观测的随机误差. 由于各次观测相互独立，并且由（4）式知，$\varepsilon_i, \varepsilon_2, \cdots, \varepsilon_n$ 独立同分布，且

$$\varepsilon_i \sim N(0, \sigma^2), \tag{6}$$

通常也称（5）式与（6）式为 y 关于 x 的一元线性回归模型.

9.1.2　未知参数 a, b 的估计

当样本的观测值 $(x_1, y_1), (x_2, y_2), \cdots, (x_n, y_n)$ 的散点图如图 9.1.1 所示时，我们认为 y 关于 x 呈直线趋势，考虑用线性方程 $y = a + bx$（如图中直线）作为回归方程，直线上横坐标为 x_i 的点的纵坐标记为 $\hat{y}_i (= a + bx_i), i = 1, 2, \cdots, n.$

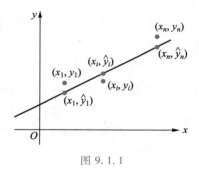

图 9.1.1

为使拟合的直线 $y = a + bx$ 能较好地反映 y 与 x 的相关关系，考虑样本点 (x_i, y_i) 到直线上的点 $(x_i, a + bx_i)$ 的纵向偏差 $y_i - (a + bx_i)$，为避免上述偏差中正负抵消，采用偏差平方和

$$Q(a, b) = \sum_{i=1}^{n} (y_i - a - bx_i)^2$$

来衡量样本值所示的 n 个点与直线 $y = a + bx$ 上相应点的总偏差，我们要寻求使总偏差 $Q(a, b)$ 达到最小的参数 a, b 的估计 $\hat{a}, \hat{b}$. 这是参数估计中常常采用的一种方法，称为最小二乘估计法. 为此，先分别对 $Q(a, b)$ 关于 a, b 求偏导数，并令其等于零，即

$$\begin{cases} \dfrac{\partial Q}{\partial a} = -2 \sum\limits_{i=1}^{n} (y_i - a - bx_i) = 0, \\ \dfrac{\partial Q}{\partial b} = -2 \sum\limits_{i=1}^{n} (y_i - a - bx_i) x_i = 0, \end{cases}$$

由此得到关于 a, b 的方程组

$$\begin{cases} na + \left(\sum_{i=1}^{n} x_i \right) b = \sum_{i=1}^{n} y_i, \\ \left(\sum_{i=1}^{n} x_i \right) a + \left(\sum_{i=1}^{n} x_i^2 \right) b = \sum_{i=1}^{n} x_i y_i, \end{cases}$$

称其为正规方程组.由于 x_i 不全相同,该正规方程组的系数行列式

$$\begin{vmatrix} n & \sum_{i=1}^{n} x_i \\ \sum_{i=1}^{n} x_i & \sum_{i=1}^{n} x_i^2 \end{vmatrix} = n \sum_{i=1}^{n} x_i^2 - \left(\sum_{i=1}^{n} x_i \right)^2 = n \sum_{i=1}^{n} (x_i - \bar{x})^2 \neq 0,$$

故正规方程组有唯一的一组解,解得

$$\begin{cases} \hat{a} = \dfrac{1}{n} \sum_{i=1}^{n} y_i - \dfrac{\hat{b}}{n} \sum_{i=1}^{n} x_i = \bar{y} - \hat{b}\bar{x}, \\ \hat{b} = \dfrac{n \sum_{i=1}^{n} x_i y_i - \left(\sum_{i=1}^{n} x_i \right) \left(\sum_{i=1}^{n} y_i \right)}{n \sum_{i=1}^{n} x_i^2 - \left(\sum_{i=1}^{n} x_i \right)^2} = \dfrac{\sum_{i=1}^{n} (x_i - \bar{x})(y_i - \bar{y})}{\sum_{i=1}^{n} (x_i - \bar{x})^2}, \end{cases}$$

其中 $\bar{x} = \dfrac{1}{n} \sum_{i=1}^{n} x_i, \bar{y} = \dfrac{1}{n} \sum_{i=1}^{n} y_i, \hat{a}, \hat{b}$ 称为 a, b 的最小二乘估计.

容易验证 $\hat{a}, \hat{b}$ 的确是 $Q(a, b)$ 的最小值点.我们称方程

$$\hat{y} = \hat{a} + \hat{b}x$$

为 y 关于 x 的经验线性回归方程,简称经验线性回归,其图形称为回归直线.

为计算方便,引入下列记号

$$S_{xx} = \sum_{i=1}^{n} (x_i - \bar{x})^2 = \sum_{i=1}^{n} x_i^2 - \frac{1}{n} \left(\sum_{i=1}^{n} x_i \right)^2 = \sum_{i=1}^{n} x_i^2 - n (\bar{x})^2,$$

$$S_{yy} = \sum_{i=1}^{n} (y_i - \bar{y})^2 = \sum_{i=1}^{n} y_i^2 - \frac{1}{n} \left(\sum_{i=1}^{n} y_i \right)^2 = \sum_{i=1}^{n} y_i^2 - n (\bar{y})^2,$$

$$S_{xy} = \sum_{i=1}^{n} (x_i - \bar{x})(y_i - \bar{y}) = \sum_{i=1}^{n} x_i y_i - \frac{1}{n} \left(\sum_{i=1}^{n} x_i \right) \left(\sum_{i=1}^{n} y_i \right)$$

$$= \sum_{i=1}^{n} x_i y_i - n \bar{x}\bar{y},$$

于是

$$\hat{b} = \frac{S_{xy}}{S_{xx}}, \quad \hat{a} = \overline{y} - \hat{b}\overline{x}.$$

例 9.1.1（续案例 9.0.1）　根据这两科成绩的 100 组样本数据,能否判断这两科成绩是否有相关关系,如何判断? 如果有相关关系,如何建立概率统计成绩关于微积分成绩的回归方程?

解　根据案例中的问题,我们希望判断概率统计成绩是否受微积分成绩的影响,因此将微积分成绩作为自变量,用 x 来表示,概率统计成绩作为因变量,它是随机变量,用 y 来表示.把 100 组观测数据记为 $(x_1, y_1), (x_2, y_2), \cdots, (x_{100}, y_{100})$,从图 9.0.1 来看,$y$ 关于 x 呈直线趋势,考虑用一元线性回归模型,经计算可得

$$\overline{x} = 71.23, \quad \overline{y} = 74.74,$$

$$S_{xx} = \sum_{i=1}^{100} x_i^2 - 100\,(\overline{x})^2 = 23\,441.71, \quad S_{xy} = \sum_{i=1}^{100} x_i y_i - 100\overline{x}\,\overline{y} = 18\,302.98,$$

故得

$$\hat{b} = \frac{S_{xy}}{S_{xx}} = 0.78, \quad \hat{a} = \overline{y} - \hat{b}\overline{x} = 19.12.$$

于是得到概率统计成绩关于微积分成绩的经验线性回归方程为

$$\hat{y} = 19.12 + 0.78x.$$

9.1.3　估计量 $\hat{a}, \hat{b}$ 的分布及 σ^2 的估计

本节我们将讨论估计量 $\hat{a}, \hat{b}$ 的概率分布及参数 σ^2 的估计量.首先我们介绍几个平方和的概念.

定义 9.1.1　$S_{yy} = \sum\limits_{i=1}^{n} (y_i - \overline{y})^2$ 表示数据 y_i 的离散程度,称为离散平方和,

$Q = \sum\limits_{i=1}^{n} (y_i - \hat{y})^2 = \sum\limits_{i=1}^{n} (y_i - \hat{a} - \hat{b}x_i)^2$ 称为残差平方和,$U = \sum\limits_{i=1}^{n} (\hat{y}_i - \overline{y})^2$ 称为回归平方和.

由 $\hat{a} = \overline{y} - \hat{b}\overline{x}$,则

$$\begin{aligned}
Q &= \sum_{i=1}^{n} \left[(y_i - \overline{y}) - \hat{b}(x_i - \overline{x}) \right]^2 \\
&= \sum_{i=1}^{n} (y_i - \overline{y})^2 - 2\hat{b}\sum_{i=1}^{n} (x_i - \overline{x})(y_i - \overline{y}) + \hat{b}^2 \sum_{i=1}^{n} (x_i - \overline{x})^2 \\
&= S_{yy} - 2\hat{b}S_{xy} + \hat{b}^2 S_{xx},
\end{aligned}$$

把 $\hat{b}=\dfrac{S_{xy}}{S_{xx}}$ 代入上式即得 $Q=S_{yy}-\dfrac{S_{xy}^2}{S_{xx}}=S_{yy}\left(1-\dfrac{S_{xy}^2}{S_{xx}S_{yy}}\right).$

定义 9.1.2 称

$$\rho=\frac{S_{xy}}{\sqrt{S_{xx}}\sqrt{S_{yy}}}=\frac{\sum_{i=1}^{n}(x_i-\overline{x})(y_i-\overline{y})}{\sqrt{\sum_{i=1}^{n}(x_i-\overline{x})^2}\sqrt{\sum_{i=1}^{n}(y_i-\overline{y})^2}}$$

为自变量 x 与因变量 y 的**样本相关系数**,ρ 描述了 x 与 y 之间线性相关的程度.

结合 $Q=S_{yy}-\dfrac{S_{xy}^2}{S_{xx}}$ 与定义 9.1.2 易得

$$Q=S_{yy}(1-\rho^2).$$

这个式子表明,残差平方和 Q 与样本相关系数 ρ 密切相关.由于 Q 的非负性,易得

$$|\rho|\leqslant 1.$$

不难看出,当样本相关系数 ρ 的绝对值越来越接近 1 时,Q 越来越接近 0,说明线性回归的效果越来越好;反之,当 ρ 的绝对值越来越接近 0 时,Q 的值越来越大,回归效果越来越差.

此外,我们还发现回归平方和 U 也与 ρ 密切相关,这是因为

$$\hat{y}_i=\hat{a}+\hat{b}x_i=\overline{y}-\hat{b}\overline{x}+\hat{b}x_i=\overline{y}+\hat{b}(x_i-\overline{x}),$$

故

$$U=\sum_{i=1}^{n}[\overline{y}+\hat{b}(x_i-\overline{x})-\overline{y}]^2=\hat{b}^2S_{xx}=\hat{b}S_{xy}=S_{yy}\rho^2.$$

综上所述,不难得到平方和分解公式 $S_{yy}=Q+U$,即离散平方可以分解为残差平方和与回归平方和之和.

定理 9.1.1 关于估计量 $\hat{a}$,$\hat{b}$ 的概率分布及参数 σ^2 的估计量,我们有以下的结论:

(1) $\hat{b}\sim N\left(b,\dfrac{\sigma^2}{S_{xx}}\right)$;

(2) $\hat{a}\sim N\left(a,\left(\dfrac{1}{n}+\dfrac{\overline{x}^2}{S_{xx}}\right)\sigma^2\right)$,且 $\mathrm{cov}(\hat{a},\hat{b})=-\dfrac{\overline{x}}{S_{xx}}\sigma^2$;

(3) $\hat{\sigma}^2=\dfrac{Q}{n-2}$ 是 σ^2 的无偏估计量,即 $E\left(\dfrac{Q}{n-2}\right)=\sigma^2.$

(4) $\overline{y}$,$\hat{b}$,Q 相互独立.

证明 （1）由于 $\hat{b}=\dfrac{S_{xy}}{S_{xx}}$，而

$$S_{xy}=\sum_{i=1}^{n}(x_i-\bar{x})(y_i-\bar{y})=\sum_{i=1}^{n}(x_i-\bar{x})y_i,$$

若记 $c_i==\dfrac{x_i-\bar{x}}{S_{xx}}$，$i=1,2,\cdots,n$，则

$$\hat{b}=\sum_{i=1}^{n}c_iy_i,$$

注意到，由于 x_i 是可控制的量，因而 c_i 不是随机变量，从而 $\hat{b}$ 也是服从正态分布的随机变量.下面求 $\hat{b}$ 的均值与方差.

$$E(\hat{b})=E\left(\sum_{i=1}^{n}c_iy_i\right)=\sum_{i=1}^{n}c_i(a+bx_i)=\dfrac{\sum_{i=1}^{n}(x_i-\bar{x})(a+bx_i)}{S_{xx}}$$

$$=\dfrac{1}{S_{xx}}b\sum_{i=1}^{n}(x_i-\bar{x})x_i,$$

又因为

$$S_{xx}=\sum_{i=1}^{n}(x_i-\bar{x})(x_i-\bar{x})=\sum_{i=1}^{n}(x_i-\bar{x})x_i-\bar{x}\sum_{i=1}^{n}(x_i-\bar{x})=\sum_{i=1}^{n}(x_i-\bar{x})x_i,$$

则

$$E(\hat{b})=b,$$

即 $\hat{b}$ 是 b 的无偏估计，又

$$D(\hat{b})=D\left(\sum_{i=1}^{n}c_iy_i\right)=\sum_{i=1}^{n}c_i^2D(y_i)=\sum_{i=1}^{n}\left[\dfrac{(x_i-\bar{x})}{S_{xx}}\right]^2\sigma^2$$

$$=\dfrac{\sum_{i=1}^{n}(x_i-\bar{x})^2}{S_{xx}^2}\sigma^2=\dfrac{\sigma^2}{S_{xx}},$$

故

$$\hat{b}\sim N\left(b,\dfrac{\sigma^2}{S_{xx}}\right).$$

（2）的证明作为习题留给有兴趣的读者.

（3）因 $\hat{\sigma}^2=\dfrac{Q}{n-2}$，而 $Q=S_{yy}-U$，则

$$E(S_{yy})=E\left[\sum_{i=1}^{n}(y_i-\bar{y})^2\right]=E\left(\sum_{i=1}^{n}y_i^2-n\bar{y}^2\right)$$

$$= \sum_{i=1}^{n} \left[D(y_i) + E^2(y_i) \right] - n \left[D(\bar{y}) + E^2(\bar{y}) \right]$$

$$= \sum_{i=1}^{n} \left[\sigma^2 + (a + bx_i)^2 \right] - n \left[\frac{\sigma^2}{n} + (a + b\bar{x})^2 \right]$$

$$= (n-1)\sigma^2 + \sum_{i=1}^{n} \left[(a + bx_i)^2 - (a + b\bar{x})^2 \right]$$

$$= (n-1)\sigma^2 + b^2 S_{xx},$$

而

$$E(U) = E(\hat{b} S_{xy}) = E(\hat{b}^2 S_{xx}) = S_{xx} E(\hat{b}^2)$$

$$= S_{xx} \left[D(\hat{b}) + E^2(\hat{b}) \right] = S_{xx} \left(\frac{\sigma^2}{S_{xx}} + b^2 \right) = \sigma^2 + b^2 S_{xx},$$

由此可得

$$E(\hat{\sigma}^2) = E\left(\frac{Q}{n-2} \right) = \sigma^2.$$

(4)的证明要用到多元统计学的相关知识,略去.

例 9.1.2 计算案例 9.0.1 中的样本相关系数 ρ,残差平方和 Q 以及 σ^2 的估计 $\hat{\sigma}^2$.

解 由样本数据计算可得 $S_{yy} = \sum\limits_{i=1}^{100} y_i^2 - 100 (\bar{y})^2 = 17\ 411.24$.结合例 9.1.1 的结果可得

$$\rho^2 = \frac{S_{xy}^2}{S_{xx} S_{yy}} = 0.82, \quad \rho = 0.91,$$

$$Q = S_{yy}(1 - \rho^2) = 3\ 134.02, \hat{\sigma}^2 = \frac{Q}{100-2} = 31.98.$$

9.1.4 一元线性回归的显著性检验

在上面的讨论中,我们假设回归模型是线性模型,即回归函数是简单的线性函数

$$y = a + bx.$$

值得注意的是,按照上述方法,不管散点图是否显示出 y 与 x 之间存在线性关系,只要 x_i 不全相同,就可以求出线性回归方程.然而,如果 y 与 x 之间不存在某种程度的线性关系,那么所求的线性回归方程就没有任何价值.所以在求 y 关于 x 的线性回归方程之前,应先检验 y 与 x 之间是否存在某种程度的线性关系.换句话说,我们必须对回归函数是线性函数的假设作显著性检验.

如果回归函数是线性函数的假设成立,那么 $b \neq 0$,因此问题转化为检验 b 是否为 0,所以检验假设可设为

$$H_0 : b = 0, \quad H_1 : b \neq 0.$$

由定理 9.1.1 易得下列定理:

定理 9.1.2 设 $H_0 : b = 0$ 成立,则

(1) $T = \dfrac{\hat{b} \sqrt{S_{xx}}}{\sqrt{Q/(n-2)}} \sim t(n-2)$;

(2) $F = \dfrac{U}{Q/(n-2)} \sim F(1, n-2)$.

该定理请读者自行证明.

对于假设 $H_0 : b = 0$, $H_1 : b \neq 0$,由定理 9.1.1 以及定理 9.1.2,我们给出两种检验法.

方法 1(t 检验法)

当 $H_0 : b = 0$ 成立时,检验统计量为

$$T = \frac{\hat{b} \sqrt{S_{xx}}}{\sqrt{Q/(n-2)}} \sim t(n-2),$$

当 H_0 不成立时,$|T|$ 有变大的趋势,应取双侧拒绝域.对于显著性水平 α,拒绝域为

$$W_1 = \{|T| > t_{\alpha/2}(n-2)\},$$

即当 $|T| \leq t_{\alpha/2}(n-2)$ 时,接受 H_0,认为线性回归不显著;当 $|T| > t_{\alpha/2}(n-2)$ 时,接受 H_1,认为线性回归显著.

方法 2(F 检验法)

当 $H_0 : b = 0$ 成立时,检验统计量为

$$F = \frac{U}{Q/(n-2)} \sim F(1, n-2).$$

当 H_0 不成立时,F 有变大的趋势,应取单侧拒绝域.对于显著性水平 α,拒绝域为

$$W_2 = \{F > F_{\alpha}(1, n-2)\},$$

即当 $F \leq F_{\alpha}(1, n-2)$ 时,接受 H_0,认为线性回归不显著;当 $F > F_{\alpha}(1, n-2)$ 时,接受 H_1,认为线性回归显著.

例 9.1.3 检验例 9.1.1 中的线性回归的显著性.

解 (1)(t 检验法) 由例 9.1.1 及例 9.1.2 的结果易算得

$$|T| = \frac{|\hat{b}| \sqrt{S_{xx}}}{\sqrt{Q/(100-2)}} = \frac{|\hat{b}|}{\hat{\sigma}} \sqrt{S_{xx}} = 21.12,$$

取显著性水平 $\alpha=0.05$,查表得 $t_{0.025}(98)\approx u_{0.025}=1.96$,由于 $|T|>1.96$,所以,拒绝 H_0,接受 H_1,认为线性回归显著.

（2）（F 检验法） 由例 9.1.2 的结果易得

$$U=S_{yy}\rho^2=14\,277.22,$$

$$F=\frac{U}{Q/(n-2)}=446.44,$$

而 $F_{0.05}(1,98)=3.84$,由于 $F>3.84$,所以,拒绝 H_0,接受 H_1,认为线性回归显著.

注 在本书附表中没有列出 $F_{0.05}(1,98)$ 的值,这里利用了例 6.2.1 中的关系式 $F_\alpha(1,n)=t_{1-\frac{\alpha}{2}}^2(n)$,以及（1）中的 $t_{\frac{\alpha}{2}}(n)$ 和 $t_{1-\frac{\alpha}{2}}(n)=-t_{\frac{\alpha}{2}}(n)$ 计算而得.请有兴趣的同学思考为什么附表不列出 $F_{0.05}(1,98)$ 的值.

9.1.5 预测与控制

若检验线性关系得到接受 H_1 的结论,则认为 y 与 x 之间的线性关系显著,那么经验回归方程不仅能用来研究 y 与 x 之间的关系,也能用来进行预测或控制.例如在例 9.1.1 中,得到概率统计成绩关于微积分成绩的经验线性回归方程 $\hat{y}=19.12+0.78x$,如果某同学微积分成绩很低,比如是 50 分,将 $x=50$ 代入回归方程算出的 $\hat{y}=58.12$ 就是该同学概率统计成绩的预测值.接下来做进一步的讨论,其中一元线性回归模型仍为（3）式,（4）式.

1. 预测

在得到经验线性回归方程 $\hat{y}=\hat{a}+\hat{b}x$ 后,对给定的自变量 $x=x_0$ 估计因变量

$$y_0=a+bx_0+\varepsilon$$

的值.自然地,可用 $\hat{y}_0=\hat{a}+\hat{b}x_0=\bar{y}+\hat{b}(x_0-\bar{x})$ 作为 y_0 的估计,不仅如此,我们还希望给出这个估计的精度,或者说,给出 y_0 的取值范围,即 y_0 的置信区间.这就是线性回归中的预测问题.

从上述讨论可知,预测问题转化为求置信度 $1-\alpha$ 下的 y_0 的置信区间,即求 δ,使得

$$P\{|y_0-\hat{y}_0|<\delta\}=1-\alpha,$$

为解决此问题,需求出 $y_0-\hat{y}_0$ 的分布.

由于 y_0 是 $x=x_0$ 对应的因变量,而 $\hat{y}_0$ 是由回归方程所确定的(只与样本有关),因此 y_0 与 $\hat{y}_0$ 相互独立.由模型的假设知 y_0 与 $\hat{y}_0$ 都服从正态分布,所以 $y_0-\hat{y}_0$ 也服从正态分布.易知,

$$E(y_0)=a+bx_0,\quad D(y_0)=\sigma^2,$$

$$E(\hat{y}_0)=E(\hat{a}+\hat{b}x_0)=E(\bar{y})+E(\hat{b})(x_0-\bar{x})=a+b\bar{x}+b(x_0-\bar{x})=a+bx_0,$$

由定理 9.1.1 知 $\bar{y}$ 与 $\hat{b}$ 相互独立,得

$$D(\hat{y}_0) = D(\bar{y}) + D(\hat{b})(x_0-\bar{x})^2 = \frac{\sigma^2}{n} + \frac{\sigma^2}{S_{xx}}(x_0-\bar{x})^2 = \left[\frac{1}{n} + \frac{1}{S_{xx}}(x_0-\bar{x})^2\right]\sigma^2,$$

故

$$y_0 - \hat{y}_0 \sim N\left(0, \left[1 + \frac{1}{n} + \frac{1}{S_{xx}}(x_0-\bar{x})^2\right]\sigma^2\right).$$

再由定理 9.1.1, $y_0-\hat{y}_0$ 与 Q 相互独立,所以

$$T = \frac{y_0 - \hat{y}_0}{\sqrt{\left[1 + \frac{1}{n} + \frac{(x_0-\bar{x})^2}{S_{xx}}\right]\frac{Q}{n-2}}} \sim t(n-2).$$

若取 $\delta = t_{\alpha/2}(n-2)\sqrt{\left[1 + \frac{1}{n} + \frac{(x_0-\bar{x})^2}{S_{xx}}\right]\frac{Q}{n-2}}$,并代入 $\hat{y}_0 = \hat{a}+\hat{b}x_0$ 得

$$P\{\hat{a}+\hat{b}x_0-\delta < y_0 < \hat{a}+\hat{b}x_0+\delta\} = 1-\alpha,$$

于是得置信度 $1-\alpha$ 下 y_0 的置信区间为

$$(\hat{a}+\hat{b}x_0-\delta, \hat{a}+\hat{b}x_0+\delta).$$

从上式可看出,置信区间的长度为 2δ,当 x_0 接近 $\bar{x}$ 或 S_{xx} 比较大时,都会使得 δ 较小,即当 x_0 接近 $\bar{x}$ 或样本的可控变量的离散度较大时,都可使得预测的精度较高.

2. 控制

控制是预测的反问题,即为了以一定的概率保证因变量 y 的值落在预先指定的范围 (y_1, y_2) 内,应如何控制自变量 x 的取值的问题.当 $\hat{b}>0$ 时,由图 9.1.2 可见,控制问题相当于对于因变量的变化范围 (y_1, y_2) 和置信度 $1-\alpha$,求自变量 x_0' 与 x_0'',使得

$$\hat{a}+\hat{b}x_0'-\delta(x_0') = y_1,$$

$$\hat{a}+\hat{b}x_0''+\delta(x_0'') = y_2,$$

则 x_0' 与 x_0'' 之间的 x 都满足要求, (x_0', x_0'') 称为控制区间.类似地,当 $\hat{b}<0$ 时,控制区间为 (x_0'', x_0').

上述两方程是非线性的,解之不易.当样本容量较大, x_0' 与 x_0'' 又较接近于 $\bar{x}$ 时,有

$$t_{\alpha/2}(n-2) \approx u_{\alpha/2},$$

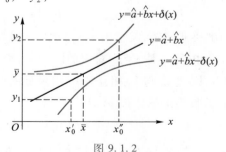

图 9.1.2

$$\sqrt{1+\frac{1}{n}+\frac{(x_0'-\bar{x})^2}{S_{xx}}} \approx 1,$$

$$\sqrt{1+\frac{1}{n}+\frac{(x_0''-\bar{x})^2}{S_{xx}}} \approx 1.$$

这时 x_0' 与 x_0'' 可由下述线性方程解出

$$\hat{a}+\hat{b}x_0'-u_{\alpha/2}\sqrt{\frac{Q}{n-2}}=y_1,$$

$$\hat{a}+\hat{b}x_0''+u_{\alpha/2}\sqrt{\frac{Q}{n-2}}=y_2,$$

由此解出

$$x_0'=\frac{1}{\hat{b}}\left(y_1-\hat{a}+u_{\alpha/2}\sqrt{\frac{Q}{n-2}}\right),$$

$$x_0''=\frac{1}{\hat{b}}\left(y_2-\hat{a}-u_{\alpha/2}\sqrt{\frac{Q}{n-2}}\right).$$

注意,为了实现控制,给定的因变量的范围 (y_1,y_2) 应满足 $y_2-y_1>2u_{\alpha/2}\sqrt{\frac{Q}{n-2}}$.

案例 9.1.1(续案例 9.0.1) (1)预测某同学微积分成绩为 50 分时,其概率统计成绩的置信度为 95% 的置信区间;(2)若要使概率统计成绩控制在 80 分以上,微积分成绩应该达到多少(取置信度 $1-\alpha=0.95$)?

解 (1)利用案例 9.0.1,例 9.1.1,例 9.1.2 和例 9.1.3 的相关结果,回归方程为

$$\hat{y}=19.12+0.78x.$$

当 $x_0=50$ 时,$y_0=58.12$,$\sqrt{\frac{Q}{n-2}}=\sqrt{\frac{3\ 134.02}{98}}=5.66$,$t_{0.025}(98)\approx u_{0.025}=1.96$,$\bar{x}=71.23$,则

$$\delta=t_{\alpha/2}(n-2)\sqrt{\left[1+\frac{1}{n}+\frac{(x_0-\bar{x})^2}{S_{xx}}\right]\frac{Q}{n-2}}=11.24,$$

从而得 y_0 的置信度为 95% 的置信区间是 $(46.88,69.36)$,由此得出结论,如果某同学微积分成绩为 50 分,那么他(她)的概率统计成绩以 95% 的可能性在区间 $(46.88,69.36)$ 内,也就是说如果微积分没有好的成绩,接下来概率统计就很难有好的成绩.

(2)若要使概率统计成绩控制在 80 分以上,可以设 $y_1=80$,$y_2\geqslant100$.则有

$$\begin{cases} 19.12+0.78x_0'-1.96\times5.66=80, \\ 19.12+0.78x_0''+1.96\times5.66\geqslant100, \end{cases}$$

由 $19.12+0.78x_0'-1.96\times5.66=80$ 解得 $x_0'=92.27$；而当 $x_0''=100$ 时，

$$19.12+0.78x_0''+1.96\times5.66=108.21>100,$$

所以微积分成绩需要在 92 分以上，概率统计成绩才可能以 95% 的把握在 80 分以上.

综合(1)(2)，该回归结果得出的结论是，如果某同学没有学好微积分，那么其在概率统计的学习中就应该加倍努力，否则一般来说成绩也会比较低.反过来，如果希望概率统计有好的成绩，那么微积分也需要学好，才有较大把握.

案例 9.1.2   某健康中心发现在某种传染病流行期间，城市流动人口数与该传染病确诊病例数有一定的相关关系，下面是 10 个城市的调查资料：

流动人口数/万人	12.5	12.2	14.7	18.4	20.9	22.4	30.8	30.7	36.1	40.6
确诊病例数/例	312	259	283	390	488	522	604	597	651	768

（1）求该传染病确诊病例数 y 与流动人口数 x 之间的经验线性回归方程；

（2）预测当某城市流动人口数为 50 万时，该传染病确诊病例数的范围；

（3）求若要使某传染病确诊病例数控制在 500～800 例之间，流动人口数应如何控制(取置信度 $1-\alpha=0.95$)？

解   首先画出散点图，如图 9.1.3 所示.

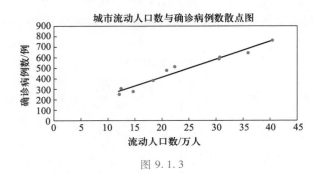

图 9.1.3

由散点图的特点，考虑线性回归模型.

（1）经计算

$$\bar{x}=23.93, \bar{y}=487.4,$$

$$S_{xx}=\sum_{i=1}^{10}x_i^2-10\bar{x}^2=914.56, S_{xy}=\sum_{i=1}^{10}x_iy_i-10\bar{x}\,\bar{y}=15\ 266.08,$$

故得

$$\hat{b} = \frac{S_{xy}}{S_{xx}} = 16.7, \hat{a} = \overline{y} - \hat{b}\overline{x} = 87.95,$$

由此得到回归方程

$$\hat{y} = 87.95 + 16.7x.$$

（2）当 $x_0 = 50$ 时，代入回归方程得 $y_0 = 922.95$，经计算 $S_{yy} = \sum\limits_{i=1}^{10} y_i^2 - 10\overline{y}^2 =$

$266\,504.40, Q = S_{yy} - \dfrac{S_{xy}^2}{S_{xx}} = 11\,678.91$，从而 $\sqrt{\dfrac{Q}{n-2}} = \sqrt{\dfrac{11\,678.91}{8}} = 38.21$，查表得

$t_{0.025}(8) = 2.306$，则

$$\delta = t_{\alpha/2}(n-2)\sqrt{1 + \frac{1}{n} + \frac{(x_0 - \overline{x})^2}{S_{xx}}}\,\frac{Q}{n-2} = 119.61,$$

从而得 y_0 的置信度为 95% 的置信区间是（803.34,1 042.56）.这就是说当城市流动人口数为 50 万时，该传染病确诊病例数差不多以 95% 的可能性在 804～1 042 例之间.

（3）若要使 $y_1 = 500, y_2 = 800$，由

$$\begin{cases} 87.95 + 16.7x_0' - 2.306 \times 38.21 = 500, \\ 87.95 + 16.7x_0'' + 2.306 \times 38.21 = 800, \end{cases}$$

解得 $x_0' = 29.95, x_2'' = 37.36$，即流动人口数应控制在 29.95～37.36 万人之间.

9.2　可线性化的回归方程

在实际问题中，变量 y 与 x 之间的关系不一定呈现线性关系.如果从散点图（或用其他方法）看出 y 与 x 之间的线性关系不明显，而呈现某种曲线趋势，常常可以作适当的变量代换，将其化为一元线性回归问题.

我们看如下案例.

案例 9.2.1　某公司最近打算更新一批设备，同时把公司原有旧设备卖掉，为了给这批旧设备估价，收集了市场上该设备的使用年数和年出售均价的调查资料，如下表所示：

使用年数/年	1	2	3	4	5	6	7	8	9	10
年出售均价/百元	2 603	1 729	1 429	980	784	581	430	319	270	175

记使用年数为 x,年出售均价为 y,上述 10 对调查数据的散点图如图 9.2.1 所示.

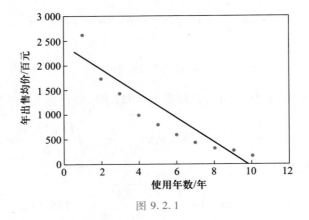

图 9.2.1

可由案例中数据得到一个线性回归方程并在图 9.2.1 中画出其图形,从图中可以看出,用线性回归来拟合并不合适.因此,考虑 y 与 x 之间存在某种非线性关系,同时也希望将问题转化为一元线性回归问题来解决.下面首先介绍几种可化为线性函数的非线性函数.

1. 双曲线型函数 $y=a+\dfrac{b}{x}$

$y=a+\dfrac{b}{x}$ 的图形如图 9.2.2 所示.令 $u=\dfrac{1}{x}$,得 $y=a+bu$.

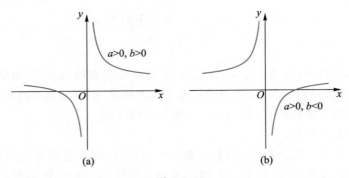

图 9.2.2

2. 指数曲线型函数

(1) $y=ce^{bx}$

$y=ce^{bx}(c>0)$ 的图形如图 9.2.3 所示.令 $v=\ln y,a=\ln c$,得 $v=a+bx$.

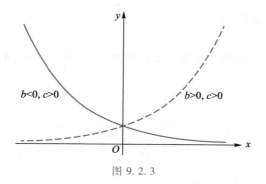

图 9.2.3

（2）$y = c e^{\frac{b}{x}}(x > 0)$

$y = c e^{\frac{b}{x}}(c > 0)$ 的图形如图 9.2.4 所示.令 $v = \ln y, a = \ln c, u = \dfrac{1}{x}$，得 $v = a + bu$.

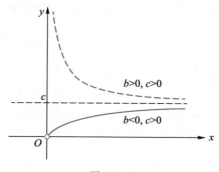

图 9.2.4

（3）**幂曲线型函数** $y = c x^{b}(x > 0)$

$y = c x^{b}(c > 0)$ 的图形如图 9.2.5 所示.令 $v = \ln y, a = \ln c, u = \ln x$，得 $v = a + bu$.

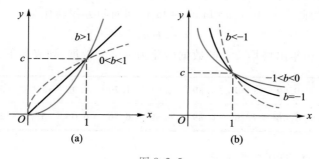

图 9.2.5

（4）S 曲线型函数 $y = \dfrac{1}{a+b\mathrm{e}^{-x}}$

$y = \dfrac{1}{a+b\mathrm{e}^{-x}}(b>0)$ 的图形如图 9.2.6 所示.令 $v = \dfrac{1}{y}, u = \mathrm{e}^{-x}$,得 $v = a+bu$.

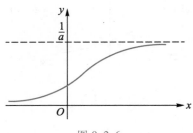

图 9.2.6

（5）对数曲线型函数 $y = a+b\lg x$

$y = a+b\lg x$ 的图形如图 9.2.7 所示.令 $u = \lg x$,得 $y = a+bu$.

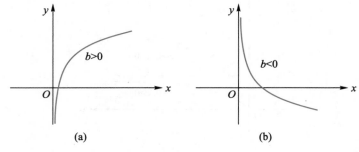

图 9.2.7

案例 9.2.1 解

　　由散点图的特点和幂曲线型函数的特点可以看出,我们尝试采用 $y = cx^b$ 作为回归方程,为此令 $v = \ln y, a = \ln c, u = \ln x$,则回归方程转化为

$$v = a+bu,$$

把使用年数 x 和年出售均价 y 的数据转化为 u,v 的数据,列表如下:

u	0.00	0.69	1.10	1.39	1.61	1.79	1.95	2.08	2.20	2.30
v	7.86	7.46	7.26	6.89	6.66	6.36	6.06	5.77	5.60	5.16

(u,v) 的散点图如图 9.2.8 所示.

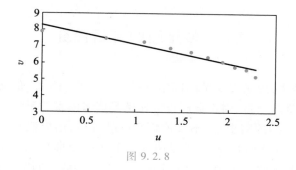

图 9.2.8

由这个散点图可以看出对于 u, v 采用线性回归比对 x, y 采用线性回归效果要好，易得

$$\hat{b} = \frac{S_{uv}}{S_{uu}} = -1.14, \qquad \hat{a} = \bar{v} - \hat{b}\bar{u} = 8.23,$$

得 v 关于 u 的经验线性回归方程

$$\hat{v} = 8.23 - 1.14u,$$

由 $\hat{c} = e^{\hat{a}} = 3\ 751.83$，得 y 关于 x 的回归方程

$$\hat{y} = 3\ 751.83\ x^{-1.14},$$

如图 9.2.9，画出该回归曲线

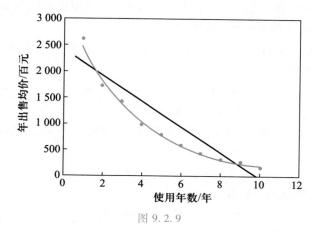

图 9.2.9

可以看出，与线性回归拟合相比，$\hat{y} = 3\ 751.83x^{-1.14}$ 的拟合效果要好得多，所以旧设备的年出售均价与使用年数并不能简单用线性关系拟合.

9.3 多元回归分析简介

在实际问题中,影响因变量的因素往往不止一个,例如,商业银行的不良贷款受贷款余额、贷款项目、固定资产投资比例等诸多因素的影响;又如,在社会经济问题中,一种产品的需求量,不仅依赖于产品价格,还依赖于购买群体的收入等因素.所谓多元线性回归问题,就是研究一个随机变量与多个变量之间的相关关系问题,也就是建立一个因变量关于多个自变量的线性回归方程.

案例 9.3.1 一便利连锁店希望了解某日用品的销售量与所在区域居民人数、居民年人均收入的相关关系,下面是该便利连锁店对其所属 12 个分店一年的统计数据:

居民人数/万人	4.4	7.1	6.7	5.3	4	5.1	5.3	5.8	5.2	5.9	5.9	4.2
年人均收入/万元	6.8	8.7	9	8.5	8.3	3.2	8.2	11.7	7	11.2	10.1	8.4
销售量/千只	27.6	43.6	41.3	35.2	28.5	26.9	33.5	36.7	29.2	40.1	37.6	27.6

便利店希望根据这些样本数据建立销售量与所在区域居民人数、居民年人均收入的数量关系.换句话说,如果按照线性回归,希望建立销售量关于居民人数、居民年人均收入的多元线性回归方程.

下面先给出一般的结论,在本节中,我们考虑由 p 个自变量和一个因变量的多元线性回归模型为

$$y = b_0 + b_1 x_1 + b_2 x_2 + \cdots + b_p x_p + \varepsilon,$$

并假定

$$\varepsilon \sim N(0, \sigma^2),$$

其中,$b_0, b_1, b_2, \cdots, b_p$ 和 σ^2 都是未知参数.取 n 组独立样本,假设第 i 次观测时样本的取值为

$$(x_{1i}, x_{2i}, \cdots, x_{pi}, y_i) \quad i = 1, 2, \cdots, n,$$

随机误差为 ε_i,则模型可写成

$$y_i = b_0 + b_1 x_{1i} + b_2 x_{2i} + \cdots + b_p x_{pi} + \varepsilon_i,$$

$\varepsilon_i \sim N(0, \sigma^2)$,且 ε_i 相互独立,$i = 1, 2, \cdots, n$.

多元线性回归的理论与一元线性回归类似,根据样本观测值,我们可以对参数 $b_0, b_1, b_2, \cdots, b_p$ 和 σ^2 进行估计,从而得到回归方程,再对其线性关系进行显著性检验,并以此进行预测或控制.鉴于篇幅所限,这里仅介绍回归方程的求法.

估计未知参数 $b_0, b_1, b_2, \cdots, b_p$ 仍用最小二乘估计法.记

$$Q(b_0, b_1, b_2, \cdots, b_p) = \sum_{i=1}^{n} [y_i - (b_0 + b_1 x_{1i} + b_2 x_{2i} + \cdots + b_p x_{pi})]^2.$$

求 $b_0, b_1, b_2, \cdots, b_p$ 的估计 $\hat{b}_0, \hat{b}_1, \hat{b}_2, \cdots, \hat{b}_p$，使得

$$Q(\hat{b}_0, \hat{b}_1, \hat{b}_2, \cdots, \hat{b}_p) = \min Q(b_0, b_1, b_2, \cdots, b_p),$$

由多元函数极值的求法得

$$\begin{cases} \sum_{i=1}^{n} [y_i - (b_0 + b_1 x_{1i} + b_2 x_{2i} + \cdots + b_p x_{pi})] = 0, \\ \sum_{i=1}^{n} [y_i - (b_0 + b_1 x_{1i} + b_2 x_{2i} + \cdots + b_p x_{pi})] x_{ji} = 0, j = 1, 2, \cdots, p, \end{cases}$$

经整理可得

$$b_0 = \overline{y} - b_1 \overline{x}_1 - b_2 \overline{x}_2 - \cdots - b_p \overline{x}_p, \tag{1}$$

$$\begin{cases} S_{11} b_1 + S_{12} b_2 + \cdots + S_{1p} b_p = S_{1y}, \\ S_{21} b_1 + S_{22} b_2 + \cdots + S_{2p} b_p = S_{2y}, \\ \qquad\qquad \vdots \\ S_{p1} b_1 + S_{p2} b_2 + \cdots + S_{pp} b_p = S_{py}, \end{cases} \tag{2}$$

其中

$$\overline{y} = \frac{1}{n} \sum_{i=1}^{n} y_i, \quad \overline{x}_j = \frac{1}{n} \sum_{i=1}^{n} x_{ji}, \quad j = 1, 2, \cdots, p,$$

$$S_{jk} = \sum_{i=1}^{n} (x_{ji} - \overline{x}_j)(x_{ki} - \overline{x}_k), \quad j, k = 1, 2, \cdots, p,$$

$$S_{jy} = \sum_{i=1}^{n} (x_{ji} - \overline{x}_j)(y_i - \overline{y}), \quad j = 1, 2, \cdots, p,$$

（1），（2）式称为正规方程组.在实际问题中，可以认为从正规方程组能求出唯一的解 $\hat{b}_0, \hat{b}_1, \hat{b}_2, \cdots, \hat{b}_p$，它们分别为未知参数 $b_0, b_1, b_2, \cdots, b_p$ 的最小二乘估计.与一元线性回归一样，最小二乘估计是无偏估计.记

$$y = \hat{b}_0 + \hat{b}_1 x_1 + \hat{b}_2 x_2 + \cdots + \hat{b}_p x_p,$$

称上式为多元经验线性回归方程，它可以用于预测和控制.

案例 9.3.1 解

记所在区域居民人数为 x_1、年人均收入为 x_2、销售量为 y，根据表中的数据计算得

$\overline{x}_1$	$\overline{x}_2$	$\overline{y}$	S_{11}	S_{12}	S_{22}	S_{1y}	S_{2y}
5.41	8.43	33.98	9.79	8.45	53.68	56.54	94.02

得正规方程组

$$\begin{cases} 9.79b_1+8.45b_2=56.54, \\ 8.45b_1+53.68b_2=94.02, \\ b_0=33.98-5.41b_1-8.43b_2, \end{cases}$$

解得 $b_1=4.93$, $b_2=0.98$, $b_0=-0.95$, 故该日用品的销售量关于所在区域居民人数、居民年人均收入的二元经验线性回归方程为

$$\hat{y}=-0.95+4.93x_1+0.98x_2.$$

有关多元线性回归的显著性检验的理论与方法和一元线性回归的情形相似,这里不做进一步的讨论,有兴趣的读者可参见多元统计学的相关文献.

习 题 九

1. 随机抽取 12 个城市居民家庭关于家庭收入与每月食品支出的样本,数据如下表所示.试判断每月食品支出与家庭收入是否存在线性相关关系? 如果存在线性相关关系,求每月食品支出关于家庭收入的经验线性回归方程(取显著性水平 $\alpha=0.05$).

家庭收入 x/元	82	93	105	144	150	160	180	220	270	300	400
每月食品支出 y/元	75	85	92	105	120	120	130	145	156	200	200

2. 某健康机构希望研究人的年龄与血压之间是否有相关关系,下表是随机采集的 10 位女性的年龄与血压的数据:

年龄/岁	30	20	60	80	40	50	60	30	70	60
血压/mmHg	73	50	128	170	87	108	135	69	148	132

绘制年龄关于血压的散点图,由此初步判断二者的相关关系.

3. 设有一组样本点 (x_i, y_i) $(i=1,2,\cdots,n)$,且 y_i 与 x_i 符合模型

$$\begin{cases} y_i=a+b(x_i-\bar{x})+\varepsilon_i, \\ \varepsilon_i \sim N(0,\sigma^2) \text{ 且 } \varepsilon_i \text{ 相互独立}, \end{cases} \quad i=1,2,\cdots,n,$$

试给出 a, b 和 σ^2 的最小二乘估计.

4. 某地区希望分析企业研发投入额 x(单位:百万元)对企业利润 y(单位:百万元)的影响.根据对该市 50 家企业某年度的研发投入额和企业利润的相关数据整理出以下结果:

$$\sum_{i=1}^{50} x_i^2 = 2\ 232\ 560, \quad \sum_{i=1}^{50} y_i^2 = 3\ 055\ 903,$$

$$\bar{x} = 209.28, \quad \bar{y} = 246.18, \quad \sum_{i=1}^{50} x_i y_i = 2\ 606\ 012.$$

（1）求经验线性回归方程 $\hat{y} = \hat{a} + \hat{b}x$；

（2）检验回归的显著性（取显著性水平 $\alpha = 0.05$）；

（3）对研发投入额为 2 亿元的企业利润进行预测及置信度为 0.95 的区间预测.

5. 某健身中心对 10 个参加减肥训练的学员的初始体重 x 和经过一段时间的减肥训练后减轻的体重 y 做了统计,结果如下表所示：

初始体重 x/kg	102	83	102	111	100	105	102	92	98	87
减轻体重 y/kg	13	7	11	13	8	14	12	9	13	8

（1）画出数据的散点图；

（2）建立减轻体重关于初始体重的线性回归方程；

（3）计算残差平方和 Q,并在显著性水平 $\alpha = 0.05$ 下检验回归效果的显著性.

（4）如果（3）中回归效果显著,请计算初始体重为 94 kg 时,减轻体重的置信区间（取置信度 $1 - \alpha = 0.95$）.

6. 在线性回归模型的假设下,证明

$$\hat{a} \sim N\left(a, \left(\frac{1}{n} + \frac{\bar{x}^2}{S_{xx}} \right) \sigma^2 \right), \text{且 } \text{cov}(\hat{a}, \hat{b}) = -\frac{\bar{x}^2}{S_{xx}} \sigma^2.$$

7. 根据下列测试数据,求出 y 关于 x 的回归曲线,并在显著性水平 $\alpha = 0.01$ 下,检验回归效果的显著性.

x	2.5	5.0	7.5	10.0	12.5	15	17.5	20.0	22.5
y	0.65	1.25	1.70	2.08	2.40	2.54	2.66	2.82	3.00

8. 下面是最近 13 个月某企业的某产品的销量、推销人数和广告费的数据,试求出该产品的销量 y 关于推销人数 x_1 和广告费 x_2 的线性回归方程.

序号	销量 $y_i/\text{万件}$	推销人数 $x_{1i}/\text{人}$	广告费 $x_{2i}/\text{万元}$
1	25	44	15
2	23	42	15

续表

序号	销量 y_i/万件	推销人数 x_{1i}/人	广告费 x_{2i}/万元
3	24	45	14
4	23	45	16
5	24	46	15
6	25	44	17
7	26	46	16
8	26	46	15
9	25	44	15
10	27	46	16
11	28	45	18
12	30	48	20
13	31	50	19

习题九答案

常用统计分布表

附表一 泊松分布函数值表

$$F(k) = \sum_{i=0}^{k} \frac{\lambda^i}{i!} e^{-\lambda}$$

k	λ 0.1	0.2	0.3	0.4	0.5	0.6	0.7	0.8	0.9	1.0	1.5	2.0	2.5	3.0
0	0.904 8	0.818 7	0.740 8	0.670 3	0.606 5	0.548 8	0.496 6	0.449 3	0.406 6	0.367 9	0.223 1	0.135 3	0.082 1	0.049 8
1	0.995 3	0.982 5	0.963 1	0.938 4	0.909 8	0.878 1	0.844 2	0.808 8	0.772 5	0.735 8	0.557 8	0.406 0	0.287 3	0.199 1
2	0.999 8	0.998 9	0.996 4	0.992 1	0.985 6	0.976 9	0.965 9	0.952 6	0.937 1	0.919 7	0.808 8	0.676 7	0.543 8	0.423 2
3	1.000 0	0.999 9	0.999 7	0.999 2	0.998 2	0.996 6	0.994 2	0.990 9	0.986 5	0.981 0	0.934 4	0.857 1	0.757 6	0.647 2
4		1.000 0	1.000 0	0.999 9	0.999 8	0.999 6	0.999 2	0.998 6	0.997 7	0.996 3	0.981 4	0.947 3	0.891 2	0.815 3
5				1.000 0	1.000 0	0.999 9	0.999 9	0.999 8	0.999 7	0.999 4	0.995 5	0.983 4	0.958 0	0.916 1
6						1.000 0	1.000 0	1.000 0	1.000 0	0.999 9	0.999 1	0.995 5	0.985 8	0.966 5
7										1.000 0	0.999 8	0.998 9	0.995 8	0.988 1
8											1.000 0	0.999 8	0.998 9	0.996 2
9												1.000 0	0.999 7	0.998 9
10													0.999 9	0.999 7
11													1.000 0	0.999 9
12														1.000 0

续表

λ

k	3.5	4.0	4.5	5.0	5.5	6.0	6.5	7.0	7.5	8.0	8.5	9.0	9.5	10.0
0	0.030 2	0.018 3	0.011 1	0.006 7	0.004 1	0.002 5	0.001 5	0.000 9	0.000 6	0.000 3	0.000 2	0.000 1	0.000 1	0.000 0
1	0.135 9	0.091 6	0.061 1	0.040 4	0.026 6	0.017 4	0.011 3	0.007 3	0.004 7	0.003 0	0.001 9	0.001 2	0.000 8	0.000 5
2	0.320 8	0.238 1	0.173 6	0.124 7	0.088 4	0.062 0	0.043 0	0.029 6	0.020 3	0.013 8	0.009 3	0.006 2	0.004 2	0.002 8
3	0.536 6	0.433 5	0.342 3	0.265 0	0.201 7	0.151 2	0.111 8	0.081 8	0.059 1	0.042 4	0.030 1	0.021 2	0.014 9	0.010 3
4	0.725 4	0.628 8	0.532 1	0.440 5	0.357 5	0.285 1	0.223 7	0.173 0	0.132 1	0.099 6	0.074 4	0.055 0	0.040 3	0.029 3
5	0.857 6	0.785 1	0.702 9	0.616 0	0.528 9	0.445 7	0.369 0	0.300 7	0.241 4	0.191 2	0.149 6	0.115 7	0.088 5	0.067 1
6	0.934 7	0.889 3	0.831 1	0.762 2	0.686 0	0.606 3	0.526 5	0.449 7	0.378 2	0.313 4	0.256 2	0.206 8	0.164 9	0.130 1
7	0.973 3	0.948 9	0.913 4	0.866 6	0.809 5	0.744 0	0.672 8	0.598 7	0.524 6	0.453 0	0.385 6	0.323 9	0.268 7	0.220 2
8	0.990 1	0.978 6	0.959 7	0.931 9	0.894 4	0.847 2	0.791 6	0.729 1	0.662 0	0.592 5	0.523 1	0.455 7	0.391 8	0.332 8
9	0.996 7	0.991 9	0.982 9	0.968 2	0.946 2	0.916 1	0.877 4	0.830 5	0.776 4	0.716 6	0.653 0	0.587 4	0.521 8	0.457 9
10	0.999 0	0.997 2	0.993 3	0.986 3	0.974 7	0.957 4	0.933 2	0.901 5	0.862 2	0.815 9	0.763 4	0.706 0	0.645 3	0.583 0
11	0.999 7	0.999 1	0.997 6	0.994 5	0.989 0	0.979 9	0.966 1	0.946 7	0.920 8	0.888 1	0.848 7	0.803 0	0.752 0	0.696 8
12	0.999 9	0.999 7	0.999 2	0.998 0	0.995 5	0.991 2	0.984 0	0.973 0	0.957 3	0.936 2	0.909 1	0.875 8	0.836 4	0.791 6
13	1.000 0	0.999 9	0.999 7	0.999 3	0.998 3	0.996 4	0.992 9	0.987 2	0.978 4	0.965 8	0.948 6	0.926 1	0.898 1	0.864 5

续表

k	3.5	4.0	4.5	5.0	5.5	6.0	6.5	7.0	7.5	8.0	8.5	9.0	9.5	10.0
								λ						
14		1.000 0	0.999 9	0.999 8	0.999 4	0.998 6	0.997 0	0.994 3	0.989 7	0.982 7	0.972 6	0.958 5	0.940 0	0.916 5
15			1.000 0	0.999 9	0.999 8	0.999 5	0.998 8	0.997 6	0.995 4	0.991 8	0.986 2	0.978 0	0.966 5	0.951 3
16				1.000 0	0.999 9	0.999 8	0.999 6	0.999 0	0.998 0	0.996 3	0.993 4	0.988 9	0.982 3	0.973 0
17					1.000 0	0.999 9	0.999 8	0.999 6	0.999 2	0.998 4	0.997 0	0.994 7	0.991 1	0.985 7
18						1.000 0	0.999 9	0.999 8	0.999 7	0.999 3	0.998 7	0.997 6	0.995 7	0.992 8
19							1.000 0	0.999 9	0.999 9	0.999 7	0.999 5	0.998 9	0.998 0	0.996 5
20								1.000 0	1.000 0	0.999 9	0.999 8	0.999 6	0.999 1	0.998 4
21										1.000 0	0.999 9	0.999 8	0.999 6	0.999 3
22											1.000 0	0.999 9	0.999 9	0.999 7
23												1.000 0	0.999 9	0.999 9

附表二　标准正态分布函数值表

$$\Phi(x) = \frac{1}{\sqrt{2\pi}} \int_{-\infty}^{x} e^{-\frac{t^2}{2}} dt, -\infty < x < +\infty$$

x	0.00	0.01	0.02	0.03	0.04	0.05	0.06	0.07	0.08	0.09
0.0	0.500 0	0.504 0	0.508 0	0.512 0	0.516 0	0.519 9	0.523 9	0.527 9	0.531 9	0.535 9
0.1	0.539 8	0.543 8	0.547 8	0.551 7	0.555 7	0.559 6	0.563 6	0.567 5	0.571 4	0.575 3
0.2	0.579 3	0.583 2	0.587 1	0.591 0	0.594 8	0.598 7	0.602 6	0.606 4	0.610 3	0.614 1
0.3	0.617 9	0.621 7	0.625 5	0.629 3	0.633 1	0.636 8	0.640 6	0.644 3	0.648 0	0.651 7
0.4	0.655 4	0.659 1	0.662 8	0.666 4	0.670 0	0.673 6	0.677 2	0.680 8	0.684 4	0.687 9
0.5	0.691 5	0.695 0	0.698 5	0.701 9	0.705 4	0.708 8	0.712 3	0.715 7	0.719 0	0.722 4
0.6	0.725 7	0.729 1	0.732 4	0.735 7	0.738 9	0.742 2	0.745 4	0.748 6	0.751 7	0.754 9
0.7	0.758 0	0.761 1	0.764 2	0.767 3	0.770 3	0.773 4	0.776 4	0.779 4	0.782 3	0.785 2
0.8	0.788 1	0.791 0	0.793 9	0.796 7	0.799 5	0.802 3	0.805 1	0.807 8	0.810 6	0.813 3
0.9	0.815 9	0.818 6	0.821 2	0.823 8	0.826 4	0.828 9	0.831 5	0.834 0	0.836 5	0.838 9
1.0	0.841 3	0.843 8	0.846 1	0.848 5	0.850 8	0.853 1	0.855 4	0.857 7	0.859 9	0.862 1
1.1	0.864 3	0.866 5	0.868 6	0.870 8	0.872 9	0.874 9	0.877 0	0.879 0	0.881 0	0.883 0
1.2	0.884 9	0.886 9	0.888 8	0.890 7	0.892 5	0.894 4	0.896 2	0.898 0	0.899 7	0.901 5
1.3	0.903 2	0.904 9	0.906 6	0.908 2	0.909 9	0.911 5	0.913 1	0.914 7	0.916 2	0.917 7
1.4	0.919 2	0.920 7	0.922 2	0.923 6	0.925 1	0.926 5	0.927 8	0.929 2	0.930 6	0.931 9
1.5	0.933 2	0.934 5	0.935 7	0.937 0	0.938 2	0.939 4	0.940 6	0.941 8	0.943 0	0.944 1
1.6	0.945 2	0.946 3	0.947 4	0.948 4	0.949 5	0.950 5	0.951 5	0.952 5	0.953 5	0.954 5
1.7	0.955 4	0.956 4	0.957 3	0.958 2	0.959 1	0.959 9	0.960 8	0.961 6	0.962 5	0.963 3
1.8	0.964 1	0.964 8	0.965 6	0.966 4	0.967 1	0.967 8	0.968 6	0.969 3	0.970 0	0.970 6
1.9	0.971 3	0.971 9	0.972 6	0.973 2	0.973 8	0.974 4	0.975 0	0.975 6	0.976 2	0.976 7
2.0	0.977 2	0.977 8	0.978 3	0.978 8	0.979 3	0.979 8	0.980 3	0.980 8	0.981 2	0.981 7
2.1	0.982 1	0.982 6	0.983 0	0.983 4	0.983 8	0.984 2	0.984 6	0.985 0	0.985 4	0.985 7
2.2	0.986 1	0.986 4	0.986 8	0.987 1	0.987 4	0.987 8	0.988 1	0.988 4	0.988 7	0.989 0
2.3	0.989 3	0.989 6	0.989 8	0.990 1	0.990 4	0.990 6	0.990 9	0.991 1	0.991 3	0.991 6
2.4	0.991 8	0.992 0	0.992 2	0.992 5	0.992 7	0.992 9	0.993 1	0.993 2	0.993 4	0.993 6
2.5	0.993 8	0.994 0	0.994 1	0.994 3	0.994 5	0.994 6	0.994 8	0.994 9	0.995 1	0.995 2
2.6	0.995 3	0.995 5	0.995 6	0.995 7	0.995 9	0.996 0	0.996 1	0.996 2	0.996 3	0.996 4
2.7	0.996 5	0.996 6	0.996 7	0.996 8	0.996 9	0.997 0	0.997 1	0.997 2	0.997 3	0.997 4
2.8	0.997 4	0.997 5	0.997 6	0.997 7	0.997 7	0.997 8	0.997 9	0.997 9	0.998 0	0.998 1
2.9	0.998 1	0.998 2	0.998 2	0.998 3	0.998 4	0.998 4	0.998 5	0.998 5	0.998 6	0.998 6
3.0	0.998 7	0.998 7	0.998 7	0.998 8	0.998 8	0.998 9	0.998 9	0.998 9	0.999 0	0.999 0

附表三 χ^2 分布上侧分位数表

$$P(\chi^2(n) > \chi_\alpha^2(n)) = \alpha$$

n	$\alpha=0.995$	$\alpha=0.99$	$\alpha=0.975$	$\alpha=0.95$	$\alpha=0.90$	$\alpha=0.75$	$\alpha=0.50$	$\alpha=0.25$	$\alpha=0.10$	$\alpha=0.05$	$\alpha=0.025$	$\alpha=0.01$	$\alpha=0.005$
1	0.000 04	0.000 16	0.001	0.004	0.016	0.102	0.455	1.323	2.706	3.841	5.024	6.635	7.879
2	0.010	0.020	0.051	0.103	0.211	0.575	1.386	2.773	4.605	5.991	7.378	9.210	10.597
3	0.072	0.115	0.216	0.352	0.584	1.213	2.366	4.108	6.251	7.815	9.348	11.345	12.838
4	0.207	0.297	0.484	0.711	1.064	1.923	3.357	5.385	7.779	9.488	11.143	13.277	14.860
5	0.412	0.554	0.831	1.145	1.610	2.675	4.351	6.626	9.236	11.070	12.833	15.086	16.750
6	0.676	0.872	1.237	1.635	2.204	3.455	5.348	7.841	10.645	12.592	14.449	16.812	18.548
7	0.989	1.239	1.690	2.167	2.833	4.255	6.346	9.037	12.017	14.067	16.013	18.475	20.278
8	1.344	1.646	2.180	2.733	3.490	5.071	7.344	10.219	13.362	15.507	17.535	20.090	21.955
9	1.735	2.088	2.700	3.325	4.168	5.899	8.343	11.389	14.684	16.919	19.023	21.666	23.589
10	2.156	2.558	3.247	3.940	4.865	6.737	9.342	12.549	15.987	18.307	20.483	23.209	25.188
11	2.603	3.053	3.816	4.575	5.578	7.584	10.341	13.701	17.275	19.675	21.920	24.725	26.757
12	3.074	3.571	4.404	5.226	6.304	8.438	11.340	14.845	18.549	21.026	23.337	26.217	28.300
13	3.565	4.107	5.009	5.892	7.042	9.299	12.340	15.984	19.812	22.362	24.736	27.688	29.819
14	4.075	4.660	5.629	6.571	7.790	10.165	13.339	17.117	21.064	23.685	26.119	29.141	31.319
15	4.601	5.229	6.262	7.261	8.547	11.037	14.339	18.245	22.307	24.996	27.488	30.578	32.801
16	5.142	5.812	6.908	7.962	9.312	11.912	15.338	19.369	23.542	26.296	28.845	32.000	34.267

续表

n	α=0.995	α=0.99	α=0.975	α=0.95	α=0.90	α=0.75	α=0.50	α=0.25	α=0.10	α=0.05	α=0.025	α=0.01	α=0.005
17	5.697	6.408	7.564	8.672	10.085	12.792	16.338	20.489	24.769	27.587	30.191	33.409	35.718
18	6.265	7.015	8.231	9.390	10.865	13.675	17.338	21.605	25.989	28.869	31.526	34.805	37.156
19	6.844	7.633	8.907	10.117	11.651	14.562	18.338	22.718	27.204	30.144	32.852	36.191	38.582
20	7.434	8.260	9.591	10.851	12.443	15.452	19.337	23.828	28.412	31.410	34.170	37.566	39.997
21	8.034	8.897	10.283	11.591	13.240	16.344	20.337	24.935	29.615	32.671	35.479	38.932	41.401
22	8.643	9.542	10.982	12.338	14.041	17.240	21.337	26.039	30.813	33.924	36.781	40.289	42.796
23	9.260	10.196	11.689	13.091	14.848	18.137	22.337	27.141	32.007	35.172	38.076	41.638	44.181
24	9.886	10.856	12.401	13.848	15.659	19.037	23.337	28.241	33.196	36.415	39.364	42.980	45.559
25	10.520	11.524	13.120	14.611	16.473	19.939	24.337	29.339	34.382	37.652	40.646	44.314	46.928
26	11.160	12.198	13.844	15.379	17.292	20.843	25.336	30.435	35.563	38.885	41.923	45.642	48.290
27	11.808	12.879	14.573	16.151	18.114	21.749	26.336	31.528	36.741	40.113	43.195	46.963	49.645
28	12.461	13.565	15.308	16.928	18.939	22.657	27.336	32.620	37.916	41.337	44.461	48.278	50.993
29	13.121	14.256	16.047	17.708	19.768	23.567	28.336	33.711	39.087	42.557	45.722	49.588	52.336
30	13.787	14.953	16.791	18.493	20.599	24.478	29.336	34.800	40.256	43.773	46.979	50.892	53.672
31	14.458	15.655	17.539	19.281	21.434	25.390	30.336	35.887	41.422	44.985	48.232	52.191	55.003
32	15.134	16.362	18.291	20.072	22.271	26.304	31.336	36.973	42.585	46.194	49.480	53.486	56.328
33	15.815	17.074	19.047	20.867	23.110	27.219	32.336	38.058	43.745	47.400	50.725	54.776	57.648
34	16.501	17.789	19.806	21.664	23.952	28.136	33.336	39.141	44.903	48.602	51.966	56.061	58.964

续表

n	$\alpha=0.995$	$\alpha=0.99$	$\alpha=0.975$	$\alpha=0.95$	$\alpha=0.90$	$\alpha=0.75$	$\alpha=0.50$	$\alpha=0.25$	$\alpha=0.10$	$\alpha=0.05$	$\alpha=0.025$	$\alpha=0.01$	$\alpha=0.005$
35	17.192	18.509	20.569	22.465	24.797	29.054	34.336	40.223	46.059	49.802	53.203	57.342	60.275
36	17.887	19.233	21.336	23.269	25.643	29.973	35.336	41.304	47.212	50.998	54.437	58.619	61.581
37	18.586	19.960	22.106	24.075	26.492	30.893	36.336	42.383	48.363	52.192	55.668	59.893	62.883
38	19.289	20.691	22.878	24.884	27.343	31.815	37.335	43.462	49.513	53.384	56.896	61.162	64.181
39	19.996	21.426	23.654	25.695	28.196	32.737	38.335	44.539	50.660	54.572	58.120	62.428	65.476
40	20.707	22.164	24.433	26.509	29.051	33.660	39.335	45.616	51.805	55.758	59.342	63.691	66.766
41	21.421	22.906	25.215	27.326	29.907	34.585	40.335	46.692	52.949	56.942	60.561	64.950	68.053
42	22.138	23.650	25.999	28.144	30.765	35.510	41.335	47.766	54.090	58.124	61.777	66.206	69.336
43	22.859	24.398	26.785	28.965	31.625	36.436	42.335	48.840	55.230	59.304	62.990	67.459	70.616
44	23.584	25.148	27.575	29.787	32.487	37.363	43.335	49.913	56.369	60.481	64.201	68.710	71.893
45	24.311	25.901	28.366	30.612	33.350	38.291	44.335	50.985	57.505	61.656	65.410	69.957	73.166
46	25.041	26.657	29.160	31.439	34.215	39.220	45.335	52.056	58.641	62.830	66.617	71.201	74.437
47	25.775	27.416	29.956	32.268	35.081	40.149	46.335	53.127	59.774	64.001	67.821	72.443	75.704
48	26.511	28.177	30.755	33.098	35.949	41.079	47.335	54.196	60.907	65.171	69.023	73.683	76.969
49	27.249	28.941	31.555	33.930	36.818	42.010	48.335	55.265	62.038	66.339	70.222	74.919	78.231
50	27.991	29.707	32.357	34.764	37.689	42.942	49.335	56.334	63.167	67.505	71.420	76.154	79.490

附表四　t 分布上侧分位数表

$$P(t(n) > t_\alpha(n)) = \alpha$$

n	α						
	0.20	0.15	0.10	0.05	0.025	0.01	0.005
1	1.376	1.963	3.078	6.314	12.706	31.821	63.657
2	1.061	1.386	1.886	2.920	4.303	6.965	9.925
3	0.978	1.250	1.638	2.353	3.182	4.541	5.841
4	0.941	1.190	1.533	2.132	2.776	3.747	4.604
5	0.920	1.156	1.476	2.015	2.571	3.365	4.032
6	0.906	1.134	1.440	1.943	2.447	3.143	3.707
7	0.896	1.119	1.415	1.895	2.365	2.998	3.499
8	0.889	1.108	1.397	1.860	2.306	2.896	3.355
9	0.883	1.100	1.383	1.833	2.262	2.821	3.250
10	0.879	1.093	1.372	1.812	2.228	2.764	3.169
11	0.876	1.088	1.363	1.796	2.201	2.718	3.106
12	0.873	1.083	1.356	1.782	2.179	2.681	3.055
13	0.870	1.079	1.350	1.771	2.160	2.650	3.012
14	0.868	1.076	1.345	1.761	2.145	2.624	2.977
15	0.866	1.074	1.341	1.753	2.131	2.602	2.947
16	0.865	1.071	1.337	1.746	2.120	2.583	2.921
17	0.863	1.069	1.333	1.740	2.110	2.567	2.898
18	0.862	1.067	1.330	1.734	2.101	2.552	2.878
19	0.861	1.066	1.328	1.729	2.093	2.539	2.861
20	0.860	1.064	1.325	1.725	2.086	2.528	2.845

续表

n	α						
	0.20	0.15	0.10	0.05	0.025	0.01	0.005
21	0.859	1.063	1.323	1.721	2.080	2.518	2.831
22	0.858	1.061	1.321	1.717	2.074	2.508	2.819
23	0.858	1.060	1.319	1.714	2.069	2.500	2.807
24	0.857	1.059	1.318	1.711	2.064	2.492	2.797
25	0.856	1.058	1.316	1.708	2.060	2.485	2.787
26	0.856	1.058	1.315	1.706	2.056	2.479	2.779
27	0.855	1.057	1.314	1.703	2.052	2.473	2.771
28	0.855	1.056	1.313	1.701	2.048	2.467	2.763
29	0.854	1.055	1.311	1.699	2.045	2.462	2.756
30	0.854	1.055	1.310	1.697	2.042	2.457	2.750
31	0.854	1.054	1.310	1.696	2.040	2.453	2.744
32	0.853	1.054	1.309	1.694	2.037	2.449	2.739
33	0.853	1.053	1.308	1.692	2.035	2.445	2.733
34	0.852	1.053	1.307	1.691	2.032	2.441	2.728
35	0.852	1.052	1.306	1.690	2.030	2.438	2.724
36	0.852	1.052	1.306	1.688	2.028	2.434	2.720
37	0.852	1.051	1.305	1.687	2.026	2.431	2.716
38	0.851	1.051	1.304	1.686	2.024	2.428	2.712
39	0.851	1.050	1.304	1.685	2.023	2.426	2.708
40	0.851	1.050	1.303	1.684	2.021	2.423	2.704
60	0.848	1.046	1.296	1.671	2.000	2.390	2.660
120	0.844	1.041	1.289	1.658	1.980	2.358	2.617
∞	0.842	1.036	1.282	1.645	1.960	2.326	2.576

附 表 五 F 分布上侧分位数表

$$P(F(n_1, n_2) > F_\alpha(n_1, n_2)) = \alpha$$

$$\alpha = 0.10$$

n_1

n_2	1	2	3	4	5	6	7	8	9	10	12	15	20	24	30	40	60	120	∞
1	39.86	49.50	53.59	55.83	57.24	58.20	58.91	59.44	59.86	60.19	60.71	61.22	61.74	62.00	62.26	62.53	62.79	63.06	63.33
2	8.53	9.00	9.16	9.24	9.29	9.33	9.35	9.37	9.38	9.39	9.41	9.42	9.44	9.45	9.46	9.47	9.47	9.48	9.49
3	5.54	5.46	5.39	5.34	5.31	5.28	5.27	5.25	5.24	5.23	5.22	5.20	5.18	5.18	5.17	5.16	5.15	5.14	5.13
4	4.54	4.32	4.19	4.11	4.05	4.01	3.98	3.95	3.94	3.92	3.90	3.87	3.84	3.83	3.82	3.80	3.79	3.78	4.76
5	4.06	3.78	3.62	3.52	3.45	3.40	3.37	3.34	3.32	3.30	3.27	3.24	3.21	3.19	3.17	3.16	3.14	3.12	3.10
6	3.78	3.46	3.29	3.18	3.11	3.05	3.01	2.98	2.96	2.94	2.90	2.87	2.84	2.82	2.80	2.78	2.76	2.74	2.72
7	3.59	3.26	3.07	2.96	2.88	2.83	2.78	2.75	2.72	2.70	2.67	2.63	2.59	2.58	2.56	2.54	2.51	2.49	2.47
8	3.46	3.11	2.92	2.81	2.73	2.67	2.62	2.59	2.56	2.54	2.50	2.46	2.42	2.40	2.38	2.36	2.34	2.32	2.29
9	3.36	3.01	2.81	2.69	2.61	2.55	2.51	2.47	2.44	2.42	2.38	2.34	2.30	2.28	2.25	2.23	2.21	2.18	2.16
10	3.29	2.92	2.73	2.61	2.52	2.46	2.41	2.38	2.35	2.32	2.28	2.24	2.20	2.18	2.16	2.13	2.11	2.08	2.06
11	3.23	2.86	2.66	2.54	2.45	2.39	2.34	2.30	2.27	2.25	2.21	2.17	2.12	2.10	2.08	2.05	2.03	2.00	1.97
12	3.18	2.81	2.61	2.48	2.39	2.33	2.28	2.24	2.21	2.19	2.15	2.10	2.06	2.04	2.01	1.99	1.96	1.93	1.90
13	3.14	2.76	2.56	2.43	2.35	2.28	2.23	2.20	2.16	2.14	2.10	2.05	2.01	1.98	1.96	1.93	1.90	1.88	1.85
14	3.10	2.73	2.52	2.39	2.31	2.24	2.19	2.15	2.12	2.10	2.05	2.01	1.96	1.94	1.91	1.89	1.86	1.83	1.80
15	3.07	2.70	2.49	2.36	2.27	2.21	2.16	2.12	2.09	2.06	2.02	1.97	1.92	1.90	1.87	1.85	1.82	1.79	1.76
16	3.05	2.67	2.46	2.33	2.24	2.18	2.13	2.09	2.06	2.03	1.99	1.94	1.89	1.87	1.84	1.81	1.78	1.75	1.72
17	3.03	2.64	2.44	2.31	2.22	2.15	2.10	2.06	2.03	2.00	1.96	1.91	1.86	1.84	1.81	1.78	1.75	1.72	1.69

续表

$\alpha = 0.10$

n_2	n_1=1	2	3	4	5	6	7	8	9	10	12	15	20	24	30	40	60	120	∞
18	3.01	2.62	2.42	2.29	2.20	2.13	2.08	2.04	2.00	1.98	1.93	1.89	1.84	1.81	1.78	1.75	1.72	1.69	1.66
19	2.99	2.61	2.40	2.27	2.18	2.11	2.06	2.02	1.98	1.96	1.91	1.86	1.81	1.79	1.76	1.73	1.70	1.67	1.63
20	2.97	2.59	2.38	2.25	2.16	2.09	2.04	2.00	1.96	1.94	1.89	1.84	1.79	1.77	1.74	1.71	1.68	1.64	1.61
21	2.96	2.57	2.36	2.23	2.14	2.08	2.02	1.98	1.95	1.92	1.87	1.83	1.78	1.75	1.72	1.69	1.66	1.62	1.59
22	2.95	2.56	2.35	2.22	2.13	2.06	2.01	1.97	1.93	1.90	1.86	1.81	1.76	1.73	1.70	1.67	1.64	1.60	1.57
23	2.94	2.55	2.34	2.21	2.11	2.05	1.99	1.95	1.92	1.89	1.84	1.80	1.74	1.72	1.69	1.66	1.62	1.59	1.55
24	2.93	2.54	2.33	2.19	2.10	2.04	1.98	1.94	1.91	1.88	1.83	1.78	1.73	1.70	1.67	1.64	1.61	1.57	1.53
25	2.92	2.53	2.32	2.18	2.09	2.02	1.97	1.93	1.89	1.87	1.82	1.77	1.72	1.69	1.66	1.63	1.59	1.56	1.52
26	2.91	2.52	2.31	2.17	2.08	2.01	1.96	1.92	1.88	1.86	1.81	1.76	1.71	1.68	1.65	1.61	1.58	1.54	1.50
27	2.90	2.51	2.30	2.17	2.07	2.00	1.95	1.91	1.87	1.85	1.80	1.75	1.70	1.67	1.64	1.60	1.57	1.53	1.49
28	2.89	2.50	2.29	2.16	2.06	2.00	1.94	1.90	1.87	1.84	1.79	1.74	1.69	1.66	1.63	1.59	1.56	1.52	1.48
29	2.89	2.50	2.28	2.15	2.06	1.99	1.93	1.89	1.86	1.83	1.78	1.73	1.68	1.65	1.62	1.58	1.55	1.51	1.47
30	2.88	2.49	2.28	2.14	2.05	1.98	1.93	1.88	1.85	1.82	1.77	1.72	1.67	1.64	1.61	1.57	1.54	1.50	1.46
40	2.84	2.44	2.23	2.09	2.00	1.93	1.87	1.83	1.79	1.76	1.71	1.66	1.61	1.57	1.54	1.51	1.47	1.42	1.38
60	2.79	2.39	2.18	2.04	1.95	1.87	1.82	1.77	1.74	1.71	1.66	1.60	1.54	1.51	1.48	1.44	1.40	1.35	1.29
120	2.75	2.35	2.13	1.99	1.90	1.82	1.77	1.72	1.68	1.65	1.60	1.55	1.48	1.45	1.41	1.37	1.32	1.26	1.19
∞	2.71	2.30	2.08	1.94	1.85	1.77	1.72	1.67	1.63	1.60	1.55	1.49	1.42	1.38	1.34	1.30	1.24	1.17	1.00

$\alpha = 0.05$

n_2 \ n_1	1	2	3	4	5	6	7	8	9	10	12	15	20	24	30	40	60	120	∞
1	161.4	199.5	215.7	224.6	230.2	234.0	236.8	238.9	240.5	241.9	243.9	245.9	248.0	249.1	250.1	251.1	252.2	253.3	254.3
2	18.51	19.00	19.16	19.25	19.30	19.33	19.35	19.37	19.38	19.40	19.41	19.43	19.45	19.45	19.46	19.47	19.48	19.49	19.50
3	10.13	9.55	9.28	9.12	9.01	8.94	8.89	8.85	8.81	8.79	8.74	8.70	8.66	8.64	8.62	8.59	8.57	8.55	8.53
4	7.71	6.94	6.59	6.39	6.26	6.16	6.09	6.04	6.00	5.96	5.91	5.86	5.80	5.77	5.75	5.72	5.69	5.66	5.63
5	6.61	5.79	5.41	5.19	5.05	4.95	4.88	4.82	4.77	4.74	4.68	4.62	4.56	4.53	4.50	4.46	4.43	4.40	4.36
6	5.99	5.14	4.76	4.53	4.39	4.28	4.21	4.15	4.10	4.06	4.00	3.94	3.87	3.84	3.81	3.77	3.74	3.70	3.67
7	5.59	4.74	4.35	4.12	3.97	3.87	3.79	3.73	3.68	3.64	3.57	3.51	3.44	3.41	3.38	3.34	3.30	3.27	3.23
8	5.32	4.46	4.07	3.84	3.69	3.58	3.50	3.44	3.39	3.35	3.28	3.22	3.15	3.12	3.08	3.04	3.01	2.97	2.93
9	5.12	4.26	3.86	3.63	3.48	3.37	3.29	3.23	3.18	3.14	3.07	3.01	2.94	2.90	2.86	2.83	2.79	2.75	2.71
10	4.96	4.10	3.71	3.48	3.33	3.22	3.14	3.07	3.02	2.98	2.91	2.85	2.77	2.74	2.70	2.66	2.62	2.58	2.54
11	4.84	3.98	3.59	3.36	3.20	3.09	3.01	2.95	2.90	2.85	2.79	2.72	2.65	2.61	2.57	2.53	2.49	2.45	2.40
12	4.75	3.89	3.49	3.26	3.11	3.00	2.91	2.85	2.80	2.75	2.69	2.62	2.54	2.51	2.47	2.43	2.38	2.34	2.30
13	4.67	3.81	3.41	3.18	3.03	2.92	2.83	2.77	2.71	2.67	2.60	2.53	2.46	2.42	2.38	2.34	2.30	2.25	2.21
14	4.60	3.74	3.34	3.11	2.96	2.85	2.76	2.70	2.65	2.60	2.53	2.46	2.39	2.35	2.31	2.27	2.22	2.18	2.13
15	4.54	3.68	3.29	3.06	2.90	2.79	2.71	2.64	2.59	2.54	2.48	2.40	2.33	2.29	2.25	2.20	2.16	2.11	2.07
16	4.49	3.63	3.24	3.01	2.85	2.74	2.66	2.59	2.54	2.49	2.42	2.35	2.28	2.24	2.19	2.15	2.11	2.06	2.01
17	4.45	3.59	3.20	2.96	2.81	2.70	2.61	2.55	2.49	2.45	2.38	2.31	2.23	2.19	2.15	2.10	2.06	2.01	1.96

续表

$\alpha = 0.05$

n_1

n_2	1	2	3	4	5	6	7	8	9	10	12	15	20	24	30	40	60	120	∞
18	4.41	3.55	3.16	2.93	2.77	2.66	2.58	2.51	2.46	2.41	2.34	2.27	2.19	2.15	2.11	2.06	2.02	1.97	1.92
19	4.38	3.52	3.13	2.90	2.74	2.63	2.54	2.48	2.42	2.38	2.31	2.23	2.16	2.11	2.07	2.03	1.98	1.93	1.88
20	4.35	3.49	3.10	2.87	2.71	2.60	2.51	2.45	2.39	2.35	2.28	2.20	2.12	2.08	2.04	1.99	1.95	1.90	1.84
21	4.32	3.47	3.07	2.84	2.68	2.57	2.49	2.42	2.37	2.32	2.25	2.18	2.10	2.05	2.01	1.96	1.92	1.87	1.81
22	4.30	3.44	3.05	2.82	2.66	2.55	2.46	2.40	2.34	2.30	2.23	2.15	2.07	2.03	1.98	1.94	1.89	1.84	1.78
23	4.28	3.42	3.03	2.80	2.64	2.53	2.44	2.37	2.32	2.27	2.20	2.13	2.05	2.01	1.96	1.91	1.86	1.81	1.76
24	4.26	3.40	3.01	2.78	2.62	2.51	2.42	2.36	2.30	2.25	2.18	2.11	2.03	1.98	1.94	1.89	1.84	1.79	1.73
25	4.24	3.39	2.99	2.76	2.60	2.49	2.40	2.34	2.28	2.24	2.16	2.09	2.01	1.96	1.92	1.87	1.82	1.77	1.71
26	4.23	3.37	2.98	2.74	2.59	2.47	2.39	2.32	2.27	2.22	2.15	2.07	1.99	1.95	1.90	1.85	1.80	1.75	1.69
27	4.21	3.35	2.96	2.73	2.57	2.46	2.37	2.31	2.25	2.20	2.13	2.06	1.97	1.93	1.88	1.84	1.79	1.73	1.67
28	4.20	3.34	2.95	2.71	2.56	2.45	2.36	2.29	2.24	2.19	2.12	2.04	1.96	1.91	1.87	1.82	1.77	1.71	1.65
29	4.18	3.33	2.93	2.70	2.55	2.43	2.35	2.28	2.22	2.18	2.10	2.03	1.94	1.90	1.85	1.81	1.75	1.70	1.64
30	4.17	3.32	2.92	2.69	2.53	2.42	2.33	2.27	2.21	2.16	2.09	2.01	1.93	1.89	1.84	1.79	1.74	1.68	1.62
40	4.08	3.23	2.84	2.61	2.45	2.34	2.25	2.18	2.12	2.08	2.00	1.92	1.84	1.79	1.74	1.69	1.64	1.58	1.51
60	4.00	3.15	2.76	2.53	2.37	2.25	2.17	2.10	2.04	1.99	1.92	1.84	1.75	1.70	1.65	1.59	1.53	1.47	1.39
120	3.92	3.07	2.68	2.45	2.29	2.18	2.09	2.02	1.96	1.91	1.83	1.75	1.66	1.61	1.55	1.50	1.43	1.35	1.25
∞	3.84	3.00	2.60	2.37	2.21	2.10	2.01	1.94	1.88	1.83	1.75	1.67	1.57	1.52	1.46	1.39	1.32	1.22	1.00

$\alpha = 0.025$

n_2 \ n_1	1	2	3	4	5	6	7	8	9	10	12	15	20	24	30	40	60	120	∞
1	647.8	799.5	864.2	899.6	921.8	937.1	948.2	956.7	963.3	968.6	976.7	984.9	993.1	997.2	1 001	1 006	1 010	1 014	1 020
2	38.51	39.00	39.17	39.25	39.30	39.33	39.36	39.37	39.39	39.40	39.41	39.43	39.45	39.46	39.46	39.47	39.48	39.49	39.50
3	17.44	16.04	15.44	15.10	14.88	14.73	14.62	14.54	14.47	14.42	14.34	14.25	14.17	14.12	14.08	14.04	13.99	13.95	13.90
4	12.22	10.65	9.98	9.60	9.36	9.20	9.07	8.98	8.90	8.84	8.75	8.66	8.56	8.51	8.46	8.41	8.36	8.31	8.26
5	10.01	8.43	7.76	7.39	7.15	6.98	6.85	6.76	6.68	6.62	6.52	6.43	6.33	6.28	6.23	6.18	6.12	6.07	6.02
6	8.81	7.26	6.60	6.23	5.99	5.82	5.70	5.60	5.52	5.46	5.37	5.27	5.17	5.12	5.07	5.01	4.96	4.90	4.85
7	8.07	6.54	5.89	5.52	5.29	5.12	4.99	4.90	4.82	4.76	4.67	4.57	4.47	4.41	4.36	4.31	4.25	4.20	4.14
8	7.57	6.06	5.42	5.05	4.82	4.65	4.53	4.43	4.36	4.30	4.20	4.10	4.00	3.95	3.89	3.84	3.78	3.73	3.67
9	7.21	5.71	5.08	4.72	4.48	4.32	4.20	4.10	4.03	3.96	3.87	3.77	3.67	3.61	3.56	3.51	3.45	3.39	3.33
10	6.94	5.46	4.83	4.47	4.24	4.07	3.95	3.85	3.78	3.72	3.62	3.52	3.42	3.37	3.31	3.26	3.20	3.14	3.08
11	6.72	5.26	4.63	4.28	4.04	3.88	3.76	3.66	3.59	3.53	3.43	3.33	3.23	3.17	3.12	3.06	3.00	2.94	2.88
12	6.55	5.10	4.47	4.12	3.89	3.73	3.61	3.51	3.44	3.37	3.28	3.18	3.07	3.02	2.96	2.91	2.85	2.79	2.72
13	6.41	4.97	4.35	4.00	3.77	3.60	3.48	3.39	3.31	3.25	3.15	3.05	2.95	2.89	2.84	2.78	2.72	2.66	2.60
14	6.30	4.86	4.24	3.89	3.66	3.50	3.38	3.29	3.21	3.15	3.05	2.95	2.84	2.79	2.73	2.67	2.61	2.55	2.49
15	6.20	4.77	4.15	3.80	3.58	3.41	3.29	3.20	3.12	3.06	2.96	2.86	2.76	2.70	2.64	2.59	2.52	2.46	2.40
16	6.12	4.69	4.08	3.73	3.50	3.34	3.22	3.12	3.05	2.99	2.89	2.79	2.68	2.63	2.57	2.51	2.45	2.38	2.32
17	6.04	4.62	4.01	3.66	3.44	3.28	3.16	3.06	2.98	2.92	2.82	2.72	2.62	2.56	2.50	2.44	2.38	2.32	2.25

续表

$\alpha = 0.025$

n_2	1	2	3	4	5	6	7	8	9	10	12	15	20	24	30	40	60	120	∞
18	5.98	4.56	3.95	3.61	3.38	3.22	3.10	3.01	2.93	2.87	2.77	2.67	2.56	2.50	2.44	2.38	2.32	2.26	2.19
19	5.92	4.51	3.90	3.56	3.33	3.17	3.05	2.96	2.88	2.82	2.72	2.62	2.51	2.45	2.39	2.33	2.27	2.20	2.13
20	5.87	4.46	3.86	3.51	3.29	3.13	3.01	2.91	2.84	2.77	2.68	2.57	2.46	2.41	2.35	2.29	2.22	2.16	2.09
21	5.83	4.42	3.82	3.48	3.25	3.09	2.97	2.87	2.80	2.73	2.64	2.53	2.42	2.37	2.31	2.25	2.18	2.11	2.04
22	5.79	4.38	3.78	3.44	3.22	3.05	2.93	2.84	2.76	2.70	2.60	2.50	2.39	2.33	2.27	2.21	2.14	2.08	2.00
23	5.75	4.35	3.75	3.41	3.18	3.02	2.90	2.81	2.73	2.67	2.57	2.47	2.36	2.30	2.24	2.18	2.11	2.04	1.97
24	5.72	4.32	3.72	3.38	3.15	2.99	2.87	2.78	2.70	2.64	2.54	2.44	2.33	2.27	2.21	2.15	2.08	2.01	1.94
25	5.69	4.29	3.69	3.35	3.13	2.97	2.85	2.75	2.68	2.61	2.51	2.41	2.30	2.24	2.18	2.12	2.05	1.98	1.91
26	5.66	4.27	3.67	3.33	3.10	2.94	2.82	2.73	2.65	2.59	2.49	2.39	2.28	2.22	2.16	2.09	2.03	1.95	1.88
27	5.63	4.24	3.65	3.31	3.08	2.92	2.80	2.71	2.63	2.57	2.47	2.36	2.25	2.19	2.13	2.07	2.00	1.93	1.85
28	5.61	4.22	3.63	3.29	3.06	2.90	2.78	2.69	2.61	2.55	2.45	2.34	2.23	2.17	2.11	2.05	1.98	1.91	1.83
29	5.59	4.20	3.61	3.27	3.04	2.88	2.76	2.67	2.59	2.53	2.43	2.32	2.21	2.15	2.09	2.03	1.96	1.89	1.81
30	5.57	4.18	3.59	3.25	3.03	2.87	2.75	2.65	2.57	2.51	2.41	2.31	2.20	2.14	2.07	2.01	1.94	1.87	1.79
40	5.42	4.05	3.46	3.13	2.90	2.74	2.62	2.53	2.45	2.39	2.29	2.18	2.07	2.01	1.94	1.88	1.80	1.72	1.64
60	5.29	3.93	3.34	3.01	2.79	2.63	2.51	2.41	2.33	2.27	2.17	2.06	1.94	1.88	1.82	1.74	1.67	1.58	1.48
120	5.15	3.80	3.23	2.89	2.67	2.52	2.39	2.30	2.22	2.16	2.05	1.94	1.82	1.76	1.69	1.61	1.53	1.43	1.31
∞	5.02	3.69	3.12	2.79	2.57	2.41	2.29	2.19	2.11	2.05	1.94	1.83	1.71	1.64	1.57	1.48	1.39	1.27	1.00

n_1

$\alpha = 0.01$

n_1

n_2	1	2	3	4	5	6	7	8	9	10	12	15	20	24	30	40	60	120	∞
1	4 052	4 999	5 403	5 625	5 764	5 859	5 928	5 981	6 022	6 056	6 106	6 157	6 209	6 235	6 261	6 287	6 313	6 339	6 370
2	98.50	99.00	99.17	99.25	99.30	99.33	99.36	99.37	99.39	99.40	99.42	99.43	99.45	99.46	99.47	99.47	99.48	99.49	99.50
3	34.12	30.82	29.46	28.71	28.24	27.91	27.67	27.49	27.35	27.23	27.05	26.87	26.69	26.60	26.50	26.41	26.32	26.22	26.13
4	21.20	18.00	16.69	15.98	15.52	15.21	14.98	14.80	14.66	14.55	14.37	14.20	14.02	13.93	13.84	13.75	13.65	13.56	13.46
5	16.26	13.27	12.06	11.39	10.97	10.67	10.46	10.29	10.16	10.05	9.89	9.72	9.55	9.47	9.38	9.29	9.20	9.11	9.02
6	13.75	10.92	9.78	9.15	8.75	8.47	8.26	8.10	7.98	7.87	7.72	7.56	7.40	7.31	7.23	7.14	7.06	6.97	6.88
7	12.25	9.55	8.45	7.85	7.46	7.19	6.99	6.84	6.72	6.62	6.47	6.31	6.16	6.07	5.99	5.91	5.82	5.74	5.65
8	11.26	8.65	7.59	7.01	6.63	6.37	6.18	6.03	5.91	5.81	5.67	5.52	5.36	5.28	5.20	5.12	5.03	4.95	4.86
9	10.56	8.02	6.99	6.42	6.06	5.80	5.61	5.47	5.35	5.26	5.11	4.96	4.81	4.73	4.65	4.57	4.48	4.40	4.31
10	10.04	7.56	6.55	5.99	5.64	5.39	5.20	5.06	4.94	4.85	4.71	4.56	4.41	4.33	4.25	4.17	4.08	4.00	3.91
11	9.65	7.21	6.22	5.67	5.32	5.07	4.89	4.74	4.63	4.54	4.40	4.25	4.10	4.02	3.94	3.86	3.78	3.69	3.60
12	9.33	6.93	5.95	5.41	5.06	4.82	4.64	4.50	4.39	4.30	4.16	4.01	3.86	3.78	3.70	3.62	3.54	3.45	3.36
13	9.07	6.70	5.74	5.21	4.86	4.62	4.44	4.30	4.19	4.10	3.96	3.82	3.66	3.59	3.51	3.43	3.34	3.25	3.17
14	8.86	6.51	5.56	5.04	4.69	4.46	4.28	4.14	4.03	3.94	3.80	3.66	3.51	3.43	3.35	3.27	3.18	3.09	3.00
15	8.68	6.36	5.42	4.89	4.56	4.32	4.14	4.00	3.89	3.80	3.67	3.52	3.37	3.29	3.21	3.13	3.05	2.96	2.87
16	8.53	6.23	5.29	4.77	4.44	4.20	4.03	3.89	3.78	3.69	3.55	3.41	3.26	3.18	3.10	3.02	2.93	2.84	2.75
17	8.40	6.11	5.18	4.67	4.34	4.10	3.93	3.79	3.68	3.59	3.46	3.31	3.16	3.08	3.00	2.92	2.83	2.75	2.65

续表

$\alpha = 0.01$

n_2	1	2	3	4	5	6	7	8	9	10	12	15	20	24	30	40	60	120	∞
18	8.29	6.01	5.09	4.58	4.25	4.01	3.84	3.71	3.60	3.51	3.37	3.23	3.08	3.00	2.92	2.84	2.75	2.66	2.57
19	8.18	5.93	5.01	4.50	4.17	3.94	3.77	3.63	3.52	3.43	3.30	3.15	3.00	2.92	2.84	2.76	2.67	2.58	2.49
20	8.10	5.85	4.94	4.43	4.10	3.87	3.70	3.56	3.46	3.37	3.23	3.09	2.94	2.86	2.78	2.69	2.61	2.52	2.42
21	8.02	5.78	4.87	4.37	4.04	3.81	3.64	3.51	3.40	3.31	3.17	3.03	2.88	2.80	2.72	2.64	2.55	2.46	2.36
22	7.95	5.72	4.82	4.31	3.99	3.76	3.59	3.45	3.35	3.26	3.12	2.98	2.83	2.75	2.67	2.58	2.50	2.40	2.31
23	7.88	5.66	4.76	4.26	3.94	3.71	3.54	3.41	3.30	3.21	3.07	2.93	2.78	2.70	2.62	2.54	2.45	2.35	2.26
24	7.82	5.61	4.72	4.22	3.90	3.67	3.50	3.36	3.26	3.17	3.03	2.89	2.74	2.66	2.58	2.49	2.40	2.31	2.21
25	7.77	5.57	4.68	4.18	3.85	3.63	3.46	3.32	3.22	3.13	2.99	2.85	2.70	2.62	2.54	2.45	2.36	2.27	2.17
26	7.72	5.53	4.64	4.14	3.82	3.59	3.42	3.29	3.18	3.09	2.96	2.81	2.66	2.58	2.50	2.42	2.33	2.23	2.13
27	7.68	5.49	4.60	4.11	3.78	3.56	3.39	3.26	3.15	3.06	2.93	2.78	2.63	2.55	2.47	2.38	2.29	2.20	2.10
28	7.64	5.45	4.57	4.07	3.75	3.53	3.36	3.23	3.12	3.03	2.90	2.75	2.60	2.52	2.44	2.35	2.26	2.17	2.06
29	7.60	5.42	4.54	4.04	3.73	3.50	3.33	3.20	3.09	3.00	2.87	2.73	2.57	2.49	2.41	2.33	2.23	2.14	2.03
30	7.56	5.39	4.51	4.02	3.70	3.47	3.30	3.17	3.07	2.98	2.84	2.70	2.55	2.47	2.39	2.30	2.21	2.11	2.01
40	7.31	5.18	4.31	3.83	3.51	3.29	3.12	2.99	2.89	2.80	2.66	2.52	2.37	2.29	2.20	2.11	2.02	1.92	1.80
60	7.08	4.98	4.13	3.65	3.34	3.12	2.95	2.82	2.72	2.63	2.50	2.35	2.20	2.12	2.03	1.94	1.84	1.73	1.60
120	6.85	4.79	3.95	3.48	3.17	2.96	2.79	2.66	2.56	2.47	2.34	2.19	2.03	1.95	1.86	1.76	1.66	1.53	1.38
∞	6.63	4.61	3.78	3.32	3.02	2.80	2.64	2.51	2.41	2.32	2.18	2.04	1.88	1.79	1.70	1.59	1.47	1.32	1.00

$\alpha = 0.005$

n_2	1	2	3	4	5	6	7	8	9	10	12	15	20	24	30	40	60	120	∞
1	16 211	20 000	21 615	22 500	23 056	23 437	23 715	23 925	24 091	24 224	24 426	24 630	24 836	24 940	25 044	25 148	25 253	25 359	25 463
2	198.5	199.0	199.2	199.2	199.3	199.3	199.4	199.4	199.4	199.4	199.4	199.4	199.4	199.5	199.5	199.5	199.5	199.5	199.5
3	55.55	49.80	47.47	46.19	45.39	44.84	44.43	44.13	43.88	43.69	43.39	43.08	42.78	42.62	42.47	42.31	42.15	41.99	41.83
4	31.33	26.28	24.26	23.15	22.46	21.97	21.62	21.35	21.14	20.97	20.70	20.44	20.17	20.03	19.89	19.75	19.61	19.47	19.32
5	22.78	18.31	16.53	15.56	14.94	14.51	14.20	13.96	13.77	13.62	13.38	13.15	12.90	12.78	12.66	12.53	12.40	12.27	12.14
6	18.63	14.54	12.92	12.03	11.46	11.07	10.79	10.57	10.39	10.25	10.03	9.81	9.59	9.47	9.36	9.24	9.12	9.00	8.88
7	16.24	12.40	10.88	10.05	9.52	9.16	8.89	8.68	8.51	8.38	8.18	7.97	7.75	7.64	7.53	7.42	7.31	7.19	7.08
8	14.69	11.04	9.60	8.81	8.30	7.95	7.69	7.50	7.34	7.21	7.01	6.81	6.61	6.50	6.40	6.29	6.18	6.06	5.95
9	13.61	10.11	8.72	7.96	7.47	7.13	6.88	6.69	6.54	6.42	6.23	6.03	5.83	5.73	5.62	5.52	5.41	5.30	5.19
10	12.83	9.43	8.08	7.34	6.87	6.54	6.30	6.12	5.97	5.85	5.66	5.47	5.27	5.17	5.07	4.97	4.86	4.75	4.64
11	12.23	8.91	7.60	6.88	6.42	6.10	5.86	5.68	5.54	5.42	5.24	5.05	4.86	4.76	4.65	4.55	4.45	4.34	4.23
12	11.75	8.51	7.23	6.52	6.07	5.76	5.52	5.35	5.20	5.09	4.91	4.72	4.53	4.43	4.33	4.23	4.12	4.01	3.90
13	11.37	8.19	6.93	6.23	5.79	5.48	5.25	5.08	4.94	4.82	4.64	4.46	4.27	4.17	4.07	3.97	3.87	3.76	3.65
14	11.06	7.92	6.68	6.00	5.56	5.26	5.03	4.86	4.72	4.60	4.43	4.25	4.06	3.96	3.86	3.76	3.66	3.55	3.44
15	10.80	7.70	6.48	5.80	5.37	5.07	4.85	4.67	4.54	4.42	4.25	4.07	3.88	3.79	3.69	3.58	3.48	3.37	3.26
16	10.58	7.51	6.30	5.64	5.21	4.91	4.69	4.52	4.38	4.27	4.10	3.92	3.73	3.64	3.54	3.44	3.33	3.22	3.11
17	10.38	7.35	6.16	5.50	5.07	4.78	4.56	4.39	4.25	4.14	3.97	3.79	3.61	3.51	3.41	3.31	3.21	3.10	2.98

续表

$\alpha = 0.005$

n_2	n_1																		
	1	2	3	4	5	6	7	8	9	10	12	15	20	24	30	40	60	120	∞
18	10.22	7.21	6.03	5.37	4.96	4.66	4.44	4.28	4.14	4.03	3.86	3.68	3.50	3.40	3.30	3.20	3.10	2.99	2.87
19	10.07	7.09	5.92	5.27	4.85	4.56	4.34	4.18	4.04	3.93	3.76	3.59	3.40	3.31	3.21	3.11	3.00	2.89	2.78
20	9.94	6.99	5.82	5.17	4.76	4.47	4.26	4.09	3.96	3.85	3.68	3.50	3.32	3.22	3.12	3.02	2.92	2.81	2.69
21	9.83	6.89	5.73	5.09	4.68	4.39	4.18	4.01	3.88	3.77	3.60	3.43	3.24	3.15	3.05	2.95	2.84	2.73	2.61
22	9.73	6.81	5.65	5.02	4.61	4.32	4.11	3.94	3.81	3.70	3.54	3.36	3.18	3.08	2.98	2.88	2.77	2.66	2.55
23	9.63	6.73	5.58	4.95	4.54	4.26	4.05	3.88	3.75	3.64	3.47	3.30	3.12	3.02	2.92	2.82	2.71	2.60	2.48
24	9.55	6.66	5.52	4.89	4.49	4.20	3.99	3.83	3.69	3.59	3.42	3.25	3.06	2.97	2.87	2.77	2.66	2.55	2.43
25	9.48	6.60	5.46	4.84	4.43	4.15	3.94	3.78	3.64	3.54	3.37	3.20	3.01	2.92	2.82	2.72	2.61	2.50	2.38
26	9.41	6.54	5.41	4.79	4.38	4.10	3.89	3.73	3.60	3.49	3.33	3.15	2.97	2.87	2.77	2.67	2.56	2.45	2.33
27	9.34	6.49	5.36	4.74	4.34	4.06	3.85	3.69	3.56	3.45	3.28	3.11	2.93	2.83	2.73	2.63	2.52	2.41	2.29
28	9.28	6.44	5.32	4.70	4.30	4.02	3.81	3.65	3.52	3.41	3.25	3.07	2.89	2.79	2.69	2.59	2.48	2.37	2.25
29	9.23	6.40	5.28	4.66	4.26	3.98	3.77	3.61	3.48	3.38	3.21	3.04	2.86	2.76	2.66	2.56	2.45	2.33	2.21
30	9.18	6.35	5.24	4.62	4.23	3.95	3.74	3.58	3.45	3.34	3.18	3.01	2.82	2.73	2.63	2.52	2.42	2.30	2.18
40	8.83	6.07	4.98	4.37	3.99	3.71	3.51	3.35	3.22	3.12	2.95	2.78	2.60	2.50	2.40	2.30	2.18	2.06	1.93
60	8.49	5.79	4.73	4.14	3.76	3.49	3.29	3.13	3.01	2.90	2.74	2.57	2.39	2.29	2.19	2.08	1.96	1.83	1.69
120	8.18	5.54	4.50	3.92	3.55	3.28	3.09	2.93	2.81	2.71	2.54	2.37	2.19	2.09	1.98	1.87	1.75	1.61	1.43
∞	7.88	5.30	4.28	3.72	3.35	3.09	2.90	2.74	2.62	2.52	2.36	2.19	2.00	1.90	1.79	1.67	1.53	1.36	1.00

$\alpha = 0.001$

n_2 \ n_1	1	2	3	4	5	6	7	8	9	10	12	15	20	24	30	40	60	120	∞
1	405 284	500 000	540 379	562 500	576 405	585 937	592 873	598 144	602 284	605 621	610 668	615 764	620 908	623 497	626 099	628 712	631 337	633 972	636 588
2	998.5	999.0	999.2	999.2	999.3	999.3	999.4	999.4	999.4	999.4	999.4	999.4	999.4	999.5	999.5	999.5	999.5	999.5	999.5
3	167.0	148.5	141.1	137.1	134.6	132.8	131.6	130.6	129.9	129.2	128.3	127.4	126.4	125.9	125.4	125.0	124.5	124.0	123.5
4	74.14	61.25	56.18	53.44	51.71	50.53	49.66	49.00	48.47	48.05	47.41	46.76	46.10	45.77	45.43	45.09	44.75	44.40	44.05
5	47.18	37.12	33.20	31.09	29.75	28.83	28.16	27.65	27.24	26.92	26.42	25.91	25.39	25.13	24.87	24.60	24.33	24.06	23.79
6	35.51	27.00	23.70	21.92	20.80	20.03	19.46	19.03	18.69	18.41	17.99	17.56	17.12	16.90	16.67	16.44	16.21	15.98	15.75
7	29.25	21.69	18.77	17.20	16.21	15.52	15.02	14.63	14.33	14.08	13.71	13.32	12.93	12.73	12.53	12.33	12.12	11.91	11.70
8	25.41	18.49	15.83	14.39	13.48	12.86	12.40	12.05	11.77	11.54	11.19	10.84	10.48	10.30	10.11	9.92	9.73	9.53	9.33
9	22.86	16.39	13.90	12.56	11.71	11.13	10.70	10.37	10.11	9.89	9.57	9.24	8.90	8.72	8.55	8.37	8.19	8.00	7.81
10	21.04	14.91	12.55	11.28	10.48	9.93	9.52	9.20	8.96	8.75	8.45	8.13	7.80	7.64	7.47	7.30	7.12	6.94	6.76
11	19.69	13.81	11.56	10.35	9.58	9.05	8.66	8.35	8.12	7.92	7.63	7.32	7.01	6.85	6.68	6.52	6.35	6.18	6.00
12	18.64	12.97	10.80	9.63	8.89	8.38	8.00	7.71	7.48	7.29	7.00	6.71	6.40	6.25	6.09	5.93	5.76	5.59	5.42
13	17.82	12.31	10.21	9.07	8.35	7.86	7.49	7.21	6.98	6.80	6.52	6.23	5.93	5.78	5.63	5.47	5.30	5.14	4.97
14	17.14	11.78	9.73	8.62	7.92	7.44	7.08	6.80	6.58	6.40	6.13	5.85	5.56	5.41	5.25	5.10	4.94	4.77	4.60
15	16.59	11.34	9.34	8.25	7.57	7.09	6.74	6.47	6.26	6.08	5.81	5.54	5.25	5.10	4.95	4.80	4.64	4.47	4.31
16	16.12	10.97	9.01	7.94	7.27	6.80	6.46	6.19	5.98	5.81	5.55	5.27	4.99	4.85	4.70	4.54	4.39	4.23	4.06
17	15.72	10.66	8.73	7.68	7.02	6.56	6.22	5.96	5.75	5.58	5.32	5.05	4.78	4.63	4.48	4.33	4.18	4.02	3.85

续表

$\alpha = 0.001$

n_2	\ n_1 1	2	3	4	5	6	7	8	9	10	12	15	20	24	30	40	60	120	∞
18	15.38	10.39	8.49	7.46	6.81	6.35	6.02	5.76	5.56	5.39	5.13	4.87	4.59	4.45	4.30	4.15	4.00	3.84	3.67
19	15.08	10.16	8.28	7.27	6.62	6.18	5.85	5.59	5.39	5.22	4.97	4.70	4.43	4.29	4.14	3.99	3.84	3.68	3.51
20	14.82	9.95	8.10	7.10	6.46	6.02	5.69	5.44	5.24	5.08	4.82	4.56	4.29	4.15	4.00	3.86	3.70	3.54	3.38
21	14.59	9.77	7.94	6.95	6.32	5.88	5.56	5.31	5.11	4.95	4.70	4.44	4.17	4.03	3.88	3.74	3.58	3.42	3.26
22	14.38	9.61	7.80	6.81	6.19	5.76	5.44	5.19	4.99	4.83	4.58	4.33	4.06	3.92	3.78	3.63	3.48	3.32	3.15
23	14.20	9.47	7.67	6.70	6.08	5.65	5.33	5.09	4.89	4.73	4.48	4.23	3.96	3.82	3.68	3.53	3.38	3.22	3.05
24	14.03	9.34	7.55	6.59	5.98	5.55	5.23	4.99	4.80	4.64	4.39	4.14	3.87	3.74	3.59	3.45	3.29	3.14	2.97
25	13.88	9.22	7.45	6.49	5.89	5.46	5.15	4.91	4.71	4.56	4.31	4.06	3.79	3.66	3.52	3.37	3.22	3.06	2.89
26	13.74	9.12	7.36	6.41	5.80	5.38	5.07	4.83	4.64	4.48	4.24	3.99	3.72	3.59	3.44	3.30	3.15	2.99	2.82
27	13.61	9.02	7.27	6.33	5.73	5.31	5.00	4.76	4.57	4.41	4.17	3.92	3.66	3.52	3.38	3.23	3.08	2.92	2.75
28	13.50	8.93	7.19	6.25	5.66	5.24	4.93	4.69	4.50	4.35	4.11	3.86	3.60	3.46	3.32	3.18	3.02	2.86	2.69
29	13.39	8.85	7.12	6.19	5.59	5.18	4.87	4.64	4.45	4.29	4.05	3.80	3.54	3.41	3.27	3.12	2.97	2.81	2.64
30	13.29	8.77	7.05	6.12	5.53	5.12	4.82	4.58	4.39	4.24	4.00	3.75	3.49	3.36	3.22	3.07	2.92	2.76	2.59
40	12.61	8.25	6.59	5.70	5.13	4.73	4.44	4.21	4.02	3.87	3.64	3.40	3.14	3.01	2.87	2.73	2.57	2.41	2.23
60	11.97	7.77	6.17	5.31	4.76	4.37	4.09	3.86	3.69	3.54	3.32	3.08	2.83	2.69	2.55	2.41	2.25	2.08	1.89
120	11.38	7.32	5.79	4.95	4.42	4.04	3.77	3.55	3.38	3.24	3.02	2.78	2.53	2.40	2.26	2.11	1.95	1.77	1.54
∞	10.83	6.91	5.42	4.62	4.10	3.74	3.47	3.27	3.10	2.96	2.74	2.51	2.27	2.13	1.99	1.84	1.66	1.45	1.00

参 考 文 献

［1］武爱文,冯卫国,卫淑芝,等.概率论与数理统计. 2 版.上海:上海交通大学出版社,2014.

［2］卢冶飞,孙忠宝. 应用统计学. 3 版.北京:清华大学出版社,2017.

［3］JOHNSON R A.概率论与数理统计. 英文版.9 版.北京:电子工业出版社,2017.

［4］王淑芬.应用统计学. 3 版.北京:北京大学出版社,2017.

［5］陈希孺.概率论与数理统计.合肥:中国科学技术大学出版社,2009.

［6］盛骤,谢式千,潘承毅. 概率论与数理统计. 4 版. 北京:高等教育出版社,2008.

［7］RICE J A.数理统计与数据分析. 3 版.田金方,译.北京:机械工业出版社,2011.

［8］ROSS S M.概率论基础教程. 英文版. 9 版. 北京:机械工业出版社,2017.

［9］何晓群. 多元统计分析. 4 版.北京:中国人民大学出版社,2015.

［10］约翰逊,威克恩.实用多元统计分析. 陆旋,叶俊,译.北京:清华大学出版社,2008.

［11］刘小平,李忆,段俊. 统计学——理论、案例、实训.北京:电子工业出版社,2017.

［12］JOHNSON D E. 应用多元统计分析方法.影印版. 北京:高等教育出版社,2005.

［13］张建国. 全概率公式与贝叶斯公式教学探析.科教文汇,2016(18):49-50.